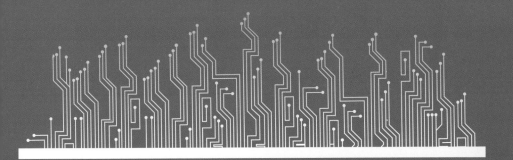

4차산업혁명 강의

공 저 최재용 강주연 김광호 김재남 신영미
양성희 윤선희 정문화 진성민
감 수 김진선

미디어북   사) 4차산업혁명연구원

Preface

핀테크, 블록체인, 드론, 사물인터넷, 로봇, 자율주행차 등은 듣는 것만으로 가슴 설레게 하기에 충분하며 '4차 산업혁명 시대'를 대표하는 키워드 중 일부이다. 나아가 '4차 산업혁명 시대'는 이미 이 시대 속에서 키워드로 자리매김 한지 오래다.

공상과학 영화에서나 보았던 장면들이 이제는 우리 생활 주변에서도 쉽게 볼 수 있는 시대가 됐다. 이제는 사람이 아닌 로봇과 대화를 하고 로봇에게 명령을 내리면 사람보다 더 정확하고 빠르게 임무를 수행한다.

뿐만 아니라 사람의 삶의 패턴까지 데이터로 저장 되어 필요를 예상하고 미리 원하는 시점에 원하는 장소까지 제품이 배달된다. 하얀 가운을 입은 간호사들의 보살핌이 아니라 복도를 돌아다니며 환자를 케어하는 로봇이 환자들의 상황을 파악하고 의료진의 처방을 대신 받아서 환자를 돌본다.

이 어찌 편리하고 좋은 세상이 아닐 수 있는가? 그러나 이 좋은 세상 속에서도 사람만이 또 다른 고민에 빠진다. 4차 산업혁명 시대 속에서 가장 큰 고민은 단연 이 같은 시대의 주역이 돼야 할 우리 아이들의 미래이다. 이 시대를 사는 부모들은 우리 아이들의 미래는 어떻게 될 것인가, 아이들의 미래를 위해 지금 어떤 교육을 시켜야 하며 부모로서 어떤 준비를 해주어야 하는가 하는 짐을 떠안고 살아가고 있다.

직장인들의 삶은 또 어떠한가? 해를 거듭하면서 승진의 기회를 엿보며 한 해를 죽어라 달려야 했던 직장인들은 그나마 그 자리마저 로봇과 기계에게 내어줘야 하는 시대가 됐다.

4차 산업혁명 시대에는 안 되는 것이 없을 것만 같은 착각마저 들게 한다. 그럼에도 우리가 4차 산업혁명 시대에 열광하고 기대하는 것은 무엇 때문일까? 이제 4차 산업혁명은 우리 생활은 물론이거니와 의료, 산업, 경제, 공공분야에 이르기까지 다양하고 획기적인 모습으로 다가오고 있다.

여기 이 한권의 책 「4차산업혁명 강의」에는 이와 같은 4차 산업혁명 시대에 변화되는 많은 것들을 소개하고 있다. 강주연의 4차 산업혁명 시대의 미래교육 '독서'로 다가서다, 김광호의 4차 산업혁명과 핀테크, 김재남의 비트코인과 블록체인 그리고 암호화화폐 최신 트렌드, 신영미의 4차 산업혁명 시대와 공감능력과 양성희의 우리 아이들의 미래교육을 소개하고 있다.

또한 윤선희의 4차 산업혁명과 의료, 정문화의 사물인터넷(Internet of Things;IoT)의 진화는? 진성민의 5G와 사이버 보안 그리고 최재용의 로봇과 사물인터넷 발달이 가져올 미래 세상에 이르기까지 4차 산업혁명 시대에 한번 쯤 들어봤을 것들을 보다 체계적이고 설득력 있게 써 내려가고 있다.

이 한권의 책이 4차 산업혁명 시대를 다 대변할 수는 없다. 더 많은 전문가들의 견해가 속속들이 발표되고 있고 이 속에서조차 다양한 변화의 흐름이 뉴스를 장식하고 있기 때문이다. 그럼에도 이 책의 매력이라면 단연 독자들에게 4차 산업혁명이 쉽게 이해될 수 있도록 써 내려

갔다는 점에 있다. 아직도 4차 산업혁명에 대해 이해가 가지 않는다면 이 책을 통해 한 걸음 다가서길 바란다. 더불어 아직도 4차 산업혁명에 대한 갈증이 남아 있다면 이 책을 통해 필요한 양분으로 갈증이 채워지길 바란다.

끝으로 이 책의 감수를 맡아 수고하신 전 세종대학교 세종CEO 지도교수이며 현재 한국소셜미디어진흥원 부원장이신 김진선 교수님께 감사를 드리며 고시계 임직원 여러분께도 감사의 말씀을 전한다.

2018년 10월

(사)4차산업혁명연구원 이사장
최 재 용

Contents

3 | 4차 산업혁명과 핀테크

- 김 광 호

4 │ 비트코인과 블록체인 그리고 암호화 화폐 최신 트렌드   - 김 재 남

6 | 우리 아이들의 미래교육

- 양 성 희

9 | 5G와 사이버 보안

- 진 성 민

1

로봇과 사물인터넷 발달이
가져올 미래 세상

최 재 용

과학기술정보통신부 인가 사단법인 4차산업혁명연구원 원장이자 파이낸스투데이 경제신문 부회장이다. 캐나다에서 상담학 박사학위를 취득하고 특허청, 행정안전부, 신세계백화점, 롯데그룹 등에서 4차산업혁명강의와 컨설팅을 하고 있다.

이메일 : mdkorea@naver.com
연락처 : 010-2332-8617

로봇과 사물인터넷 발달이
가져올 미래 세상

Prologue

바둑천재 이세돌을 바둑대회에서 이긴 구글의 '딥마인드'는 현재 무엇을 연구하고 있을까? 스타크래프트 등 게임을 잘하기 위해 연구하고 있다고 생각하는 사람들이 많지만 현재 구글 '딥마인드'는 인간의 생명연장을 연구하고 있다.

'4차 산업혁명 시대'에는 많은 변화를 예고하고 있고 현재 어느 정도 실현이 되어가고 있다. 영화에서나 봄직한 것들이 이제 우리 생활 속에 파고들면서 우리의 삶을 편리함과 그 이상의 가치로 끌어올려 주고 있다.

4차 산업혁명 시대 속에서 우리 인간은 과연 무엇을 할 수 있을까? 그러나 이런 질문 이전에 4차 산업혁명 속에 변화된 다양한 것들은 이미 인간의 지능과 손에 의해 개발되고 상용화에 이르렀다.

결국 4차 산업혁명도 인간이란 테두리를 벗어나지 못한다는 말인가? 그런 의문을 품은 가운데 지난 이세돌의 바둑대회는 인간인 우리가 무참히 기계 앞에 무릎을 꿇어야 하는 이변을 낳았다.

그럼에도 곳곳에서 4차 산업혁명 시대를 환영하고 있고 4차 산업혁명이 가져다 줄 삶의 질의로 변화에 기대감을 늦추지 못하고 있는 것이 우리네 현실이다.

그러나 인류의 가장 큰 염원은 단연코 '건강'일 것이다. 무병장수가 바로 인류 모두의 염원이면서 동시에 풀어야 과제인 것이다. 그런데 4차 산업혁명 시대에는 우리의 건강을 국가에서 스마트밴드 등을 통해 관리해주기 때문에 120살 이상 살 수 있다고 한다.

필자는 본문을 통해 인간이 하기 힘든 일과 단순 반복적인 일들을 대신해 주는 로봇, 사물인터넷, 등에 대해서 알아보고자 한다.

1) 간호 보조 로봇

명지병원에서 도입 중인 간호보조 로봇, 병실을 돌아다니며 "00 님 약 드실 시간입니다"라고 음성 안내 서비스를 한다고 한다. 가 슴 아픈 건 지한(Qihan) 회사에서 만든 'Sanbot'은 중국산 로봇이 라는 것이다.

[그림1] 간호 보조로봇

'Sanbot'는 서비스 로봇으로 정부 업무, 기업 등을 위해 개발됐다. 보다 강력한 자기 학습 능력, 보다 정확한 작동 표준, 더 빠른 이동 속도, 더 강한 힘이 해당 지능형 로봇의 강점이며 잘 훈련된 '슈퍼 비서'라고 볼 수 있다. 이 로봇은 360도 모든 방향으로 워킹이 가능하며 다중 센서 장애물 회피 기술도 탑재돼 있다. 복잡한 내부 환경에서 자유롭게 이동 가능하다. 또한 무게감 있는 물건을 이동시킬 수도 있으며 음성인식 기능이 있어 고객 서비스 업무도 진행 가능하기 때문에 유용하게 사용할 수 있다고 한다.

2) 인천공항 안내로봇 '에어스타'

인천국제공항 제 1·2여객터미널에는 안내 로봇 '에어스타(AIRSTAR)'가 활약하고 있다. 에어스타는 자율주행, 음성인식 기능과 인공지능 등 각종 ICT 기술이 접목된 로봇이다. 에어스타는 길을 안내하다가 사람과의 거리가 멀어지면 잠시 멈춰서 기다리고 또 이동방향에 장애물이나 사람이 나타나면 잠깐 멈추거나 피하기도 한다.

[그림2] 인천공항 안내로봇

3) 로봇 커피 바리스타

잠실 롯데월드 몰에 가면 달콤 커피에서 운영하는 '로봇 커피 바리스타'가 있다. 로봇 카페 '비트(B;eat)'는 스마트 폰 앱이나 키오스크를 통해 원하는 음료나 커피를 주문하면 공장에서 볼 수 있는 로봇 팔이 음료를 만들어 준다.

'비트바이저가 고객님의 커피를 더 신선하고 맛있게 관리합니다' 라는 안내문구에는 비트바이저의 프로필과 최근 머신 점검일시가 적혀있다. 원두와 파우더, 시럽, 우유의 유통기한과 개봉일, 원산지, 위생상태를 공개하고 있다.

[그림3] 로봇 커피 바리스타

4) 안내로봇 '페퍼'

일본에서는 백화점 등에서 로봇 '페퍼'의 안내를 받을 수 있다. 특히 일본사람들은 로봇을 사람처럼 대한다. 친근하게 이름도 불러주고 고장 나면 A/S센터 간다고 안하고 병원에 간다고 한다.

지금까지 인간의 감정을 가장 많이 흉내 낸 인공 지능 로봇으로 알려진 '페퍼'는 지난 2014년에 일본 소프트뱅크가 개발했다. '페퍼'는 시각, 청각, 촉각을 느낄 수 있는 센서 등을 통해 사람의 감정, 표정, 목소리를 파악한다.

국내에서도 이마트 성수점에서 '페퍼'를 볼 수 있다. 페퍼는 행사 상품, 휴점일 정보 등 소비자가 자주 묻는 정보를 알려주는 역할을 하며 이미지 인식 기술로 상품 로고를 읽고 관련 정보 및 상품을 제시하는 임무도 수행한다.

[그림4] 안내로봇 페퍼

5) 배달 로봇

  '배달의 민족'이라는 음식배달 플랫폼 업체 '우아한 형제'는 미국 실리콘밸리 로봇 기술 기업 베어로보틱스(Bear Roborics)에 200만 달러(21억 원)를 투자, 배달 특화 로봇 '딜리 플레이트'를 개발했다. 딜리 플레이트의 이름 자체가 '접시를 배달하는 부지런한 로봇(The diligent robots that deliver plates)'이라는 의미다.

  딜리 플레이트는 사람과 거의 같은 속도로 움직인다. 사람이나 장애물을 만나면 그 자리에서 멈추거나 피한다. 전원이 떨어지면 자동으로 충전 스테이션으로 귀환한다. 내장된 사운드 인터페이스로 대화 형 서비스도 구축된다.

[그림5] 배달로봇 딜리

1) 의료 사물인터넷 디지털 만성질환 관리 서비스

세계보건기구(World Health Organization)는 '2020년까지 만성 질환 유병률이 57% 증가할 것'이라고 예측했다. 하지만 상황이 꼭 비관적이지는 않다. 세계보건기구 및 각국 정부들은 규제, 입법 및 재정적 접근과 보다 엄격한 책임을 가하는 시스템 등의 강화 된 상호작용 및 파트너십을 포함한 새로운 세계적 및 국내 활동 등 다양한 방법을 통해 문제를 해결하고자 한다. 디지털 화와 기술 발전은 특정 의료진 및 병원이 담당할 수 있는 지역 반경 극대화에 새로운 패러다임을 제시할 수 있다.

또한 데이터 분석의 향상 및 표준화는 예측 의학, 환자관계 관리, 의료 관리 및 특정 치료법의 경과 측정과 같은 분야에서 효과적 일 수 있다. 특히 데이터의 양이 증가함에 따라 의학은 개인화 된 치료법을 개발하기 위한 질병과 경로의 정확한 특성을 더 잘 이해하게 될 것이다. 이 새로운 기술은 예방 의학적 솔루션과 환자 중심의 치료에 더욱 큰 관심을 가져올 것이다.

당뇨, 고혈압 등 만성질환 환자의 상태를 의료진이 실시간으로 모니터링 할 수 있는 '디지털 만성질환 플랫폼'과 분자진단 현장검사(POCT)에 IoT 통신망을 결합해 실시간 감염질환 정밀 진단이 가능한 '감염질환 진단체계'를 KT 등에서 개발하고 있다.

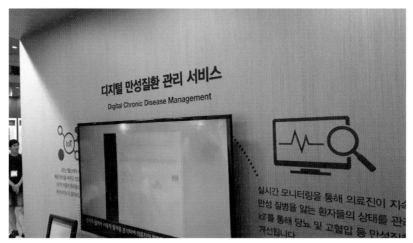

[그림6] 디지털 만성질환 관리 서비스

2) 사물인터넷 기술 활용 건강관리 웨어러블 스마트 벨트

　국내 스마트벨트 기업 웰트(Welt)는 허리둘레와 위치 등을 측정
해 건강관리를 도와주는 헬스 케어 스마트 벨트 '웰트'를 개발했다.
일반 벨트와 다를 바 없는 웰트는 착용 후 활동하면 연동된 스마트
폰 애플리케이션(앱)에 ▲허리둘레 ▲걸음 수 ▲앉은 시간 ▲과식
▲칼로리 소모 등 수치가 나온다. 과식은 음식을 많이 먹었을 때 벨
트가 기존 위치와 비교해 이동되는 것으로 측정한다. 1주, 7주, 월
별 단위로 수치 변화도 알 수 있다.

[그림7] 건강관리 웨어러블 스마트 벨트

Epilogue

요즘의 인공지능과 로봇기술 발달속도를 감안하면 인간의 미래가 낙관적이지만은 않다. 인공지능 두뇌를 탑재하고 자율주행 기능을 갖춘 휴머노이드 로봇이 더 많이 개발되면 사람의 입지는 줄어들 수밖에 없다. 공장, 병원, 증권사에서 심지어 피자배달까지 인간 대신 로봇들이 일하는 세상이 올 것이다.

그래서 4차 산업혁명 시대에는 로봇과 공존해서 같이 일하는 방법을 찾아야 한다. 삶의 전반에 걸쳐 많은 것들이 변화할 것이다. 변화 속에는 인간이 서야 할 자리까지 로봇이나 기계에 내어줘야 할지도 모를 일이다.

삶이 편해지고 여러 가지 면에서 인간 이상의 능력을 발휘할 수 있는 로봇을 어떻게 사람이 이길 수 있을까? 그러나 다시 곰곰 생각을 해보면 그렇게 슬픈 일 만도 아닌 듯싶다. 바로 이 로봇도 인간이 개발하고 다루고 이상이 생겼을 때도 인간의 손을 거쳐야 하기 때문이다.

그래서 4차 산업혁명 시대에는 많은 일자리들이 사라져 버릴 것이라 하지만 또 다른 일자리들도 생겨날 것이다. 그러나 이 일자리들은 많은 대중을 상대로 하지는 않을 것이라는 것에 넘어야 할 문턱이 존재한다.

편리함 뒤편에 인간이 갖춰야할 장벽은 더 높아져만 가고 있는 듯싶다. 그럼에도 4차 산업혁명 시대에는 지난 1·2·3차 산업 시대에 비해 상상 그 이상의 변화가 예고되고 있고 이제는 그 상상이 현실로 되어가고 있다.

이런 현실을 대중들은 어떻게 반응하고 받아들이고 있는가? 편한 것은 사실이다. 영화 속에서나 봄 직한 장면들이 우리네 안방을 차지하고 있고 이제는 온기를 나눌 수 있는 사람이 아니라 로봇이 사람이 있어야 할 자리를 대신하고 있다.

잠시 이런 생각을 해 본다. 편리함과 따뜻함. 어떤 것이 필요한 것이고 더 좋은 것일까? 여기에 정답은 없는 듯하다. 상황이 필요를 만들어 내고 있고 그 필요가 시대의 흐름을 견인하고 있는 듯하다.

4차 산업혁명 시대! 이렇게 우리 삶 가운데 다가서고 있고 이 또한 지나갈 것이다. 여기서 한 단계 더 앞선 5G 시대 속으로.

2

4차 산업혁명 시대의 미래교육
'독서'로 다가서다

강 주 연

사단법인 4차산업혁명연구원이자 독서 활동가이다. 국문학을 전공하고 포커스독서퍼실리테이터, 사단법인어린이도서연구회 구로지회 교육부장, 구로구독서토론리더, 고척초등학교도서실명예교사, 생각하는 책읽기 운영 등을 하며 올바른 독서문화가 자리 잡도록 강의와 봉사를 이어가고 있다.

이메일 : tetris75@naver.com
연락처 : 010-3139-8618

4차 산업혁명 시대의 미래교육 '독서'로 다가서다

'4차 산업혁명'이라는 커다란 변화 앞에서 참 많은 생각이 든다. TV를 비롯한 각종 매체를 통해서 바라보는 4차 산업혁명은 참으로 화려하기까지 하다. 마치 공작이 꼬리를 펴고 자신의 자태를 자랑이라도 하듯 하루가 멀다 하고 새로운 상품과 서비스가 나온다. 그러나 이런 화려함에 도취돼 하나하나의 개별 기술을 보고, 4차 산업혁명이라고 착각해서는 곤란하다. 그 화려함 뒤에 소리 없이 법과 교육제도의 변화까지 갖춰졌을 때 비로소 4차 산업혁명을 완성할 수 있을 것이다.

법과 교육제도는 우리 사회를 지탱하는 큰 틀이다. 이것의 변화가 성공적인 모습을 갖추기 위해서는 우선적으로 우리의 고정관념과도 같은 인식의 변화를 필요로 한다. 드론, 우버택시, 가상화폐,

자율주행자동차 등이 각종 규제에 묶여 상용화 되지 못한다는 뉴스를 접할 때 우리는 고착화 된 법제도의 인식에 대한 답답함을 느낄 수밖에 없다. 교육도 마찬가지이다. 아무리 좋은 교육제도가 도입 되더라도 교사와 학부모의 인식을 바꾸지 못하면 무용지물이 되고 만다.

지난 8월 16일 세계은행(WB)에 따르면 지난해 한국의 GDP는 1조 5,308억 달러를 기록, 전 세계 12위를 차지했다.(연합뉴스 2018년 8월 16일자) 올해 US뉴스가 발표한 세계대학순위에서 서울대는 지난 2015년 72위에서 123위로 해마다 계속해서 순위가 추락하고 있다. 경제 발전도 중요하지만 우리 아이들이 SKY나 IN 서울을 위해 중학교 3년, 고등학교 3년 동안 들이는 비용과 노력을 생각하면 교육환경 및 제도에 대한 보완이 시급한 과제이다. 여기에 4차 산업혁명으로 인한 변화까지 감안해야하는 숙제를 떠안은 셈이다. '천리 길도 한 걸음부터'라는 말처럼 거창한 목표보다 각자의 자리에서 할 수 있는 일부터 찾아보아야 한다.

〈4차 산업혁명 시대의 미래교육 '독서'로 다가서다〉에서는 4차 산업혁명 시대의 미래교육은 무엇인지, 어떻게 달라지고 있는지부터 살펴보고 세계 다른 나라들의 교육정책 변화 지점을 짚어 보고자 한다. 본문을 통해 필자는 미래교육이 요구하는 인재 상에 다가가기 위한 방법 중 '독서교육'을 제안했다. 시대의 흐름에 따라 독서법이 어떻게 바뀌었는지 알아보고, 지금 우리에게 필요한 '생각하고 말하는 독서법'이 필요하다는 점을 서술했다. 그러한 교육으로 향하기 위해 가정에서 할 수 있는 노하우를 몇 가지 소개했다. 노하우의 선정 기준은 두 가지였다. 간단할 것, 비용이 많이 들지 않을 것이었다. 누구나, 쉽게, 오래 지속할 수 있는 방법이어야 하기 때문이다.

제대로 된 독서문화가 각 가정에 자리 잡을 때 부모와 아이의 행복이라는 두 마리 토끼라는 수확을 얻을 수 있을 것이다. 또한 건전하고 발전적인 인식이 싹트고 자라게 해서 우리가 일군 경제 성장이 교육을 위해 올바르게 쓰일 수 있도록 사회적 합의를 만들어 나가기를 바란다.

1. 4차 산업혁명시대, 미래교육이란 무엇인가?

1) 4차 산업혁명 시대의 시작

자고나면 새로운 첨단 기술을 탑재한 상품과 서비스들이 출시되는 요즘, 4차 산업혁명시대가 시작됐음을 실감하게 된다. 몇 달 전에는 4차 산업혁명이 '다가온다'라는 표현을 많이 썼는데 이제는 '시작됐다'라는 말로 바꿔 써야 할 것 같다. 그럼 언제부터 4차 산업혁명이 시작 된 걸까?

필자가 처음 스마트폰을 구입했던 것이 지난 2012년경으로 기억된다. 그 당시 스마트폰의 가장 큰 매력이라면 카메라와 MP3, 전화기를 한손에 들고 다니면서 인터넷도 할 수 있다는 점이다. 처음에는 3G였기 때문에 웹페이지 한번 넘기기도 힘들 때가 많았지만 곧 4G로 바뀌면서 인터넷 속도가 현격히 빨라지게 됐고 스마트폰의 활용이 대폭 늘어나게 돼서 사람들은 어딜 가도 스마트폰만 쳐다보는 풍경을 어렵지 않게 볼 수 있게 됐다.

스마트폰을 사용 할 때 마다 발생하는 수많은 데이터들을 모은 빅 데이터는 인공지능에 활용함으로 인간을 위한 새로운 지능의 가치로 탄생했다. 내가 어디를 가고, 무엇을 자주 구매하며, 최근 무엇을 자주 검색하는지 등등 우리의 모든 행위의 흔적이 고스란히 데이터화로 축적 돼 스마트폰 사용자가 향후 무엇을 필요로 할 것인지에 대한 예측까지 가능케 됐다. 아마존은 이러한 소비 패턴을 분석해 구매자의 소비가 필요할 시점 이전에 가장 필요할 물건이 무엇인지 예측해 소비자가 주문도 하기 전에 미리 배송을 한다. 결국 지난 시간을 토대로 새롭게 발생한 변화들의 연장선 위해 4차 산업혁명도 함께 흘러가고 있는 것이다.

　얼마 전 평창올림픽에서 드론 퍼포먼스와 LTE보다 20배 빠른 5G를 선보였다. 5G의 속도를 이용한 자율주행자동차가 서울에서 평창까지 시험 주행했다. 자율주행자동차는 5G의 속도로 상황 판단을 하고 결정해야 한다. 4G로 운행한다면 사고가 난 후에 의사결정을 해야 하는 상황이 생기기 때문이다.

　평창올림픽 개막식에서 가장 기억에 남는 것으로 드론 퍼포먼스를 꼽는 사람들이 많았다고 한다. 일사 분란하게 입체적인 장면을 허공에서 연출하는 모습은 드론 활용의 극히 일부분이다. 드론을 이용한 택배, 배달부터 군사 분야는 물론이고 교통수단의 변화 또 그로인한 파급 영향력도 무궁무진 하다.

[그림1] 평창올림픽 개막식 '드론 퍼포먼스'
〈출처: http://gametoc.hankyung.com/news/articleView.html?idxno=46849〉

[그림2] 중국 드론업체 이항이 공개한 드론 택시 '이항 184'
〈출처: http://news.mk.co.kr/newsRead.php?year=2018&no=217574〉

영국국적의 '알파고'는 이세돌과 중국의 커제와의 대국 이후 더이상 인간에게 바둑을 배우거나 대국을 하지 않는다. 알파고와 알파고가 대국을 했고 지금은 은퇴를 해 다른 분야에서 다양한 활동을 준비하고 있다. 미국 IBM의 왓슨은 '인공지능 의사'가 돼 암 치료를 하고 있다. 암에 관련한 데이터들을 인간보다 정확하고 빠르게 처리하면서 스스로 딥 러닝을 통해 계속적인 학습을 하기 때문에 진단 속도는 물론이고 오진율도 낮다. 미국이 소프트웨어의 강자라면 일본은 로봇 강국이다. '페퍼'는 인간과 자연스러운 대화와 감정표현을 하는 로봇이다. 은행, 호텔, 음식점, 병원에서 일을 하고 있고 어린이들을 위한 교육까지 담당하고 있다.

[그림3] 스마트 팩토리의 성장과 로봇 수요
http://news.naver.com/main/read.nhn?mode=LSD&mid=sec&oid=243&aid
=0000007055&sid1=001

독일은 글로벌 '스마트팩토리'의 선두주자이다. 중국의 아디다스는 공장을 폐쇄하고 독일 스마트팩토리로 전환함으로써 제품의 전량을 로봇이 생산하고 상주하는 직원은 열 명 정도라고 한다. 이처럼 로봇을 활용·생산하고 있는 스마트팩토리들은 원가절감을 필요로 하는 기업에게는 필수 아이템이 됐고 우리나라의 정부와 기업들도 스마트팩토리로 전환할 준비들을 해나가고 있다.

스티븐 스필버그 감독의 영화 '레디 플레이 원'에는 가상세계 '오아시스'를 배경으로 하고 있다. 사람들은 그 가상세계에서는 아바타의 모습이 되어서 놀고 일하고 돈도 번다. 아침에 일어나면 회사, 학교에 가는 것이 아니라 집에서 가상현실(Virtual Reality, VR)을 이용해 가상세계로 들어간다. 영화의 시점은 2050년 정도의 미래로 설정 돼 있지만 현재 개발된 VR기술을 전제로 감독의 상상력을 더했다.

[그림4] 가상현실, 오아시스에 접속한 주인공의 모습
http://news.khan.co.kr/kh_news/khan_art_view.html?artid=201803262134005&code=960401)

2) 4차 산업 혁명과 변화

이렇게 현실과 가상을 융합하고 온라인과 오프라인의 융합을 만들어 인간에게 새로운 가치를 만들어 내는 것이 4차 산업혁명의 본질이라고 할 수 있다. 로봇은 오프라인에서 활약하지만 로봇을 움직이는 것은 가상세계의 빅 데이터인 것이다. 그 빅 데이터를 분석하고 활용하는 것이 인공지능의 역할이다. 인간은 오프라인과 가상세계를 오가며 새로운 삶의 패턴과 가치와 즐거움을 만들어 내는 것이다. 어린이들의 환상의 나라인 디즈니랜드의 가상현실화를 진행하고 있다고 한다. 디즈니랜드에 직접 가지 않아도 안방에서 가상세계를 통해 모든 액티비티를 즐기며 디즈니 캐릭터들을 생생하게 만나게 되는 것이다. 이러한 5G, 인공지능, 로봇, 빅 데이터, VR, 스마트팩토리, 자율주행자동차들을 필요로 하고 움직이는 것은 사람이다. 우리는 이러한 것들을 내 생활 안에서 활용 할 수 있어야 하고, 이러한 기술에 인간의 상상력을 더해서 또 다른 무언가를 만들 수도 있다.

고령의 어르신들은 스마트폰, PC 등을 쉽게 조작하지 못한다. 그런데 IPTV, 스마트TV가 나오면서 TV조차도 조작이 쉽지 않아서 못 보는 경우가 있다. 편리하고 새로운 기술을 내 생활에 적용이 안되는 경우이다. TV라는 말 대신 로봇이나 드론, 자율주행차, VR, 3D프린터 라는 말을 넣어도 성립한다. 나는 무엇부터 활용하고 마스터 해볼지 생각해 볼 일이다.

반면 요새 유치원 다니는 또래의 아이들은 태어날 때 스마트 폰이 이미 존재했던 세대이다. 이 아이들은 아무 거리낌 없이 스마트폰은 조작하며 자신이 원하는 것을 찾아내려고 한다. 미국의 잭 안드라카(15세)는 인터넷 검색을 이용해 최저가 '췌장암 조기 발견기'를 개발해 냈다. 단순히 인터넷을 검색하고 게임하는 것에 그치지 않고 새로운 가치를 만드는데 나이나 학력 보다는 사용자의 정보 활용능력과 창의력, 문제해결 능력의 힘을 보여 주었다.

또한 4차 산업혁명의 움직임은 직업군의 변화를 가져오고 있다. 인공지능이나 로봇이 인간의 노동력을 대체하고 새로운 아이템이 등장함에 따라 관련 산업이 급부상할 것이다. 이런 변화의 결과를 대량 실업위기로 표현하는 것을 보았을 때 안타까운 마음이 든다. 미래에 대한 불투명성을 위기로 여겨 협박 받는 듯한 느낌을 받은 사람들은 무엇을 생각할까? 아직 오지 않은 시간을 꼭 위기로 단정해야만 하는지 의문이 남지만 어쨌든 많은 사람에게 새로운 교육의 필요성과 현재의 안일함에 대한 경각심을 준 것만은 분명하다.

[그림5] 4차 산업혁명은 교육과 일자리의 변화를 불러온다.
〈출처: KCERN(창조경제연구회)〉

실제로 기업채용 현장에도 변화가 감지된다. 먼저 은행, 카드, 보험회사 등 금융권부터 빅 데이터 전문가들을 채용하고 있지만 이러한 인력들은 부족한 상태이다. 양성된 전문가가 부족한 것은 외국도 마찬가지이기 때문에 우리나라의 인력이 해외로 **빠져나가는** 경우도 많다고 한다. 삼성그룹 공개채용을 위한 직무검사(GSAT)의 시사 영역에는 증강현실(AR), 블록체인, 하이브리드카, 인공지능, 사물 인터넷 등에 대한 문제가 출제 됐고 현대자동차의 소프트웨어 직군 지원자들은 적성검사 대신 코딩실기시험을 치렀다. 뿐만 아니라 각 기업의 신입사원 교육은 물론, 직원연수에 4차 산업혁명관련 강의는 필수로 자리매김하고 있다.

이러한 시대적 흐름에 맞추어 4차 산업혁명은 교육시장의 풍경도 바꿔 놓고 있다. 마이크로소프트는 싱가폴에서 'E2(Education Exchange)'라는 교육학과 기술의 접목에 대한 행사를 매년 열고 올해로 14번째가 됐다. 그들은 이러한 행사를 통해 그들 기업 교육시장의 저변확대를 노리는 한편 기술의 속도를 따라가지 못하는 교육환경 역량을 높이려 하고 있다. 어떻게 보면 국가적 차원의 과제를 일개 기업에서 추진하고 있는 모습에서 그들의 큰 그림은 무엇일지 생각해볼 부분이다.

대학의 변화는 어떨까? 불과 10년 전만 해도 대학의 유명한 교수들의 강의는 아무나 쉽게 접할 수 없었다. 강의를 하는 사람도, 듣는 사람도 당연히 안 되는 일로 생각했던 것 같다. 지금은 인터넷을 통해 코세라, 에덱스, 무크, 유다시티, 에듀엑스, 유데미, 한국의 KOOC, 세바시 등을 통해 누구나 무료로 자신이 원하는 장소와 시간을 선택해 전문가들의 강의를 골라 들을 수 있는 환경이 갖춰져 있다. 테드, 칸아카데미 역시 비영리 교육 서비스를 제공하고 있으며 이러한 흐름은 계속 이어질 것으로 보이며 기존 대학들의 입지를 위협 할 수도 있다.

또한 빠르게 변화하는 기술의 속도에 신속하게 대응하기 위해 3개월 정도의 교육을 받을 수 있는 마이크로 칼리지(micro college)도 운영된다. 나노디그리 프로그램은 실리콘 밸리에서 필요로 하는 웹 개발자, 모바일 개발자, 데이터 분석 전문가 과정을 짧은 기간 동안 마스터 할 수 있도록 온라인 프로그램을 제공하며 채용까지 연계하고 있다. 이것은 곧 직업의 수명이 짧아지더라도 다시 교육을 통해 새로운 직업으로 바꾸거나 여러 개의 직업을 가질 수 있다는 뜻으로 풀이 할 수 있다. 인간의 수명은 이미 100세 이상을 바라보고 있기 때문에 20대 초반에 대학졸업을 했다 하더라도 한 가지 전문분야의 지식, 학위로 평생을 지탱하기는 어려울 수밖에 없다. 같은 분야에 종사한다 하더라도 새로운 기술에 대한 부분은 계속해서 교육을 통해 업데이트해야 한다.

캠퍼스가 없는 온라인 토론 식 수업, 각 나라를 돌며 프로젝트 형 수업을 지향하는 미네르바 스쿨은 이미 하버드입학 보다 어려워졌다.

"4차 산업혁명은 이미 현 교육 모델에 상당한 부담을 주고 있습니다. 전 세계 모든 학교는 감당하기 힘든 비싼 학비로 구시대적이고 비효율적이며 적절치 않은 체험을 제공하고 있다는 점을 사람들이 깨닫고 있죠. 과거에는 고등교육의 수요자들 역시 별다른 대안이 없다고 생각했지만 이런 시각 역시 변하고 있습니다. 미네르바스쿨뿐만 아니라 다른 학교들도 4차 산업혁명이 필요로 하는 교육을 시행하기 시작하고 지원자가 늘어나고 있다는 것이 그 증거입니다. 이런 변화는 고통스러울 수도 있지만 필수불가결합니다."

'서울포럼 2018'의 연사로 나선 미네르바스쿨 아시아 총괄 디렉터 켄 로스는 서울경제신문과의 e메일 인터뷰에서 4차 산업혁명 시대에 맞는 새로운 교육 모델의 필요성을 역설했다.
〈출처: [미리보는 서울포럼2018] "캠퍼스 없는 대학서 실용적 지식·경험…혁신을 가르칩니다", 서울경제 2018. 4.16 http://www.sedaily.com/NewsView/1RYA2L3G6P〉

얼마 전 우리나라 교육부에서 100억 원 정도의 예산으로 '4차 산업혁명 혁신선도대학'을 10개교, 한 학교당 10억 원 정도 지원한다고 한다. 지원 받는 학교는 기존의 정규과정을 4차 산업혁명 커리큘럼에 맞춰 개편하고 수업 방식도 혁신적인 방향으로 진행한다고 한다.

4차 산업혁명 기초교과	4차 산업혁명 유망 분야 기술과 비즈니스 모델에 관한 이해 및 미래 인재 핵심역량 강화를 위한 일반적 교육과정
4차 산업혁명 전문교과	4차 산업혁명 특화분야의 산업선도형 전문인력 양성을 위한 전공 심화교육과정
어드벤처 디자인 (Adventure Design)	문제해결능력 함양 및 학습진로 설계를 위한 1,2학년 학생 대상 자기주도형 프로젝트 교과

[표1] 4차 산업혁명에 맞게 개편되는 커리큘럼
〈출처: '4차 산업혁명 혁신선도대학' 10개교에 100억 지원, 월간 산악협력 2018. 1. 15〉

대학명	신산업 분야	혁식선도대학 인재상 및 교육모델
강원대	웨어러블 스마트 헬스케어 시스템	인성과 자질(4A*), 문제해결능력(4C), 기초소양(4E**)을 두루 갖춘(AEC) 능력을 겸비한 '웨어러블 스마트헬스케어 시스템' 분야 선도인재 양성 *4A: 주도적(Adve), 적응적(Adaptive), 모험적(Adventurous), 성취적(Achieving) **4E: 공학(Engineering), 미학(Esthetics), 글쓰기(Engineering Essay), 컴퓨터언어(E-language)
국민대	자율주행자동차	초연결 자율주행차 시대를 선도하는 창의-융합형 인재 양성 -「입문 → Adventure 교과목 → 브릿지 교과목* → 요소기술 → 종합 → 확산」으로 구성된 단계별 이수구조 * 브릿지 교과목: 비전공자가 교차 수강을 쉽게 시작하도록 하는 교과목 제공
단국대	초연결 스마트 사회 기반 사업	초연결 스마트 사회기반 산업 디지털 트윈 기반 4D*-Maker 인재 양성 - 사회기반 산업 특성인 대학·산업체간 무한연계 교육모델(UNTY) 구축 * 4D: 디지털 도구활용(Digital Tooling), HW-SW 융합(Dual Linking), 디자인 씽킹(Design Thinking), 의사결정(Decision Finding)
부경대	스마트 헬스케어	초고령화 시대 융합기술 개발 능력을 갖춘 의공학 인재 양성 -바이오헬스, 융합IT부품소재, 해양수산바이오특화분야를 기반으로 융합-연계 교육과 정제공 및 캠퍼스내 On-Site 실무형 Maker 인프라(Dragonvaley) 조성
전주대	Internet of Things(IoT) 기술의 응용	IoT기술 기반의 한국형 스마트리빙(지역전문통화 기반 의식주) 생활공학인재 양성 -IoT 생활공학 교육과정, 단기몰입형 교육과정, 계절학기를 활용한 1년 4학기제운영 등 학생들의 생활주기를 고려한 교육모델 설계
한국 기술 교육대	AR/VR	기업과 지역사회 발전을 선도하는 AR/VR 서비스(콘텐츠와 디바이스)분야 융합형 창의 미래 인재 양성 -미래인재 핵심역량, 4C 능력, 비즈니스 모델 이해 역량 및 AR/VR 분야 기술 역량을 배양을 위한 교육과정 운영

한국산업기술대	스마트 팩토리 (Smart Factory)	스마트팩토리분야창의적문제해결역량을 보유한 기업가적인재(SUPERMAN*) 양성 *Social Relation, Unconventionality, Problem Solving, Ethically, Resource Management, Multiple Knowledge, Adventure, New Tech Application -산업체가 교원으로 참여하는 'EduFactory' 교과운영
한밭대	스마트 팩토리 (Smart Factory)	Big Data 및 IoT에 대한 전문성을 바탕으로 Data Literacy와 Device Literacy를 겸비한 Smart Factory Engineer 양성 -Factory급 전문실습시설의 확보를 통한 Smart Factory 교육플랫폼 구축
한양대 (ERICA)	인공지능 협동로봇 분야	다학제적 혁신 교육모델(Collaborative AI-Robotics in Engineering) 구축을 통한 인공지능 협동로봇 분야의 실용인재 양성 -혁신교수학습법접목 실제환경에서의 로봇개발 및 검증을 위한 CARE-Lab 구축운영
호남대	자율주행전기차	4C Softskill을 갖춘 창의 융합형 전기자율차 인재 양성 -AI/SW 기반 자율주행전기차 전문인력양성을 위해 심층학습(Deep Learning)에 의한 교육혁신체계 구축

[표2] 4차 산업혁명 혁신선도대학 10곳
〈출처: 교육부, 4차 산업혁명 혁신선도대학 10곳 선정, 지디넷코리아 2018. 3. 29
http://news.naver.com/main/read.nhn?mode=LSD&mid=sec&sid1=105&oid
=092&aid=0002134164〉

교육관련 기업들도 속속들이 신상품 개발, 출시를 하고 있다. 코딩교육을 도와주는 로봇이나 코딩을 게임처럼 즐기며 배우는 교육 플랫폼, 온라인 플랫폼을 이용한 교육에 인공지능을 더해서 일방적으로 강의를 듣게 하는 것이 아닌 1대 1 맞춤 서비스를 제공하기도 한다. 안면인식을 통해 강의를 듣는 수강생의 상태에 맞춰 준다. 인공지능 교육서비스는 빅 데이터를 분석해 학습자의 약점을 보완하고 출제될 문제를 예측해주기도 하는 등 각 업체의 강점에 인공지능과 로봇기능 등을 접목시켜서 학습자의 편의를 제공하려는 것이다. 선생님 한명에 수십 명의 학생들이 일방적으로 듣는 수업을 벗어나 한명 한명의 수준별 학습도 가능해지고 여러 매체를 활용해 효과를 극대화 한다.

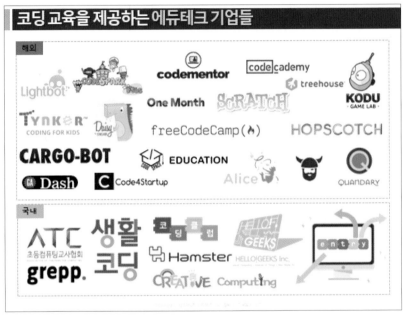

[그림6] 에듀테크를 이용한 코딩교육을 제공하는 에듀테크 기업들
〈출처: KCERN(창조경제연구회)〉

이렇게 교육(Education)과 기술(Technology)이 결합한 에듀테크를 등장 시켰고 온라인으로 인한 학습공간과 대상의 변화 앞에서 설명하고 여러 학생이 받아 적는 식의 방식에서 질문, 토론, 경험을 위주로 한 수업방식의 변화, 빅 데이터, 로봇, VR, AR, SNS 등을 학습에 활용하는 수단의 변화, 국, 영, 수 위주였던 교과목에서 융합 위주의 새로운 교과목의 변화 등 부모세대가 경험했던 전통적인 수업 방식과 제도를 벗어나 새로운 교육환경이 만들어 질 것이다.

[그림7] 에듀테크의 확산으로 인한 변화
〈출처: KCERN(창조경제연구회)〉

앞서 우리에게 다가 오고 있는 4차 산업혁명의 주요 기술들을 소개했고 이로 인한 고용시장의 변화와 교육시장의 변화까지 연결해서 이야기했다. 여기서 하나하나의 개별기술을 알고 모르고가 중요한 것이 아니라 큰 흐름을 먼저 볼 것을 제안한다. 개별 기술은 우리가 나아가고자 하는 목표를 이루기 위한 수단 일 뿐 결과가 아니라는 것이다. 그 기술을 위해 인간과 자연이 하위개념이 되는 것이 아닌 인간을 중심으로 그 기술들을 활용하는 개념으로 보아야 한다.

3) 변화를 대응하는 힘은 '실천'

인간의 호기심과 도전정신은 끊임없이 새로운 것을 만들어내고 그 기술들이 계속 축적됨에 따라 오늘에 이른 것이다. 가히 '혁명'이라는 표현에 걸맞게 첨단 기술들이 대거 등장하고 실업에 대한 위기를 언급하면서 우리에게 4차 산업혁명은 아름답지 못한 것으로만 그려져 있지는 않은지 살펴보아야 한다.

새로운 변화에 대한 정보력으로 먼저 어떤 방향으로 가야할지 제대로 설정을 하고, 사회적 기반이나 교육 인프라들을 활용해 더 나은 생활과 가치창조 해야 한다. 이것은 기본적으로 인간은 끊임없이 생각하고 어떤 주변 환경에서도 적응하며 지금까지 생존해 왔다는 것을 전제로 하는 것이다. 새로운 시대의 직업군은 새로운 교육으로 메꿔나가야 한다. 미래교육은 이러한 관점에서 출발하는 것이다.

과거 우리의 아버지, 어머니들께서는 소를 팔아 자식을 공부시켜 집안을 일으키길 바라셨다. 이것을 요새 식으로 재구성 하자면 그 당시 부모님들께서는 시대를 읽으시고 조상대대로 해오던 직군인 농업을 강요하기보다는 새로운 것을 찾아 떠나라고 집안에서 가장 큰 재산인 소를 팔아 주신 것이다. 농업은 하루아침에 등장한 직업이 아니다. 집안 대대로 오랜 시간 농업을 통해 가족의 생계와 먹거리를 해결했던 최고의 수단이었다. 농부에게 땅과 소란 그분들의 삶과도 같은 것이다. 그럼에도 불구하고 새로운 교육과 직종을 찾아야 한다는 판단을 내린 그 시대의 부모님들은 혁신을 몸소 우리에게 보여주신 것이다. 지금 우리에게도 그런 결단의 순간이 찾아온 것이다.

부모가 해왔던 공부, 부모가 알고 있는 부를 안겨주었던 직종들을 아이에게도 그대로 물려주려 한다면 또는 그런 것들에 대한 기대를 버리지 않는다면 어떻게 될까? 〈세계미래보고서 2055〉에 따르면 교육과 학습에 근본적인 변화가 없다면 오는 2050년에는 인류의 약 50퍼센트가 기술적 실업사태에 직면할 것이라고 했다. 여기서 말하는 근본적인 변화란 어떤 것일까? 변화의 폭이 우리가 생각하는 예상치 보다 크고 우리의 상식을 뒤집을 정도를 말하는 것으로 본다. 결국 부분이 아닌 전체적인 판을 바꿔야 한다는 것이다. 대한민국 모두가 염원하는 '안정적인 정규직'의 시대와 대학의 절대적인 권위가 사라져 가고 있다.

필자가 4차 산업혁명을 낙관적으로 보는 것은 낙관적으로 보되 그것은 교육의 변화와 혁신을 실천하는 의지를 전제로 이야기 한다고 말하고 싶다. 가성비 좋은 교육법과 새로운 정보를 습득하고 이를 실천하는 것이야 말로 이 시대를 살아가는 경쟁력이 돼 줄 것이다. 우리에게 정해진 것은 없다. 여기에 소개한 기술들도 내일이면 다른 형태로 바뀔 수 있다. 기술과 테크닉에 의존하지 말고 나와 내 아이의 숨은 역량들을 살아나게 하는 교육을 통해 어떤 상황, 어떤 시대에도 흔들림 없는 힘을 기르는 것에 집중할 때이다.

2. 4차 산업혁명, 교육의 패러다임을 바꾸다

1) 4차 산업 혁명과 인간의 본능

4차 산업혁명에 관한 자료들을 처음 접했을 때 느낌은 어떤 것이 었는지, 직업군을 바꾸고 교육을 바꿔야 한다는 말을 들었을 때 느낌은 무엇인지 생각해보자. 많은 사람들이 새로운 시대에 대한 희망이나 설래임 보다 막연함과 불안과 뒤숭숭한 기분을 이야기 한다. 그렇다면 나는 시대를 앞서가지 못해서일까?

결론부터 이야기 하면 그렇지 않다. 미국의 인본주의 심리학 창설을 주도한 매슬로우는 인간의 욕구 5단계로 나누고 첫 번째는 기본적인 생리적 욕구는 먹어야 하고, 자야하고, 배설도 하고 싶어하는 것으로 보았다. 그것이 충족이 되면 두 번째 단계인 안전의 욕구를 가진다. 먹고 자는 것이 해결됐으니 신체적으로 정서적으로 안전하기를 원하는 것이다. 그러나 아이러니 하게도 우리가 어떤 변화를 감지하고 앞으로 나아가려 할 때 작동하는 것 역시 안정의 욕구이다. 현재 상태에 안주하게 하고 변화를 싫어하게 되는 것이다. 이것은 본능적으로 작동하기 때문에 판단 대상이 옳고 그름을 봐가면서 작동하는 것이 아니다.

4차 산업혁명으로 인해 변화의 흐름을 읽고 새로운 정보를 받아들여 행동으로 옮기려 할 때 뭔가 마음속에서 나를 붙잡는 힘은 나의 의지 부족이나 나약함이 아닌 인간이 살아남기 위해 본능적으로 탑재한 것이라는 것을 인지하기 바란다. 그렇다고 해서 본능에 충실하며 순응하는 것이 답은 아니다. 그럼에도 불구하고 앞으로 나아갈 때 우리는 성장하고 발달해 왔다. 그 본능을 뿌리치고 앞으로 나갈 수 있는 힘은 정보를 바탕으로 한 결단력이다. 지금 우리 아이에게 필요한 미래교육에 대한 정보를 충분히 수집하고 숙지한 후 아이의 강점과 성향 등을 고려해 반드시 바꾸어야 할 것들을 몇 가지로 압축을 해보자. 그리고 가장 하기 쉬운 것부터 하나하나 실천으로 옮기기를 권한다.

2) 세계 여러 나라의 미래교육

그렇다면 세계 여러 나라의 교육은 무엇으로 미래를 준비하고 있을까? 가장 눈에 띄는 것은 역시 '코딩교육'을 정규교육으로 의무화 하고 있다는 점이다. 코딩은 컴퓨터 프로그래밍의 다른 말로 파이선, 자바, C#, C++, C 와 같은 컴퓨터 언어로 프로그램을 만드는 것이다. 코딩의 사전적 의미는 부호화이다. 즉 컴퓨터를 활용하는 과정에서 우리의 생각이나 말을 컴퓨터로 실현하기 위한 부호화 과정이 필요하다. 인간은 시각, 청각적 경험으로도 아웃풋을 할 수 있지만 컴퓨터는 정해진 부호로 입력을 해줘야 한다. 지금 우리가 엑셀이나 워드 프로그램을 이용해서 어떤 작업을 해 내는 것처럼 컴퓨터를 활용해서 결과를 만드는 일이 업무적, 일상적으로 더 확대 될 것을 준비하는 것이다.

스웨덴, 핀란드 등 북유럽 국가들은 코딩교육을 필수 정규교육 과정으로 운영하되 눈에 띄는 것은 별도 과목이 아닌 수학과 과학 등 다른 과목과 융합해 운영한다. 또한 단순 프로그래밍의 원리를 학습하는 것이 아니라 운용원리를 알게 하고 삶에 적용시켜 인공지능을 활용한 풍요로운 삶을 만드는 것을 목표로 하는 것이 특징이다. 역시 교육의 선진국답게 삶을 그 중심에 놓고 있다. 이것을 우리식으로 바꿔보자면 코딩 과목을 개설하고 교과서를 나눠주고 선생님은 앞에서 칠판에 적으며 설명해 주고 아이들에게 해보라고 한다. 한 단원이 끝나면 객관식으로 평가를 하고 여기서 점수가 잘 나오지 않으면 학원에 다닌다 라는 형태가 되지 않을까 싶다. 코딩이라는 과목에서 핵심을 어디에 두느냐에 따라 교수방법이 달라지고 결과물 역시 전혀 다른 것이 된다.

프랑스는 외국어 시간을 줄이고 코딩을 중학교 의무 교육화 했다. 특히 에꼴42(ecole 42)는 청년을 대상으로 무료로 코딩 교육하는 기관이다. 이 학교의 특징은 교과서나 교수가 따로 없고 컴퓨터 기반으로 게임의 미션을 해 나가듯이 레벨을 올린다. 학생들끼리 서로 협업하고 주체적인 학습을 해 나간다.

니콜라 사디악 에꼴42 교장은 "코딩은 주체가 아니라 하나의도구일 뿐" 이라며 "기존의 주입식으로 교육을 했다간 기술자처럼 기술을 습득하고 활용하는 수준에 그칠 뿐 새로운 것을 만들어 낼 수 없다"고 강조했다. (출처: [테크시티 파리] 스스로 공부하는 '에콜42', 머니투데이, 2018.1.1)

이들이 코딩을 통해 얻고자 하는 것은 기술습득이 아닌 새로움이다. 현재 우리나라 현업에서 프로그래밍 관련 직업을 가진 부모조차도 굳이 어릴 때 코딩을 배워야 하는지 의문을 갖는 경우가 있다. 코딩을 기술로써 접근을 하다 보니 당연히 어린 학생들이 배울 필요가 없다고 생각한 것이다. 그러나 니콜라 사디악 교장의 말처럼 우리가 지향해야하는 것을 컴퓨터적 사고를 통한 창의력의 표현을 목표로 한다면 우리가 흔히 알고 있는 프로그래밍에 대한 고정관념을 바꾸는 것부터 시작이다.

영국 정부는 지난 2014년부터 모든 학년에 컴퓨팅 수업을 의무화했다. 이들은 컴퓨터 앞에 앉아서 하는 학습 외에도 재미있고 역동적인 환경에서 미션을 주고 수행하는 과정에서 배울 수 있도록 하고 있다. 체육이나 미술, 그 어떤 과목을 통해서도 컴퓨터 적 사고를 배우는 것이 가능하다. 얼마 전 우리나라도 문과 이과를 통합했다. 더 다양한 과목을 코딩과 융합하는 계속적인 노력과 시도가 필요하다.

최근 4차 산업혁명 관련해 가장 주목 받고 있는 나라는 에스토니아가 아닐까 싶다. 지난 1991년 구소련에서 독립했고 남한 절반 정도의 면적이다. 독립 이후 디지털 혁신을 통해 초고속 경제성장을 하며 주목 받고 있다. 지난 2012년 전 학년 코딩교육을 의무화 했고 남녀노소 가리지 않고 IT교육을 하고 있고 1990년대 경제자문관으로 디지털 개혁을 주도 했던 케르스티 칼률라이드는 2016년 에스토니아 최연소 최초 여성 대통령으로 선출 됐다. 지난 20년간 디지털 혁신의 비결을 묻자 다음과 같이 말했다.

"에스토니아는 디지털 투자에 앞서 법체계부터 갖춰나갔다. 또 시민들에게 정보가 잘 관리된다는 인식을 확신시켰다. 예컨대 정부가 관리하는 시민 정보를 함부로 들여다보는 건 에스토니아에서 범죄 행위다. 개인 정보를 다루는 공무원이라 할지라도 말이다. 만약 누군가 내 정보를 들여다봤다면 자동으로 이메일 알림을 받게 된다. 이처럼 기술 발전에 앞서 법체계가 마련돼 있어야 한다." 〈출처:[단독] 전자영주권·법인세 0 도입…에스토니아에 돈이 몰렸다. 중앙일보, 2018.2.13.〉

에스토니아의 약진에는 앞선 교육제도와 법체계의 빠른 대응이 교육을 비롯한 국가 경쟁력에 미치는 영향을 잘 보여주고 있다. 에스토니아에는 '프로지 타이거(Proge Tiger)'라는 학년별 맞춤형 코딩 프로그램을 운영한다. 이 교육의 목표는 문제해결을 통한 창의성 신장과 융합적 사고력을 키우는데 있다.

미국은 주마다 차이가 있으나 많은 공립학교들이 코딩을 정규 교육화 했다. 이들 학교는 구글, 페이스북, 마이크로소프트 같은 실리콘밸리 IT기업들이 만든 무료 프로그램으로 가르친다. 이 프로그램의 특징은 놀이에 가깝게 돼있어서 아이들은 게임을 하거나, 명령어 미션을 수행하는 형태이다.

미국의 교육전문가 더글라스 러시코프는 최근 미 경제매체 패스트컴퍼니 기고에서 "개도국에 능숙한 코더들이 쏟아지고 있다. 아이디어를 갖고 인도에 연락하면 더 저렴하고 빠르게 만들어준다"며 "아이들에게 좋은 아이디어 생각하는 법을 가르치는 것이 중요하다"고 지적했다.〈출처:[MT리포트]세계 코딩교육 보니…중국과 인도는 외우고, 미국은 놀이를 한다.머니투데이, 2018.2.6.〉

과연 중국과 인도만이 외우고 있을까? 저들은 이미 코더를 능가하는 생각하는 코더를 키우고 있다는 점을 눈여겨 봐야한다. 저들이 바라보는 개도국은 동반자일까? 아니면 다른 역할일까?

마지막으로 의외로 복병 같은 나라를 소개하려 한다. 다름 아닌 북한이다. 북한의 해킹으로 암호화폐 거래소나 국가 주요시설까지 넘보는 뉴스를 접한 적이 있다. 북한은 10년 전 부터 유치원에서 IT수재를 발굴하고 키워왔다고 한다.

유치원 때부터 길러져 김일성종합대학과 김책공업대학에 재학 중인 북한의 IT수재는 세계 코딩대회를 휩쓸고 있다. 세계적 권위의 코딩 경연대회인 코드셰프(CODECHEF)가 2월 개최한 코딩 경연대회에서 우승의 영예는 북한 김일성종합대학 학생이 가져갔다. 김책공업종합대학 학생도 좋은 성적을 거둔 것으로 알려졌다. 김일성종합대학과 김책공업대학 학생들은 2013년부터 CODECHEF 대회에 참가해 지금까지 17차례 이상 우승했다.

CODECHEF는 매월 코딩 경연대회를 연다. 해당 경연은 240시간(10일) 동안 10개 문제를 푼 결과의 정확성 정도를 평가해 승부를 겨룬다. 이 대회는 70~100여개 나라 7000~1만 2000여명이 매번 참가한다. 최근 북한 학생은 CODECHEF 세계 4, 7, 14, 18위 등으로 20위권 안에만 4명이 올라있다. 반면, 한국 학생은 576, 716, 1334, 2638위에 머물러 있다. (출처: [문형남의 4차 산업혁명] 세계 최고 수준인 북한 코딩, 한국은?, IT조선, 2018.3.15.)

이러한 경연대회의 결과들은 이들이 해킹 수준 뿐 아니라 코딩 인력을 키우는 교육 과정도 일정 수준에 올라와 있음을 보여주며 미래교육에 대한 모색을 오래 전부터 해 왔음을 알 수 있다.

위 국가들의 사례에서 중요사항을 정리해 보면 코딩을 도입 하되 그것을 통해서 얻고자 하는 것은 융합, 삶, 협업, 주체적 학습, 새로움, 컴퓨터적 사고, 창의력, 미션 수행, 창의성 신장, 융합적 사고력, 생각하는 코더로 정리된다. 즉 코딩이라 쓰고 융합, 협업, 컴퓨터적 사고능력, 창의성, 문제해결 능력이라고 읽는다. 그렇다면 우리의 공교육에서 시도하는 코딩 교육의 방향과 사교육 업체를 이용할 때 어떤 기준으로 골라야 하는지 명확해 진다.

위 국가들이 지금의 교육과정을 만들기 위해서 수차례 교육과정 개편을 통해서 이뤄 낸 결과물이기도 하며 그 이전에 인문학적, 사고력, 창의력, 자율성, 과정위주의 교육을 중시하는 교육 풍토가 자리를 잡았기에 가능한 일이다. 모래밭에 성을 쌓을 수는 없듯이 교육도 어떤 결과를 원한다면 그 겉으로 보이지 않는 토대 역시 단단해야 한다. 우리가 갖고 있는 토대는 무엇이며 어떤 것을 쌓을 수 있을까?

3) 우리나라의 미래교육

우리나라는 2015개정교육과정을 통해 미래교육에 필요한 요소들을 반영하고자 했다.

2009 개정 교육과정 vs 2015 개정 교육과정 방향 비교

구분	주요 내용	
	2009 개정	2015 개정
교육과정 개정방향	·창의적인 인재 양성 ·전인적 성장을 위한 창의적 체험활동 강화 ·국민공통교육과정 조정 및 학교 교육과정 편성·운영의 자율성 강화	·창의융합형 인재 양성 ·모든 학생이 인문·사회·과학기술에 대한 기초 소양 함양 ·학습량 적정화, 교수·학습 및 평가 방법 개선을 통한 핵심역량 함양 교육 ·교육과정과 수능·대입제도 연계, 교원 연수 등 교육 전반 개선
교과 교육과정 개정방향	개선	·총론과 교과 교육과정의 유기적 연계 강화
	개선	·교과 교육과정 개정 기본 방향 제시 ·핵심 개념 및 원리 중심으로 학습량 적정화 ·학생 참여 중심 교수·학습방법 개선 ·과정 중심 평가 확대

[표3] 2015개정 교육과정의 방향

〈출처: 문과·이과 구분 없이 통합 … 선택과목은 더 많아져,아시아경제, 2018. 1.31.〉

지난 2009년 개정에 넣지 못했던 요소들이 반영돼 외국의 사례에서 보았던 핵심 내용들이 포함돼 있음을 볼 수 있다. 뿐만 아니라 교육부는 2018년에는 초등학교 3~4학년과 중학교 1학년 사회, 과학, 영어 교과서가 VR·AR기술이 들어간 실감형 디지털 교과서를 오는 2020년까지 연차적으로 도입예정이며 코딩의무교육을 초등학생 17시간, 중학생 34시간으로 의무교육화 한다. 오는 2021년까지 모든 초, 중학교에 무선 인프라를 확충할 계획을 갖고 있다.

그런데 여기에 중요 사항 두 가지를 지적하고 싶다. 학부모 교육을 통한 인식개선 필요성에 대한 것과 대학수학능력시험이라는 객관식 평가 방법은 여전히 건재하게 변동사항이 없다는 것이다. 새로운 제도를 도입해서 자리를 잡고 교육현장에 맞게 적용시키려면 교사와 학부모가 2인 3각 경기를 펼쳐야 한다. 한쪽의 일방적인 노력으로는 허공에 떠도는 메아리에 불과하다.

　그렇다면 교사는 학부모를, 학부모는 교사를 신뢰하는가? 아마 선뜻 그렇다고 대답하기 어려울 것이다. 신뢰가 없이 새로운 교육을 하겠다고 한들, '자유학기제'가 시행되자 몇몇 학부모들은 공부를 덜 시킨다며 사교육으로 발걸음을 돌리고 학교에서는 독서를 권장하기 위해 도서실 관련 학부모의 봉사를 요청하면 학부모들은 외면한다. 서로를 지지하고 신뢰하지 않고 있다. 새로운 교육개정이 나오면 학부모들에게 통보가 아닌 지속적인 정보 제공과 소통을 통해 정확한 정보를 인식 시켜 주어야 하고 학교가 할 일과 학부모가 할 일을 효율적으로 분담해야 한다. 지금처럼 학교와 학부모의 불편한 관계로 인해 아이들의 미래를 발목을 잡아서는 안 된다.

(1) 현재의 평가 방법은 적절한가?

　이러한 학교와 학부모의 불화에 대학수학능력시험의 객관식 평가 방법이 한 몫을 거든다. 수능은 지난 1994년 암기위주의 학력고사에서 벗어나 통합적인 사고를 측정하고자 하기 위해 시행 되었고 미국의 SAT를 모델로 만들어졌다. 필자가 고3 때 수능 1회를 치렀고 새로운 대입 방식이 너무나 생소했고 당황스러움이 컸던 기억이 생생하다. 그 당시 정신적 충격은 알파고 쇼크와 맞먹는다고 해도 무방할 것이나 새로운 시험을 치렀다고 해서 하늘이 두 쪽 나는 일은 없었다.

그때 당시로는 교육의 방향을 바꾸기 위해 상당히 큰 결정을 내린 것이었으나 20여 년이 지난 지금은 문제 푸는 요령을 학습하는 도구가 돼버렸다. 수능 만점자들의 비결 중 공통된 내용은 '문제를 많이 푸는 것'이 빠지지 않는 단골메뉴이다. 출제문제를 어떻게 잘 다뤄야 하는지 배우기 위해 우리 아이들의 청춘을 바치는 동안 수많은 것을 잃는 모습을 볼 때 마다 어느 부모인들 마음이 안 아프랴? 그러나 대학 못 보낸 부모가 되는 것은 더 못할 짓으로 느껴지는 것이 현실이다.

교과서의 구조 자체가 나선형으로 학년이 올라가면서 확대 심화하고 있기 때문에 한번 흐름을 놓치면 따라가기가 어렵다. 그렇다 보니 기초를 단단히 다져야 한다는 생각에 초등학교 때부터 성적 스트레스에서 자유롭지 못하다. 모든 교육의 목표는 오로지 기, 승, 전, 입시로 귀결돼 결국 학교와 학부모는 입시를 무기 삼아 아이들을 협공 하는 것이다. 학교에서는 교육개정으로 인한 미래교육을 해보겠다고 하면 수능에는 반영이 되지 못하니 학부모들은 사교육 신봉자가 돼야 하고 학교는 학교대로, 학원은 학원대로 돌며 이중생활 하는 것은 결국 우리 아이들이다. 이 삼박자가 쳇바퀴처럼 매일 돌아간다. 또한 엄청난 비용과 시간을 투자대비 실제 필요한 것들을 놓친다는 것이 무엇보다 큰 문제이다.

객관식 시험에 익숙해져 버린 아이들은 삶에도 답이 있다고 생각한다. 늘 답을 스스로 해결해서 생각하기보다 기출문제에서 이미 터득한 노하우로 답을 고르는 것에 익숙하다. 그래서 서점에는 'xx 할 수 있는 법'에 대한 책들이 즐비하다. 그러나 인생을 살아보면 답이 없는 경우가 더 많다는 것을 느꼈는가? 스스로 문제에 부딪치며 실패도 해보고 성취도 경험하면서 얻는 삶의 교훈은 나를 남과 다르게 만들어 주고 달인의 경지에 이르게도 해준다. 인터넷 검색 몇 줄이 주는 정보나 책의 저자들이 알려주는 법은 문제 해결의 힌트는 될 수 있으나 정답은 아니라는 것을 눈치 채야한다. 정답이 정해져 있다면 우리는 모두 성공해야하고 성취했을 것이다. 객관식은 고를 수 있다. 그래서 마음이 편하다. 객관식이 주는 안일함에 빠져서 미래를 선택할 수 있는 기회를 버려서는 안 된다.

(2) 국제 바칼로레아를 아십니까?

사정이 이렇다 보니 수능객관식 폐지를 주장하는 목소리가 높아지고 있다. 그것을 대체할 시험으로 '국제 바칼로레아(International Baccalaureate, IB)'가 거론되고 있다.

국제 바칼로레아(International Baccalaureate, IB) 논술형 교육과정은 '전인교육'을 교육이념으로 하고 있다. 초등교육프로그램(PYP), 중등교육프로그램(MYP), 디플로마 프로그램(DP)을 거쳐 '탐구하는 인간', '지식이 있는 인간', '생각할 수 있는 인간'등의 10가지 학습자상을 목표로 하고 있다.

IB 교육과정은 1968년 스위스에 본부를 둔 비영리기관 IBO에서 개발 했다. 전 세계 146개국에서 채택하고 75개국 2,000여 개 대학이 인정하는 국제적인 교육과정이다. 객관성과 신뢰성이 검증된 표준화 시험이면서도 객관식 정답 맞히기 형 시험이 아니라 학생들의 독창적인 사고와 비판적인 능력에 중점을 두고 평가하는 게 특징이다. (중략)

IB의 고교 과정인 DP(디플로마 프로그램)는 옥스퍼드나 하버드 등 세계 명문대들이 모두 인정하고 선호하는 국제 공인 교육과정이자 시험입니다. 우리나라 개념으로 치면 내신과 수능이 모두 포함됩니다. 비교과도 학교교육과정 안으로 포함되도록 구조화돼 있습니다. 전과목 논서술형으로, 생각하는 힘을 평가하는 시험입니다. 교육과정은 이러한 형태의 시험을 잘 볼 수 있도록 집어넣는 교육이 아니라 꺼내는 교육의 방향으로 구성돼 있습니다. 〈출처: 교육과혁신연구소 이혜정소장, 국가교육회의, IB 교육과정의 공교육 도입방안 논의하라. 독서신문, 2018.1.4.〉

옥스퍼드나 하버드는 우리와 조금 멀게 느껴질 수도 있다. 그러나 일본까지도 IB도입을 결정 했다.

쓰보야 대사는 지난달 싱가포르 선텍시티에서 열린 'IB 글로벌 콘퍼런스 2018'에서 매일경제와 인터뷰하면서 "IB 도입 이후 학생의 가장 큰 변화는 학생들이 미래를 정할 때 어떤 분야에서 어떤 기여를 할지를 스스로 정한다는 점"이라고 밝혔다. 일본은 2013년 200여 개 학교에서 일본어화한 IB를 공교육에 도입했다. 우리의 수학능력시험과 유사한 방식으로 객관식 답을 적게 하는 센터시험에 한계를 느끼고 있을 당시였다. 이런 상황에서 IB라는 창의성 양성 교육 시스템의 도입을 먼저 꺼내든 것은 정부도 학부모·학생도 아닌 기업단체였다고 한다. 한국의 전경련과 유사한 게이단렌이 2012년 국제적 감각을 갖춘 인재를 키워야 한다고 성명을 낸 것이다. 쓰보야 대사는 "당시 일본은 2020년에 대입제도를 바꾸기로 하고 연구를 하던 당시였는데 게이단렌이 성명을 발표하면서 IB 도입을 본격 검토하게 됐다"며 "아베 신조 총리 주도로 문부성이 IB 학교를 200개 도입하기로 했다"고 설명했다. 특히 일본은 국가가 주도하는 만큼 재정적인 부담 없이 IB 공교육화에 속도를 낼 수 있었다.
〈출처: 쓰보야 이쿠코 IB 日대사, 日 정부·기업 주도 재정 걱정없이 추진, 매일경제, 2018. 4.4〉

전과목 논서술형이라는 대목에서 의견이 분분해 질 것이다. 혁신초등학교 서술형 단원 평가도 아직 익숙지 않은데 우리가 감당할 수 있을까에 대한 걱정이 앞서는 것도 사실이다. 그러나 이 익숙지 않은 평가방법을 서두르는 이유는 우리에게 시간이 많지 않기 때문이다. 선구적인 발명가이자 사상가, 미래학자인 레이 커즈와일(Ray Kurzweil)의 저서 〈특이점이 온다(The Singularity Is Neer)〉에서 기술이 인간을 넘어 새로운 문명을 만드는 시점, 특이점(Singularity)이라는 개념을 이야기 한다. 기술이 인간의 능력을 뛰어넘는 시점은 언제일까? 100년 뒤 일까? 50년 뒤 일까? 레이 커즈와일은 그 시점을 '2029년에는 인공지능이 개인의 지능을 뛰어넘고 2045년이 되면 인공지능인 인류의 총 지능을 뛰어 넘을 것'이라고 예언하고 있다.

인공지능이 딥러닝을 하면서 기술의 속도는 점점 가속 화 됨에 따라 미래교육에 대한 신속하고 정확한 대처가 요구 된다. 결국 4차 산업혁명은 교육의 패러다임을 바꿀 것을 요구하고 있다. 우리나라도 제주도를 시작으로 IB 도입을 검토하고 있다고 한다. IB를 도입하든 다른 것을 도입하든 앞서 이야기한 학부모와의 긴밀한 신뢰와 협조가 이뤄지도록 손바닥을 마주쳐 줘야 본래의 취지에 맞는 교육 효과를 거둘 수 있을 것이다.

(3) 미래형 인재를 키우는 독서

앞서 코딩을 통해서 미래 인재에게 융합, 협업, 창의성, 컴퓨터적 사고력, 문제해결 능력이 요구되고 학교 수업 방식과 평가 방법도 점차 학생참여, 과정 중심, 논서술형으로 변화하는 움직임을 이야기했다. 이러한 미래 교육의 필수 요소들을 갖고 있는 교육은 어떤 것이 있을까? 다름아닌 독서이다. 독서가 어떻게 미래인재를 만들어 주는지 살펴보자.

미국의 시카고 대학에서 노벨상 수상자를 다수 배출 하면서 졸업 전 인문고전 100권을 마스터 하게 하는 '시카고 플랜'과 하버드를 비롯한 미국의 여러 대학의 독서교육 시스템은 교수와 학생간의 토론, 논의, 비판적 사고, 표현 및 성찰능력을 키우는 훈련 과정이라는 것이 알려졌다. 그로인한 여파로 우리나라의 인문 고전읽기 붐을 만드는 계기가 되기도 했다. 필자가 당시 그 글을 읽으며 입시에만 최적화 된 우리나라 학생들의 경쟁력에 대해 생각하게 됐고, 한국의 입시는 그야말로 '내수용'임을 실감했었다. 4차 산업혁명이라는 새로운 패러다임 앞에서도 다를 것이 없다. 미국과 유럽 국가들은 그동안 다져진 교육력에 소프트웨어 교육만 얹으면 될지 모르나 우리는 해야 할 과제가 많다.

그로부터 우리나라도 각 교육청마다 독서교육 활성화 방안을 내놓고 있고 2018년 각 초등학교 3학년부터 고등학교 까지 10년간 '한 학기 한권읽기'를 시행해 책 한 권을 읽고, 한 학기 동안 한 권의 책을 통한 다양한 수업을 진행한다. 이를 통해 아이들은 생각하고 표현 하는 활동을 통해 기존 독서 교육에서 경험하지 못했던 다양한 사고와 경험을 갖게 하려는 목표를 갖고 있다. 책읽기 후 독서록이나 독후감, 독서 감상화 정도였던 학교 독서교육의 이러한 변화는 매우 긍정적이다. 일본의 나다 학교에서 국어교사의 주도로 한 책을 3년 내내 읽는 슬로리딩을 진행했고 아이들은 변화했으며 심지어 대학 진학률과 사회적인 성공과 성취가 높다는 것이 알려지면서 크게 주목을 받고 있다.

덴마크 오덴세 안데르센박물관에는 안데르센의 유품을 모아 전시하고 있고 이곳에는 세계 각국의 언어로 출판된 6,000여 권의 안데르센 동화집을 전시하고 있으며 한국어 번역본도 있다. 이 한국어 안데르센 책 제목에는 '논술대비'라는 수식어가 들어있다. 우리 나라는 독서활동 마저 입시로 바꿔버리는 재주가 있다. 어렵사리 도입된 독서교육마저 기존의 입시를 의식하는 오류를 범하지 않기 를 바란다.

3. 시대가 바뀌면 독서법도 바뀐다

4차 산업혁명을 대비한 우리교육의 과제에 독서에 대한 필요성 을 이야기했다. 그렇다면 책을 읽는 방법을 고민할 필요가 있다. 어떤 방법으로 독서를 해야 할까? 먼저 앞선 시대의 독서방법은 무 엇이 있었는지 보자.

1) 우리 독서의 변천사

조선시대로 거슬러 올라가 보면 한자를 배우는 과정에서 음독이 나 낭독을 하고 문장의 뜻을 곱씹어 보고 생각하고 서로의 의견을 나누는 문화가 있었다. 당시 세자들은 '경연'을 통해서 대신들과 의 견을 나누는 공부법으로 왕이 될 준비를 했다. 세종은 총 1,898회, 성종은 총 9,006회, 영조는 총 3,498회 등의 기록이 남아있다. 과 거제도 문제를 보면 이 역시 창의적 서술형 평가방법이었다.

세종17년(1435년) 과거시험
문제) 인구를 파악하고 과세하는 호구(戸口)의 법이 세밀하지 못해 누락자가 8~9할로 추정된다. 미등록자를 찾아내다보면 시민이 괴롭게 된다. 인구조사와 등록을 충실하게 하고 시민의 부담을 공평하게 할 수 있는 방법을 기술하라! (출처: 이상주, 세종의 공부, 다음생각)

비록 폐망한 왕조이며 양반이라는 계층에게만 허락된 공부법이라고는 하나 개국 이래 500년이라는 세월을 지탱해 온 교육의 저력이라는 점은 간과할 수 없다. 그러나 일제 식민지가 되면서 '우민화 교육'을 받게 됐다. 조선의 민족적 정신을 말살해 충성스런 황국신민을 만드는 것이 목적이었으므로 한국어 사용금지부터 교육과정을 축소했고 교과 수준도 낮았다. 당시 중학교 이름을 '고등보통학교'로 바꿨고 그 당시 최종 학력으로 삼았다. 학교이름에 '보통'이라는 단어를 쓴다는 것이 어떻게 들리는가? 조선인은 특별해서는 안 된다. 보통이상을 넘으면 안 된다 라고 선을 긋고 있는 것이다. 이러한 조선인에게 주입식 교육을 하는 것은 물론이고 인문학이나 토론식 수업은 당연히 허락되지 않았다.

이오덕의 〈어린이를 살리는 문학〉에서 우리문학에서 전통을 이어받지 못한 까닭에 대해서 일본의 황민화 교육과 조선민족 말살정책, 한글과 조선어 없애기, 일본어 상용강요, 일본글 따라 한자말을 분별없이 쓰는 데 따른 우리 말글의 쇠퇴, 옛이야기의 수집과 보존을 제대로 하지 못함 등 많은 작가들이 겨레와 아이들의 삶에서 멀리 떨어져 있었다. 작가들 대다수가 일본의 군국주의에 협력함, 옛이야기를 문학으로 보지 않음, 듣는 이야기를 버리고 읽는 이야기만 문학으로 생각했다. 서양인들이 쓴 것을 어설프게 옮겨서 아이들에게 주기만 했다. 남북의 대립으로 동족끼리 적개심만 심는 교육을 했다. 현실을 바탕으로 한 문학을 불온한 문학으로 몰아 버린 잘못된 문화와 정책 그리고 이런 정책으로 이뤄진 문학 풍토, 평론이 없는 어린이문학의 역사 라고 정리하고 있다. 현재 우리 교육현장에서의 한계가 어디에서 왔는지 짐작하게 하는 부분이다.

일제 강점기의 마지막 총독이었던 아베 노부유키가 남긴 "우리는 오늘 패했지만 결코 조선이 승리한 것이 아니다. 조선민이 제정신을 차리고 위대했던 옛 조선의 영광을 되찾으려면 100년이라는 세월이 훨씬 더 걸릴 것이다. 우리 일본이 조선민에게 총과 대포보다 무서운 식민교육을 심어 놓았기 때문이다. 결국 서로 이간질하며 노예와 같은 삶을 살게 될 것이다"라는 말을 남겼다. 〈출처: 아베 노부유키의 저주, 경향신문, 2015. 11. 9〉 노예의 삶이란 무엇인가? 스스로의 삶을 선택할 자유가 없다는 것이다. 나는 내 삶에서 내 의지를 갖고 선택하고 있는지 사회와 타인과의 영향 속에서 선택을 하고 있는지 생각해 보아야 한다.

일본은 메이지 유신(1868-1910)시대에 음독에서 묵독으로 이행됐으며 우리나라에는 일본에 의해 지난 1920년대 음독이나 낭독에서 묵독으로 이행돼 공공 도서관에서 정숙을 지켜야 했다. 묵독의 배경에는 출판의 기계화와 유통의 변화 등 복잡한 배경을 갖고 있으나 일제의 우민화라는 정책과 잘 맞아 떨어지는 부분이 있었다. 해방이 돼서 미군정이 들어와 미국식 민주주의와 진보주의 교육론을 내세웠으나 이들은 한반도의 점령군이었으므로 한국인을 통제하고 억압해 미국의 정치적 목적에 부합하려 했다. 일제 식민지의 교육 관료체제는 그대로였고, 진보주의 교육 (행동에 의한 학습, 경험을 중시하는 교육)에 대한 충분한 이해 없이 흉내 내기 식이었다는 평가를 받고 있다.

세월이 흘러 박정희 정권이 들어오고 한강의 기적을 이뤘지만 그 당시 박정희를 비롯한 엘리트 집단들은 일제 강점기의 고학력자들 즉 일본 유학파, 일본 육사 및 만주군 군관학교 출신들이었다. 그러므로 해방 이후에도 오랫동안 일본식 교육의 잔재에서 벗어나지 못한 채 미국식교육의 옷을 입은 모양새가 된 것이다. 이 과정에서 줄곧 억압적으로 창의력이 무시되는 정서를 우리 학생들에게 심어 줬다는 공통점이 있다. 우리의 교육을 만들어 가면서 이러한 정서의 복원작업 역시 중요한 과제이며 새로운 독서교육은 이런 과제의 중요한 역할을 해 줄 수 있다고 생각한다.

2) 생각하고 말하는 독서의 시대

한겨레교육센터 독서법 강좌를 진행하고 있는 한국독서문화연구소 독서路 서미경 대표는 강의 현장에서 느끼는 우리 독서의 현 주소에 대해 '0' 단계부터 시작할 것을 제안한다.

"4차 혁명에 맞춰 독서방법이 변해야 한다보다 우리는 독서하는 방법을 제대로 배워본 적이 있나 란 생각이 먼저 드는데요. 저자가 적은대로 읽어야 하는지, 독자가 생각한 대로 읽어도 되는지, 중고등학생들에게 책을 어떻게 읽는 게 좋을까 라고 물어보면 '정독이요~' 라고 자동응답기처럼 대답하는데 정독은 어떻게 하는지, 모든 책을 정독으로 읽는지, 우리는 이런 문제에 충분한 고민과 배움이 있었나? 오히려 입시 상황에 따른 독서는 고민하고 배우는 것 같아요. 학부모 특강을 가면 비문학 지문을 빨리 읽기 위한 요약, 속독을 초등 때부터 해야 한다는 걱정을 몇 년째 듣고 있으니까요. 그렇죠. 사실 우리는 실용적이고 지식을 얻으려는 독서 쪽에 치중해 왔죠. 양으로 승부하고 정보수집위주의 독서. 그래서 전 독서를 '0'에서 시작했으면 해요. 새롭게 하는 '0단계' 글자만 읽으면 독서는 그냥 된다는 생각, 실용성에 치중한 균형 깨진 독서, 생각하는 독서에 대한 고민 없이 올린 사상누각 같은 방법들을 모두 '0'으로 돌리는 생각과 표현의 독서 '0'단계, 학생은 물론 성인도, '0' 단계부터 차근차근 배우는 게 필요해요."

앞서 역사적 흐름과 시대의 환경에 따라 책을 읽는 방법이 변화해 왔음을 서술했다. 묵독이 음독이나 낭독 보다 좋다 나쁘다 할 성질이 아니라 필요에 따라 적절히 선택해야할 사항이다. 묵독은 빠르게 읽을 수 있고 혼자서 깊은 생각을 들어 갈 수 있게 한다. 그러나 우리의 경우 일제에 의해 강압적으로 묵독을 하게 되다 보니 선택의 여지가 없이 '입 다무는 독서'로 자리 잡게 됐다는 것이 문제이다. 여기까지의 독서는 지식을 얻기 위한 독서였다면 4차 산업혁명시대의 독서는 생각하는 독서, 토론하는 독서여야 한다.

(1) 독서로 창의력의 재료를 만들어라

인공지능의 출현으로 인해 인간은 단순 반복적인 학습에서 벗어날 수 있다. 지금도 검색만 활용해도 해결되는 일들이 늘어나고 있다. 인간은 그 지식과 정보를 갖고 새로운 가치를 만드는 일을 하면 된다. 그러기 위해 지금부터 우리 아이들에게 책을 읽으며 느끼고 즐기며 빠져드는 과정에서 자신의 생각을 키워나가는 경험을 주어야한다.

우리가 '창의적'이라고 부르는 아이디어들은 인간의 뇌, 전두엽에서 만들어낸다. 책을 읽으며 만들어진 기억이나 정보를 갖고 새로운 결과물로 재탄생시키는 역할을 한다. 여기에 휴식과 여유를 가질 때 신경전달물질인 세로토닌을 만들어내고 이것이 뇌에 영향을 주어 창의적 사고를 촉발한다. 우리의 뇌 속에 지식과 경험이 씨실과 날실처럼 촘촘하게 그물처럼 짜이는 과정에서 새로움이라는 것이 싹트는 것이다.

스마트폰은 무(無)에서 유(有)를 만들어 낸 것이 아니다. 기존의 산발적으로 있던 기능들을 하나로 손안에 모아주는 아이디어를 더해서 만들어 낸 것처럼 우리의 창의적 사고는 재료를 필요로 한다.

창의력= 재료+숙성+재미

'재료, 숙성, 재미'라는 세 가지 재료는 다르면서 같다고 할 수 있다. 재료란 독서나 경험, 체험 등에서 얻는 기억의 조각들이다. 숙성은 시간을 의미한다. 많은 발명가들이 흔히 하는 말로 아이디어가 머리를 스치듯 지나간다는 표현을 많이 쓴다. 일정 지식이 머릿속에 들어와 바로 새로움을 도출하는 경우는 없다. 우유가 요구르트로 바뀌듯 숙성에 필요한 단편적인 지식이 다른 지식들과 만나서 융합하는 시간을 필요로 한다. 여기에 생각하는 주체가 재미있어 하는 분야라면 가속도가 붙는다. 즉 좋아하는 분야의 독서나 체험, 놀이를 하는 과정에서 창의력이 자라난다는 것이기 때문에 세 가지 재료는 결국 각각 별개의 것이 아니다. 즐기는 자를 노력하는 자가 따라갈 수 없다는 말이 있듯이 아이 스스로 좋아서 빠져드는 그 순간이 바로 몰입이 시작되는 지점이며 몰입 속에서 깊어지고 숙성하고 새로움을 만든다.

독서는 창의력의 재료를 양적, 질적으로 제공해 준다. 재미도 찾을 수 있다. 여기에 숙성시킬 시간과 휴식을 제공해 주면 되므로 어렵지 않고 저비용이며 누구에게나 공평한 기회를 부여한다. 그렇다면 무조건 책을 많이 읽으면 좋을까? 독일의 심리학자 에빙하우스는 인간의 기억력은 학습 후 10분부터 망각이 시작돼 1일이 지나면 70%, 1달이 지나면 80%의 망각이 일어난다고 했다. 그렇기 때문에 한권 읽고 또 다른 한권, 또 다른 한권…. 이런 식의 독서는 효율이 떨어질 수 있다. 인간의 망각을 방지하기 위해서 주기적인 반복을 통해 망각의 시간을 지연시켜서 단기기억을 장기기억으로 바꿔 주는 작업은 독서의 효율을 높여 준다.

그런데 신기하게도 어린 아이들은 스스로 반복하며 독서를 한다. 엄마를 조르고 졸라서 어떤 때는 아주 단순한 그림책을 백번도 더 읽어 달라는 통에 난감했던 경험이 있을 것이다. 아이가 중학년에 서 고학년 정도 되면 스스로 하는 반복은 줄어들고 반면 독서토론 이 가능해 진다. 토론을 하다보면 책을 단순하게 한번 읽어서 끝나 지 않는다. 자신도 모르게 책의 여기저기를 뒤적이며 보게 되는데 이 과정에서 반복학습이 일어나게 된다. 그러나 책의 내용을 장기 기억으로 저장하는 것이 목적이 아니라 그것을 활용하는데 있다.

(2) 토론으로 생각을 키워라

토론은 저장된 정보를 활용하는 좋은 도구가 된다. 토론을 하기 위해서 아이의 머릿속에서는 많은 일들이 일어난다.

① 자신이 느끼고 있는 감정을 감지하고 표현해야한다 ② 발문에 적합한 답변을 하기 위해 책의 본문을 다시 확인하는 과정에서 반 복을 하게 된다 ③ 상대방의 발언에 비판적 경청을 한다 ④ 상대방 의 발언에 대한 나의 의견을 반론하기 위해 머릿속 자료들을 재정 립한다 ⑤ 상대방의 의견에 공감한다 ⑥ 상대방의 의견과 나의 의 견으로 어떤 합의를 만들지 생각한다 ⑦ 작가의 생각에 비판적 경 청을 한다 ⑧ 작가의 생각에 공감을 한다 ⑨ 작가의 생각에 대한 질 문을 한다 ⑩ 질문에 대한 답을 생각해 본다 등등.

토론하는 과정에서 끊임없이 머릿속에서 정리하고 타인의 의견 에서 새로운 정보를 받아들이며 경청과 소통하는 과정에서 협업할 수 있는 힘, 문제 해결 능력, 사고력, 창의력, 융합 능력을 키워간다. 이것이 우리가 '입 다무는 독서'를 그만둬야 하는 이유이다.

　그동안 독서토론은 학교 교육에서 다루지 않던 부분이라 사교육을 통해서만 가능했다. 그런데 요즘 아이들이 다녀야할 학원이 너무 많다 보니 학원 선택의 우선순위에서 밀려난다. 또 오랫동안 독서토론 학원을 다닌다고 해도 교과 단원평가에서 평가할 항목이 없다보니 보내도 티가 안 난다고 생각하지만 아이가 너무 좋아해서 보낸다는 경우도 꽤 있다. 그렇다 아이들은 좋아한다. 자신의 의견을 들어주고 자신의 생각을 이야기 하는 것을 아이들은 기뻐하고 신나한다. 이것이 창의력의 요소 중 재미에 해당 할 수 있다. 공부를 한다고 생각하는 것이 아니라 책을 읽고 그것을 갖고 신나게 생각하고 이야기 하는 것이다.

　책이라는 것은 아주 오랫동안 인류의 지식을 전달하는 도구로 사용해 왔다. 그러나 미래교육에서는 우리의 생각을 키우는 도구로 사용해야 한다. 종이책, e-book, 영상, VR, AR 등 여러 형태로 탈바꿈 할 것이다. 형태가 중요한 것이 아니라 그것을 어떻게 활용할 것인지만 기억하면 된다.

4. 생활 속 엄마표 독서 솔루션

1) 아이가 중심인 독서

지난 2015개정 교육과정이 순차적으로 각 교실에 적용됨에 따라 아이들의 독서력이 점점 더 요구 될 것이다. 독서교육은 크게 욕심 내지 않고 서서히 쉽게 할 수 있다는 장점이 있지만 반면에 벼락치기가 안 통하는 단점도 있다. 십 년 전만 해도 말도 못하는 유아에게 책을 구입해주고 읽어주는 것 자체가 조기교육으로 극성엄마의 시선을 받았다. 그러나 '책 읽어주기'에 대한 긍정적인 인식이 늘어나서 아이가 있는 집에서는 책을 읽는 장면을 자주 접한다. 아이에게 뭔가를 가르치고, 입력해 주려는 의도로 읽어 주면 조기 교육이고 어떠한 의도 없이 즐겁게 읽어 주면 놀이이다. 이런 놀이 식 독서는 초등학교까지도 계속 돼야 한다.

부모가 해줄 일은 유아기부터 책을 읽을 수 있는 공간적, 시간적 환경을 제공하고 아이가 원하는 때에 원하는 책을 보게 해줘야 한다. 유치원 다녀와서 학원 몇 개를 마치고 집에 돌아오면 저녁 식사를 하고 씻고 잠드는 일과에서는 시간적 환경이 적절치 못하다. 또 아이가 원하는 때에 읽어주다 보면 주로 밤 시간에 자꾸 읽어 달라고 해서 엄마를 곤란하게 한다. 다음날 유치원 등원시간이나 부모의 출근시간에 맞춰 하다보면 아이와 실랑이하기 일쑤이다. 아이에게 중요한 것의 우선순위를 고려해서 최대한 맞춰 주는 것이 좋고, 책 읽어 주는 시간을 정해야 한다면 잠잘 준비를 한 시간 일찍 해보는 방법도 있다. 이러 저런 시도를 통해 최적의 방법을 찾는 것은 부모의 몫이다.

또 얼마 전 까지도 블로그에 하루에 아이가 읽은 책이 무엇이고 몇 권을 읽었는지 기록하듯 포스팅하는 블로거를 종종 보았다. 책 읽는 양을 중요하게 여기는 경우이다. 읽는 양을 중요시하는 독서 방법은 부모의 성취감이나 의지를 불태우기는 좋지만 자칫 아이는 생각할 겨를을 갖기 어렵다. 어린 아이들과 책을 보다보면 한권을 읽는 동안 수많은 이야기를 쏟아낸다. 그걸 다 들어 주자니 읽는 사람은 스토리가 끊어지는 것 같고 읽기가 아니고 듣기가 아닌가 싶을 때도 있다. 읽는 양이 중요한 부모는 이 이야기를 다 들어주기가 힘이 든다. 생각하는 독서는 이 아이의 생각과 이야기를 중요시 하는 것이다. '오늘은 몇 권을 읽었어?' 가 아닌 '이 한권의 책으로 이렇게 많은 이야기를 했어?'로 관점을 바꾸는 지혜가 필요하다.

유아기의 독서는 읽어 달라 할 때 읽어주고 이야기 할 때 들어주는 정도 만으로도 이미 독서가로서의 준비를 갖춘 셈이다. 아이는 다른 것에 관심을 두고 있는데 책을 읽으라거나 아이는 책을 보고 싶은데 다른 것을 해야 하니 나가자고 한다거나 하는 엇박자가 계속되면 자연스레 독서 흐름이 깨어진다. 즉 엄마가 개입 할 때와 빠질 때를 적절히 포착해야 한다.

(1) 좋은 책을 고르자

원활한 독서를 위해서 먼저 책을 쉽게 접할 수 있는 환경을 갖춰야 한다. 연령에 적합하고 다양한 책이 많다면 가장 좋겠으나 책을 많이 소장한다는 것은 비용과 공간을 할애해야 하는 문제가 생긴다. 부담되지 않는 수준까지 준비해 주되 많이 살 수 없다면 좋은 책 위주로 골라주자. '좋은 책은 이렇다'라고 한마디로 정의하기 어려울 만큼 시중에 여러 종류의 책들이 있다. 같은 주제를 다루는 여러 출판사의 책을 다양하게 비교하며 보다 보면 어떤 책이 좋은지 알기 쉽다. 아이의 연령에 맞춰 시도해 보기 바란다. 도서관은 책을 빌릴 때도 이용하지만 이렇게 다양한 출판사의 책을 한꺼번에 보고 고를 때 이용하기를 권한다. 도서검색대에서 검색어에 따라 해당 도서관의 소장도서를 한꺼번에 찾을 수 있다. 고급스러운 고가의 책도 권하고 싶지 않다. 문제는 가격에 대한 집착이다. 그 책을 집안에 들이는 순간 아이가 그 책을 언제 볼지 엄마의 시선은 불편해 진다. 엄마의 욕심이 앞선 독서 환경은 아이의 마음을 무겁게 할 뿐이다. 아이의 관심사와 수준에 적절한 책을 고르는 것이 포인트이다. 이 부분을 해결하지 못하면 그 다음단계로 가기가 힘들어진다.

책을 고를 때는 무언가를 알려 줄 수 있는 책, 지식전달이나 교훈을 주려는 등의 책을 선호 하는 경우도 있다. 그러나 아이들 책에서 지식의 양보다는 창의적인 요소에 비중을 두는 것이 좋다. 과학동화, 자연관찰, 사회성 동화, 직업동화, 생활 동화 류는 자칫 책 안에 답이 들어 있는 경우가 많다. 엄마 입장에서는 훈훈한 마무리와 함께 아이에게 뭔가 알려줄 수 있다는 생각에 선호할 수도 있다. 그런 책 일수록 아이 스스로 생각할 수 있는 여지를 두고 있는 책인지 잘 살펴보고 선택하기를 권한다. 다음의 대화에서 엄마의 대화에 어떤 의도가 들어 있는지에 따라 아이의 생각의 흐름이 어떻게 바뀌는지 살펴보자.

엄마1: 00야 코알라는 유칼립투스 잎을 먹고 산다고 나오네.
아이: 코알라 귀여워~
엄마1: 코알라는 뭘 먹는 다구?

엄마2: OO야 이것 좀 봐 코알라네.

아이: 코알라 귀여워~

엄마2: 그래 정말 귀엽다. 잠자는 표정도 귀엽네~

아이: 코알라 진짜로 보고 싶어.

엄마2: 어 그런데 코알라는 우리나라에 살지 않아서 볼 수가 없대.

아이: 왜 안살아?

엄마2: 코알라가 잘 먹는 나뭇잎이 우리나라에는 자라지 않거든.

아이: 코알라는 뭘 먹어?

지식을 넣어 주고 싶은 엄마의 마음이 앞서면 대화 길이도 짧아지고 단답형이며 아이의 감정을 살피지 못하고 그냥 지나치게 된다. 엄마2의 대화는 아이의 감정을 받아주면서 대화를 이어나간다. 아이의 질문에 대화를 이어나가다 보면 코알라의 먹이 뿐 아니라 다른 특징들로 질문과 답이 이어지고 그러다가 다른 코알라 책도 더 찾아 볼 수도 있고 그림을 그려보기도 하며 다른 특징들을 연관해서 계속 뻗어나가게 된다. 아이들은 엄마의 사랑과 관심을 받기 위해 엄마의 방식에 맞춰 버리기 때문에 엄마의 관점과 태도가 큰 영향을 준다. 그래서 아이들의 책을 고를 때 머리가 움직이는 책 보다는 마음이 움직이는 책을 고르면 쉽다. 모든 작가와 출판사의 정보를 다 갖고 고를 수는 없다. 잘 만들어진 책은 자연관찰 책이라도 다 읽고 나면 자연에 대한 경외심과 감동이 남는 반면 동식물의 특성을 전달하기에 급급한 책들도 많다.

(2) 즐거운 독서로 만들어 주자

필자에게 우리아이는 책을 잘 읽지 않으니 도와달라는 요청을 종종 받는다. 그러나 막상 그 아이와 함께 있어보면 책을 싫어하는 아이는 별로 없었다. 단지 부모의 맘에 드는 방법으로 읽지 않을 뿐이었다. 앞서 우리 부모세대가 가진 독서에 대한 고정관념이 어디서 유래했는지 역사적 배경을 서술했다. 우리의 고정관념보다 순수함을 잃지 않은 아이의 선택이 더 옳을 때도 많다. 아이가 읽고 싶을 때 읽고 싶은 방법을 선택 할 수 있게 해주자. 그것이 존중의 시작이다.

여기까지 진행이 잘 되면 그 다음은 크게 어렵지 않은데 이 시기를 놓치면 계속 엄마가 따라 다니면서 숙제하듯이 책을 읽는 경우가 생긴다. 아이의 관심사를 잘 따라가다 보면 한글을 떼고 스스로 읽는 단계가 온다. 빠르게는 5세에서 초등 1학년 사이이다. 조용하다 싶어서 보면 구석에서 책을 읽는 아이의 모습을 보게 될 것이다. 그러나 아이가 원한다면 하던 대로 엄마가 읽어주는 것을 계속하면 된다. 아이는 책 읽는 법을 몰라서 엄마를 찾는 것이 아니다. 엄마가 책에 대해 공감해주고 공유하는 감정을 좋아하는 것이다.

2) 토론의 전 단계(마주 이야기)

문장으로 말을 시작하는 유아들이나 초등 저학년들에게는 엄마의 읽기와 독서 토론의 전 단계인 '마주 이야기'를 병행할 것을 권한다. 몇 년 전 박문희 선생님의 〈마주이야기〉를 접하고 실천하는 과정에서 많은 감명을 받았었다. 방법은 간단하다. 아이가 하는 말 중에 기억에 남을 만한 것들은 메모해서 벽에 붙여 주면 된다. 예쁘게 꾸며서 붙여 주면 물론 아이가 더 좋아 할지 모르나 엄마가 쉽게 지쳐 버리는 수가 있으므로 단순하더라도 잘 보일 수 있도록 해주자. 필자는 하루 일과가 너무 바쁠 때는 포스트잇에 매직으로 써서 붙여 놓는 방법을 선택했다.

엄마: 성수야 너 그렇게 공부 못하면 커서 아무것도 못해.
아이: 엄마는 어릴 때 공부 잘 했어?
엄마: 그럼. 잘했지.
아이: 그런데 엄마는 왜 박사도 아니고 선생님도 아니고 아무것도 안 됐어?
-받아쓰기보다 더 어려운 공부가 있어? (김성수, 7세)
(출처: 굴렁쇠아이들 노래, 아람유치원 아이들 말, 백창우 곡, 맨날 맨날 우리만 자래. 보리)

우리는 어른들한테 뭐 줄 때 두 손으로 주는데 엄마는 왜 나한테 던지는 거야?
엄마도 우리한테 뭐 줄 때 두 손으로 주면 안 돼?
-두 손으로 줘(이월아, 7세)
(출처: 굴렁쇠아이들 노래, 아람유치원 아이들 말, 백창우 곡, 맨날 맨날 우리만 자래. 보리)

엄마: 너, 놀기 만 하고 공부 안 하면 소 돼.
아이: 잠만 자면 소 되지.
엄마: 공부 안 하고 놀기 만 해도 소돼.
아이: 외할아버지네 소도 공부 안 해서 소 된 거야?
엄마: 그래. 외할아버지 네도 어린애가 한 명 있었는데 놀고 자고 놀고 자고 그래서 소가 됐어.
아이: 그럼 놀지 않고 공부만 하면 뭐가 돼?
-놀지 않고 공부만 하면 뭐가 돼? (신영규, 6세)
(출처: 굴렁쇠아이들 노래, 아람유치원 아이들 말, 백창우 곡, 맨날 맨날 우리만 자래. 보리)

엄마: 이제 별로 춥지 않아서 내복 안 입어도 돼.
아이: 엄마 봄이 오니까 겨울은 퇴근하나봐.
(김포시, 김희아, 7세)

엄마: 태윤이 머리 좀 자르고~ 해야겠다.
아이: 뭐 어때?
엄마: 챙피해서 그래.
아이: 뭐가 챙피해? 안 챙피해.
엄마: 엄마가 챙피하다고~ 다른 사람들 보기에~!!
아이: 상관 하지마. 뭐 어때 모르는 사람들인데~
(파주시, 황태윤, 7세)

대화내용을 써도 좋고 아이의 어록도 좋다. 아이의 말이 보석처럼 느껴질 때를 기록 하는 것이다. 아이의 모습은 사진으로 남기고 아이의 말은 글로 남겨주는 것이다. 하루에 한 개도 좋고 이틀에 한 개도 좋다. 정 바쁘다면 일주일에 한 가지라도 좋다. 주의할 점은 엄마가 듣고 싶은 말만 적어주면 곤란하다. '엄마 말 잘 들을게요, 미안해요, 안 그럴게요, 사랑해요'라는 순종적인 태도를 키우는 말들에 대한 긍정적인 엄마의 반응은 오히려 아이를 조종하는 수단이 돼버리는 역효과를 가져온다. 아마 처음에는 쓸 말이 별로 없을 수도 있다. 우리 집 만 그런 게 아니라 처음엔 다 그렇다.

그렇다면 엄마는 아이의 말을 수집해야하기 때문에 평소보다 아이의 말을 귀 기울여 듣게 된다. 아이들은 이런 엄마의 반응 자체를 매우 기쁘게 받아들인다. 그러다 아이의 말을 엄마가 받아 적어서 벽에 붙여 주면 아이는 큰 선물을 받은 표정으로 집안을 오며가며 그것을 들여다본다. 한글을 모르는 아이라도 관심을 갖고 들여다보고 기뻐한다. 시간이 흐를수록 아이의 진심이 담긴 말을 찾아

낼 수 있을 것이다. 여기서 아이는 자아 존중감을 획득한다. 자신의 말을 할 때 엄마의 눈이 커지고 귀가 쫑긋하는 느낌 자신의 말을 소중하게 여겨지는 경험을 통해서 자신이 이 집안에서 얼마나 소중한 존재인지 확인하는 것이다.

또 자신의 말을 귀담아 들어주는 경청을 경험한다. 필자가 이 방법을 선택했던 것은 '아이가 좋아하겠지'라는 단순한 생각에서 시작했었다. 그러나 아이의 말을 수집하기 위해 애쓰는 나 자신을 보며 변화함을 느꼈다. '마주 이야기'의 핵심은 아이의 말이 아니라 '경청하는 부모'가 핵심이었다는 것을 알게 됐다. 자전거 타기를 책을 읽어서 배울 수 없듯이 경청은 책으로 배우는 것이 아니라 몸과 경험으로 배우는 것이다. 앞서 독서토론에서 서술 했듯이 토론에는 경청이 밑바탕이 돼야 토론이 가능하다. 유아기의 아이들이 경청을 경험하고 배우고 해 주는 것만으로도 미래교육은 시작되는 것이다.

이민화 교수(KCERN(창조경제연구회) 이사장)의 〈협력하는 괴짜〉에서는 '남들과 다르게 생각하는 창조적 인간들은 대체로 괴짜다. 그러나 융합과 협력이 중요한 4차 산업혁명 시대에서는 결코 혼자 뛰어난 결과물을 창출할 수 없다. 따라서 이러한 괴짜들이 함께 협력할 수 있도록 교육해야 한다'고 했다. 경청 능력을 탑재 한다는 것은 이러한 협력의 기본 거름이 되는 것이다. 유치원, 초등 저학년 연령에서 읽기독립, 자아존중감, 경청을 배웠다면 독서토론이나 미래교육 뿐 아니라 평생을 살아갈 지혜를 준 것이다.

[그림8] 아이들의 말을 글로 옮기는 것은 큰 의미를 지닌다
http://m.post.naver.com/viewer/postView.nhn?volumeNo=5137820&memberNo
=19560439&vType=VERTICAL〈출처: 월간 폴라리스 2016.10월호〉

3) 본격적인 토론 준비(질문하기)

초등 중학년, 고학년 정도는 '질문하기'를 시도해 본다. 몇 년 전부터 유대인의 교육법, 하브루타가 널리 알려지고 있다. '마주 이야기'가 잘 진행 돼서 부모와 아이의 유대감이나 대화가 잘 형성 된 경우 하브루타의 질문하기도 어렵지 않다. 그러나 별 준비가 되지 않은 상태에서 좋다고 하니까 우리 집도 해보자고 시도하면 아이들이 거부 반응을 보이거나 쉽게 끝나 버리는 경우가 생긴다. 다시 말하지만 독서는 벼락치기가 통하지 않는다.

책을 읽고 나서 바로 질문이 떠오르지 않는다고 실망하지 말자. 약간의 요약은 질문하기를 돕는다. 책의 내용을 단어로 요약해 보거나 마인드맵도 좋다. 요약하는 과정에서 잘 떠오르지 않으면 책을 다시 펼치면서 찾는다. 그런 과정에서 자연스럽게 반복효과를 얻는다. '백설공주'를 예로 들어 핵심어와 질문을 만들어 보겠다.

핵심단어
독자1: 새엄마, 마녀, 일곱 난장이, 왕자, 결혼 독자2: 엄마의 죽음, 마녀, 미모, 일곱 난장이, 왕자, 행복 독자3: 새왕비, 요술거울, 일곱 난장이, 독사과, 왕자

 핵심단어는 각자의 기준에서 정했으므로 답은 없다. 각자 핵심단어를 선택한 이유에 대해 이야기 하는 것도 좋다. 핵심 단어를 하나하나 살피며 머릿속에 지나가는 질문들을 적어본다.

질문하기
독자1: 처음 만난 왕자와의 결혼은 최선일까? 독자2: 왕비는 왜 미모에 집착을 했을까? 독자3: 백설공주가 독사과 파는 할머니에게 문을 열어 주지 않았다면 어떻게 되었을까?

 각자의 핵심 단어에 따라 연상되는 질문도 다르게 나오는 것을 볼 수 있다. 처음에는 엄마가 먼저 질문을 건네어 대화를 유도하다 보면 어느새 일상생활에서도 질문이 늘어난 아이를 만날 수 있다. 질문은 처음부터 잘 할 수 없다. 아주 단순한 질문으로 시작해서 익숙해질수록 핵심을 파고드는 질문, 남들이 생각하지 못하는 질문들을 이끌어 낼 수 있다. '질문하기'가 어렵게 느껴지는 이유는 기존의 공부 방법을 완전히 뒤집는 교육이기 때문이다. 일방적으로 앞에서 설명하고 듣기만 하던 방법에서 질문을 만들어 내라는 것은 머릿속에서 대전환이 일어나야 하는 일이다. 그러나 그 질문의 힘은 어떠한 우수한 강의 보다 막강하다.

김금선의 〈하브루타로 크는 아이들〉에서 하브루타를 통해 '나의 생각을 논리적으로 주장할 수 있는 힘을 기를 수 있다. 또한 상대의 얘기를 차분하게 경청하며 그 속에서 지혜를 찾는 현명함을 기를 수 있다. 이렇게 길러진 논리적인 힘은 수학과 언어 영역에서 빛을 발한다. 또 비판적 사고가 자리 잡게 되고 본인이 수행하고 있는 학문의 수준을 높이는데 지대한 영향을 주게 된다'고 했다. 이런 능력들을 가진 아이들을 상상해 보라. 이 아이들에게 세상은 두려움이 아닌 도전할 수 있는 놀이터와 같을 것이다. 진짜 교육이란 이런 힘을 심어 줄 수 있어야 한다.

전성수 교수의 〈부모라면 유대인처럼 하브루타로 교육하라〉에서 '무엇인가 배워 간다는 것은 배움에 대한 답을 찾아가는 과정이다. 그래서 배움의 여정은 질문을 시작해서 질문으로 끝난다'라고 했다. 필자가 질문하기를 처음 시도했던 때를 아직도 선명하게 기억한다. 읽은 책을 옆에 두고 빈 종이에 하나하나 질문을 써 내려가던 그때의 기분이란 머릿속에서 폭죽이 터지는 것처럼 유쾌함을 느꼈고 내가 읽고 있던 책과 밀착되는 기분이 들었다. 이후로 독서든 공부이든 자신감과 재미를 더 느낀 것은 말할 것도 없다.

유대인의 하브루타는 그들의 코란을 읽고 질문하고 토론한다. 그것은 그들의 문화이며 우리가 똑같이 하려해도 같아질 수는 없다. 그러나 '신의 존재를 제외한 그 어떤 것도 질문하라'는 그들의 생각을 배울 필요는 있다. 너무 오랜 시간 질문금지, '입 다무는 독서'에 익숙해진 우리의 머리를 깨우고 심장을 두드려 줄 방법을 찾아 나서야 한다.

교육과 혁신 연구소(www.eduinno.org) 이혜정 소장의 〈서울대에선 누가 A+를 받는가〉에서는 학생들 속에서 '배움'이 일어나도록 수업의 방식을 혁신적으로 바꿔야 한다. 집어넣는 교육에서 꺼내는 교육으로, 듣는 교육에서 말하는 교육으로, 질문이 없는 교육에서 질문을 발굴하는 교육으로, 우리의 교육은 바꿔야 한다고 주장했다. 이것을 위한 제도와 정책의 변화는 우리가 인식하고 있는 교육 패러다임 자체가 바꿔야한다고 했다.

가정에서 활성화 된 질문하기는 각 교육의 현장에서도 필요하다. 아마 일선 교사들도 질문하기에 대한 연수나 책을 많이 접해 보았을 것이다. 가정과 학교에서의 교육이 서로 긴밀하게 연결 돼 선순환이 될 수 있게 해야 한다. 그 중심에 인식의 변화라는 과제를 안고 있다. 아무리 좋은 제도를 만들어도 그것을 긍정적으로 풀어나가는 인식이 더해져야 그 역할을 충실히 해낼 수 있다. 반대로 좋지 않은 제도가 있더라도 우리의 인식으로 바꿔 나갈 수도 있는 것이다. 그래서 필자가 생각하는 미래교육은 아이 뿐 아니라 부모교육까지 포함하는 것으로 본다.

5. 부모와 아이가 모두 행복한 미래

1) 자녀교육비를 줄이고 노후를 준비하려면

아이가 보내야할 일생 중에서 교육적으로 가장 중요한 시기를 묻는 다면 생후 10년이다. 그렇다면 아이에게 가장 돈이 많이 드는 시기는 언제일까? 정답은 생후 10년을 어떻게 보내느냐에 따라서이다. 100세 이상의 수명을 지탱할 삶의 기본기를 배우는 시간은 적어도 10년이다. 이 시기에 지식을 넣어 주는 교육을 위주로 하게 되면 새로운 지식이 나올 때 마다 계속 넣어줘야 한다. 즉 계속해서 교육에 대한 투자를 해야 한다.

반대로 부모에 대한 애착과 삶에 대한 행복, 지식을 다루는 법을 배우게 한다면 안정감 있는 정서를 갖고 세상에 대한 두려움 없이 도전하고 새로운 것을 스스로 배우려고 한다. 결국에는 교육에 대한 투자가 어느 순간에는 '0'이 된다. 아이에게 부모는 세상과도 같다. 부모가 관대하면 세상도 관대하다고 생각하고 부모가 차가운 태도를 보여주면 세상도 그러하다고 믿는다. 그래서 애착을 형성하는 과정이 행복하면 이 아이는 앞으로의 삶도 행복할거라고 생각한다. 이러한 정서는 눈에 보이지 않지만 부모가 아니면 해 줄 수 없는 삶을 살아가게 하는 커다란 힘이다.

애착이 잘 형성되지 않은 사람은 마음속에 커다란 구멍이 생긴다. 그래서 늘 마음이 허전하다. 이 허전한 마음을 달래기 위해 누군가는 술, 쇼핑, 게임, 외모에 대한 집착, 타인에 대한 지나친 의식 등으로 에너지를 써버리기 때문에 감정과 금전적 소모가 계속된다. 이런 감정은 성인이 돼도 사라지지 않고 계속돼 평생 부모의 도움을 받을 일이 생기거나 힘들게 쌓아온 사회적 지위를 하루아침에 날려버리는 경우도 있다.

아이들과 독서 토론을 하다보면 잘 모르는 것이라도 눈을 반짝이며 대화에 참여하고자 하는 아이가 있는 반면, 이미 알고 있는 것이라도 쉽사리 입 밖으로 꺼내지 못하며 눈 마주치기를 힘들어 하는 아이도 있다. 이런 아이들에게는 더 관심을 주는 것이 약이다. 그래서 부모와 아이들의 놀이와 대화는 언제나 옳다. 그 과정에서 독서라는 도구를 활용하면 안정감 있는 정서에 지식을 다루는 법까지 배우게 해주는 것이다. 이 과정을 잘 진행해 주고 자리를 잡게 되면 복리상품이 점점 불어나듯 아이의 눈부신 성장을 지켜볼 수 있을 것이다. 아이가 열 살이 넘어가면 서서히 부모를 찾지 않는다. 그러면 부모는 자연스레 나 자신의 미래를 설계하고 투자하는 것으로 넘어가면 된다.

여기에 예상치 못한 선물이 하나 더 기다리고 있다. 아이에게 엄마가 책을 읽어 주다 보면 음성언어가 뇌를 자극하게 되고 이로 인해 어휘력, 이해력, 읽기능력, 창의력 등이 높아지는 것은 많은 연구를 통해 이미 입증 됐다. 이러한 책 읽어주기가 오랜 시간 계속 진행 됐을 때 이것은 아이 뿐 아니라 부모의 뇌에도 자극을 주는 것은 마찬가지이다. 여기에 마주 이야기와 질문하기 등을 거치면서 엄마 역시 경청의 기술과 사고력을 갖게 된다. 이러한 변화는 부모의 미래를 설계하는데 쓸 수 있는 큰 경쟁력이 된다. 나도 모르는 사이에 업그레이드가 되는 보너스를 받는 것이다.

2) 가족이 함께 누리는 독서의 혜택

아이의 미래 못지않게 중요한 것은 나의 미래이다. 아이가 잘 자라는 모습을 보는 것은 부모의 가장 큰 기쁨일 수는 있으나 그것이 나의 미래와 행복은 아니다. 그것은 그 아이의 삶이고 행복이다. 한 아이를 잘 자라게 해주고 스스로 독립된 성인으로서 자신의 삶을 살아가기 까지 도와주는 것도 부모가 해야 할 일이지만 내 삶을 가꾸고 미래를 준비 하는 것 역시 중요하게 해야 할 일이다. 그 과정에서 독서를 통해 얻을 수 있는 것들에 대한 가능성은 무궁무진하다. 지금은 막연한 말로 생각할지 모른다. 그러나 그것은 입시위주 독서, 입 다무는 독서로 인해 독서가 주는 혜택을 아직 경험해 보지 못한 탓이다. 지금도 서점에 가보면 독서에 대한 자신의 경험을 바탕으로 한 자기계발서 들을 쉽게 찾아 볼 수 있다. 그들은 직장인, 엄마, 교사, 사업가, 퇴직자 등등 각자의 자리에서 독서를 통해 인생의 새로움을 경험했으며 더 나은 미래를 설계하게 됐다는 경험들로 가득하다. 아이와 함께 하는 독서를 완주해 그 혜택을 마음껏 즐기기 바란다.

이렇게 어린 시절부터 독서교육이 활성화 된다면 훗날 입시제도가 어떤 형식으로 바뀐다고 해도 크게 문제 되지 않는다. 이 아이들의 뇌는 이미 활성화 되고 있고 유연성을 갖고 있기 때문에 평가 방법이 중요치 않다. 바뀌는 제도의 특징만 알면 새롭게 적용하는 것이 어렵지 않기 때문이다. 반면 그때그때 입시제도에 맞춰서 거기에 맞는 교육만 받은 경우 입시제도가 바뀌면 모든 것을 다시 시작해야한다.

매리언 울프의 〈책 읽는 뇌〉에는 독서로 인한 뇌의 발달을 5단계로 나눠 설명하고 있는데 5단계 숙련된 독서가의 뇌는 좌뇌와 우뇌의 브로카 영역, 우뇌의 각 회 영역, 소뇌의 우측 반구를 포함해 다양한 측두 영역과 두정 영역들이 보다 많이 개입한다. 다양하고 많은 뇌의 부분을 사용하는 숙련된 독서가는 끝없이 확장되는 인간 지성의 진리를 보여주는 살아 움직이는 증거라고 서술했다.

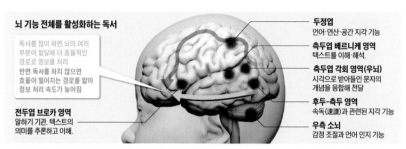

뇌 기능 전체를 활성화하는 독서

독서를 많이 하면 뇌의 여러 부분이 발달해 더 효율적인 경로로 정보를 처리 반면 독서를 하지 않으면 효율이 떨어지는 경로를 밟아 정보 처리 속도가 늦어짐

전두엽 브로카 영역
말하기 기관, 텍스트의 의미를 추론하고 이해.

두정엽
언어·연산·공간 지각 기능

측두엽 베르니케 영역
텍스트를 이해·해석.

측두엽 각회 영역(우뇌)
시각으로 받아들인 문자의 개념을 융합해 전달

후두-측두 영역
속독(速讀)과 관련된 지각 기능

우측 소뇌
감정 조절과 언어 인지 기능

[그림9] 독서를 하는 동안 뇌의 구석구석 영향을 미치며 최종적으로 뇌 전체가 활성화 된다.
사진출처:http://news.chosun.com/site/data/html_dir/2016/03/04/2016030400330.html

우리 아이들은 4차 산업혁명을 즐기고 누리는 주역들이 될 세대이기에 서둘러 미래교육이 자리 잡기를 바라는 것이다. 그러나 부모세대들은 주역까지는 아니어도 함께 누리며 살아갈 세대이다. 미래교육에는 아이들 교육 뿐 아니라 부모의 평생교육도 포함해서 생각해야 한다.

3) 국공립 도서관 인프라를 물려주자

이렇게 가족 구성원 모두가 책을 읽고 토론하는 교육을 사교육을 통해서 장시간에 걸쳐 진행한다고 가정하면 엄청난 비용이 필요할 것이다. 아무리 좋은 교육도 고비용이라면 계속 유지하기가 힘든 법이다. 그래서 국공립 도서관을 적극 활용해야한다. 지금도 각 지자체에서 도서관 건립과 확충에 많은 예산을 투자하고 있어서 물리적인 여건은 점점 나아지고 있다. 이 시설을 이용해서 독서토론모임을 활성화해야 한다. 가정에서 읽기와 경청하기, 질문하기에 대한 준비를 마치면 독서토론모임을 통해 타인과의 토론을 이어 나가야 한다. 독서토론을 사교육의 한 종류가 아닌 생활의 한 부분으로 자리 잡게 한다면 엄청난 국가 경쟁력이 될 것이다.

매리언 울프 교수는 한 인터뷰에서 "세계 어느 문화권에서도 아동 교육에 투자했을 때 GDP가 늘어난다는 연구 결과가 있습니다. 어릴 때 수학(修學) 능력을 기르는 독서 습관이야말로 아이들 교육에 투자하는 셈이 되고, 결국 사회 전체를 잘살게 합니다"라고 했다.
(출처 : http://news.chosun.com/site/data/html_dir/2016/03/04/2016030400330.html)

이러한 공공 도서관 시설을 관리하고 효율적으로 운영할 수 있는 전문 사서 인력의 질적 개선과 이에 대한 적정한 처우개선이 필요하다. 도서관의 단순 업무 보다는 관련 행사와 토론 활성화 업무에 집중 할 수 있도록 해줘야한다. 지금 우리 집에서 가장 가까운 도서관을 이용하자. 이용하면서 불편사항이나 그곳에 없는 책은 신청하고 독서토론 모임에 참여하고 없다면 생길 수 있도록 요청해야 한다. 각 지자체마다 도서관 활성화 정도가 다 다르고 예산이 다르기 때문에 현장에서 근무하는 사서들이 제공할 수 있는 환경도 다 다르다. 그러나 적극적으로 이용하는 사람들이 늘어난다면 빠른 속도도 개선하고 바꿔나갈 수 있을 것이다. 독서를 생활에 끌어 들일 수 있는 인프라를 만들어서 우리 아이들에게 물려준다면 그것만한 유산은 없을 것이다.

4) 가성비 좋은 미래 준비

4차 산업혁명이라는 커다란 변화위에서 어떤 준비를 하고 있는 가? 크고 거창한 요란한 준비 보다 생활에서 쉽게 접할 수 있고 어렵지 않으며 큰 비용이 들지 않는 방법이 필요하다는 것이 필자의 주장이다. 누구나 손쉽게 접근 할 수 있어야 하고 더 나은 미래를 꿈꾸는 어느 누구에게나 공평하게 적용될 수 있어야 한다. 어렵거나 비용이 많이 드는 교육은 특정계층을 위한 귀족교육일 뿐이다. 그리하여 미래를 만들어나갈 구성원들 다수의 의식이 성장 할 때 가정 및 사회 전반에 걸친 미래에 대한 긍정적인 설계와 실천이 생기길 바란다.

> 나는 노동자가 되기 위해 이 세상에 태어난 것이 아니다. 세상을 보고 즐기며 배우기 위해 이곳에 왔다. 그리고 그러한 길고 긴 여행 중에서 우리는 운명처럼 성장할 것이다.
> -채사장, 《열한개단》, 웨일북

앞서 매슬로우의 인간의 5단계 욕구를 기억하는가? 그 중에서 최상위 단계는 자아실현 욕구이다. 세상을 보고 즐기며 배우는 과정에서 자아실현의 욕구가 실현될 때 우리는 시간과 공간을 초월한 성취감과 행복감, 만족감을 느낄 수 있다. 그러나 노동자로서 성취가 아무리 크더라도 자아실현의 단계까지 가기는 어렵다. 최상위 욕구를 경험하기 위해서는 그 이전단계의 욕구들이 충족 돼야 가능하기 때문에 누구나 경험 할 수 없는 것이다. 인류는 1차, 2차, 3차 산업혁명을 거치면서 삶의 질을 향상 시키며 욕구를 충족해 왔다.

〈협력하는 괴짜〉의 이민화 교수(KCERN(창조경제연구회) 이사장)는 인간의 미충족 욕구, 즉 인간의 새로운 욕망은 매슬로우의 욕구 4단계에 해당되는 자기표현 욕구라 할 수 있다. 좀 더 세분한다면 명예와 인지 그리고 심미적 욕구다. 다시 말해 개인화된 자기표현과 자아실현을 위한 다양한 일자리들이 4차 산업혁명에서 대거 등장하게 될 것이라고 했다.

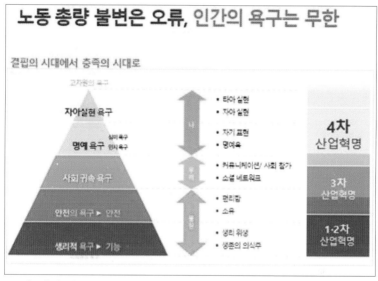

[그림10] 4차 산업혁명과 인간의 자아실현욕구〈출처 : KCERN(창조경제연구회)〉

삶의 질은 고차원적으로 높아지고 반복과 물리적 노동에서 벗어나 인간의 자기표현과 자아실현을 위한 직업군을 갖는 것은 4차 산업혁명이 가져오는 수많은 변화 속에서 우리의 삶의 질과 방식을 어떻게 풀어 가야할지 생각해보게 하는 대목이다. 그 안에 나와 아이, 우리 가족을 대입해보며 미래에 대한 긍정적이고 즐거운 상상을 시작해보기 바란다.

무언가를 뒤로 하고 돌아설 때 마음속에 늘 아쉬움이 남는 법이다. 해방 이후 잘 사는 나라를 만들기 위해 우리는 쉼 없이 달려왔다. 그러나 그 과정에서 바로 잡지 못한 것, 해결하지 못한 것 등을 남겼고 누군가는 소외되기도 했다. 우리의 교육도 그렇다. 우리 아이들의 미래를 책임질 수 있는 건실한 교육을 만들었다고 자부하기엔 부족함이 있다. 그 안에 독서 역시 늘 책을 읽으면 좋다는 고정관념만 안고 살아갈 뿐 앞서나가는 독서문화를 만들지 못했다는 아쉬움이 있다. 그러나 찬찬히 생각해 보면 독서는 우리의 작은 실천만으로도 내 생활의 일부로 만들 수 있다. 그것이 독서의 매력이자 장점일 것이다.

4차 산업혁명 시대의 미래교육을 준비 하면서 독서와의 교집합이 가장 먼저 떠올랐다. 최첨단 기술과 미래가 인류의 역사에서 수천 년 동안 이어져 온 고전적인 방법인 독서와 일맥상통 관계라는 것이 참 아이러니 하게 느껴 질수도 있다. 그러나 세상을 살아가는데 원칙과 기술이 있다면 우리는 원칙을 먼저 배워야 할 것이다. 4차 산업혁명의 새로운 기술들이 있다면 '인간다움'에 대한 고민과 독서를 통한 삶의 방향성을 찾는 것은 원칙에 해당 할 것이다.

실리콘 밸리의 기업들은 인문학 전공자들을 대거 채용하고 있고 앞으로도 늘어날 전망이 나오고 있다. 기술의 발달은 오히려 인간에 대한 깊은 이해를 필요로 하기 때문이다. 인간의 지식을 능가하는 인공지능의 출현은 그 어느 때 보다도 인간과 삶에 대한 가치를 깊이 있게 통찰하기를 요구하고 있다.

폭력적인 행동과 막말로 갑질 논란이 된 대한항공의 조현민 전 전무는 소통의 중요성에 대해 대학 등에서 강의를 했다고 한다. 기본적인 인성조차 갖추지 못한 채 겉만 번지르르한 성공은 사상누각과 같이 스스로 자멸한다는 것을 보여줬다. 원칙을 잊고 기본에 충실 하지 못한다면 미래를 향해 앞으로 나가는 우리의 발목을 붙잡게 될 것이다.

독서와 여행, 삶에 대한 토론을 이어가며 끊임없이 생각하기를 멈춰서는 안 된다. 삶속에서 점점 깊이 있는 성찰과 고민을 할 때 우리는 더 인간다워지고 의식을 끌어 올릴 수 있다. 그것이 우리의 인공지능 시대를 살아가게 하는 자원이 될 것이다. 우리의 생각, 아이디어, 상상력이 4차 산업혁명과 같은 기술을 만날 때 전에 없던 새로운 작품을 만들어 내게 되듯이 기술 그 자체만으로는 큰 가치를 발휘하지 못한다.

인문학은 우리 삶을 거울처럼 비추며 읽는 이로 하여금 깊은 생각에 들어 갈 수 있게 해주는 최적의 도구이다. 그것을 읽어 나가는 동안 머릿속에 떠오르는 질문을 무시하지 않고 메모 하는 습관을 만들어 보라. 그 답을 찾기 위해 머리 안에 안테나라도 달린 듯 일상을 새롭게 보도록 노력해 보라. 그것이 사색의 시작이다. 불과 200년 전 만 해도 노비에게 독서와 사색은 허락되지 않았다. 그들은 주어진 일만 하는 존재이며 사람이라기보다 재산으로 여겨졌다. 독서와 사색은 오로지 양반들의 전유물이었으며 그 힘으로 그들의 자리를 지켜왔다. 노비에게는 그것을 선택할 권리조차 주지 않는다. 자본주의가 도입되고 경제 논리에 압도 된 나머지 주어진 일만 열심히 하려고 하지는 않는지 돌이켜 보자.

우리는 우리 인생에 대한 선택권이 있음을 늘 새로이 인식해야 한다. 부모는 함께 성장하는 동시에 우산이 돼 아이의 선택을 존중하고 지켜주는 역할을 해야 한다. 부모의 내적인 힘이 커질 때 가정 안에 안정된 정서를 가질 수 있다. 이것은 어쩌면 경제적 풍요보다 우선일 수도 있다. 돌이켜 보라. 나의 학창시절에 돈과 책이 없어 공부를 못 한 것 인지, 나의 마음을 다스리지 못해서였는지를.

독서와 토론을 제 2의 가족 구성원처럼 받아 들여 부모의 내적인 힘을 키우는 자양분으로 삼아 4차 산업혁명 시대 속에서 우리 가족의 미래교육을 만들어 가기를 바라며 글을 마친다.

참고문헌

박영숙, 제롬글렌, 《세계미래보고서 2055》, 비즈니스북스, 2017

레이 커즈와일, 《특이점이 온다(The Singularity Is Neer)》, 2007

이상주, 《세종의 공부》, 다음생각, 2013

이오덕, 《어린이를 살리는 문학》, 청년사, 2008

박문희, 《마주이야기》, 보리, 2009

굴렁쇠아이들 노래, 아람유치원 아이들 말, 백창우 곡, 《맨날 맨날 우리만 자래》, 보리, 2003

이민화, 《협력하는 괴짜》, 시그니처, 2017

김금선, 《하브루타로 크는 아이들》, 매일경제신문사, 2015

전성수, 《부모라면 유대인처럼 하브루타로 교육하라》, 예담프랜드, 2012

이혜정, 《서울대에선 누가 A+를 받는가》, 다산에듀, 2014

매리언 울프, 《책 읽는 뇌》, 살림, 2009

채사장, 《열한개단》, 웨일북, 2016

〈와, 드론이라니, 2018개 드론 오륜기 정말 멋지네〉, 한경닷컴, 2018, 2, 10

〈드론경제학〉, 매일경제, 2018, 4,5

〈[산업 현장 판도 바꾸는 로봇] 2020년 연 52만대 … 로봇이 공장의 주인〉, 이코노미스트, 2018, 4, 2

〈[미리보는 서울포럼2018] "캠퍼스 없는 대학서 실용적 지식·경험…혁신을 가르칩니다"〉 서울경제, 2018. 4. 16

〈'4차 산업혁명 혁신선도대학' 10개교에 100억 지원〉, 월간 산악협력, 2018, 1,15

〈교육부, 4차 산업혁명 혁신선도대학 10곳 선정〉, 지디넷코리아, 2018. 3. 29

〈테크시티 파리]스스로 공부하는 '에콜42'〉, 머니투데이, 2018.1.1.

〈[단독] 전자영주권·법인세 0 도입…에스토니아에 돈이 몰렸다〉, 중앙일보, 2018.2.13.

〈[MT리포트]세계 코딩교육 보니…중국과 인도는 외우고, 미국은 놀이를 한다.〉, 머니투데이 2018.2.6.

〈[문형남의 4차 산업혁명] 세계 최고 수준인 북한 코딩, 한국은?〉, IT조선, 2018.3.15

〈문과·이과 구분 없이 통합 … 선택과목은 더 많아져〉. 아시아경제, 2018. 1.31.

〈교육과혁신연구소 이혜정소장, 국가교육회의, IB 교육과정의 공교육 도입방안 논의하라〉, 독서신문, 2018.1.4.)

〈쓰보야 이쿠코 IB 日대사, 日 정부·기업 주도 재정 걱정없이 추진〉, 매일경제, 2018. 4.4

〈궁금해, 아이의 말〉, 월간 폴라리스, 2016.10월호

〈"아이들 책읽는 습관 들이면, GDP 상승으로 돌아옵니다"〉, 조선닷컴, 2016, 3, 4

3

4차 산업혁명과
핀테크

김 광 호

국민은행, 국민할부금융, 국민카드에서 30여 년간 직장생활을 하면서 IT와 영업현장을 두루 경험한 금융전문가다. 프로그램 코딩, 분석, 설계, PM 등 다양한 프로젝트를 수행했으며 두발로 영업현장을 누비며 신화를 만들어낸 영업맨이다. 2018년 초 국민은행 지점장으로 퇴직한 후 (사)4차산업혁명연구원 공동대표겸 강사, (사)글로벌녹색경영연구원·전문위원, 파이낸스투데이 기자·컬럼니스트, 노사발전재단 금융전문강사로 활동 중이다.

이메일 : kkhking64@naver.com
연락처 : 010-9899-6628

4차 산업혁명과 핀테크

Prologue

최근 '핀테크 산업'에 대한 사회적 관심이 뜨겁다. 과거 금융 산업은 우리나라 국가 경제발전의 젖줄과 같은 역할을 담당하며 나름대로 그 역할을 다해 왔다. 하지만 정부의 지나친 간섭과 규제로 글로벌 금융 산업으로 변화하는 데는 실패했다. 향후 몇 년이 우리나라 금융 산업의 흥망성쇠를 결정지을 중요한 시기라고 생각한다. 따라서 지금부터라도 과감하게 금융규제를 풀고 선진국의 훌륭한 사례들을 벤치마킹해서 금융 산업을 세계적 수준으로 발전시켜 나가야 한다. 그런 의미에서 핀테크 산업은 향후 국가 경쟁력을 높이고 미래의 먹거리를 창출할 수 있는 중요한 기술로 주목받고 있다.

필자는 오랜 기간 금융기관에 종사하면서 은행, 할부금융, 카드사의 IT업무 및 영업점 업무를 두루 경험했다. 그 곳에서 금융기술이 변천해 오는 과정을 피부로 느끼며 체험하게 됐다. 올해 초 은행을 퇴직하면서 그 동안 관심은 있었지만 시간이 없다는 핑계로 살펴보지 못했던 4차 산업혁명에 대한 내용들을 접하면서 나름대로 금융과 핀테크 분야에 대해 생각을 정리할 수 있는 기회를 갖게 돼 이 책을 집필하게 됐다.

1. 핀테크(FinTech)란 무엇인가?

1) 핀테크의 개념

[그림1] 〈출처 : https://banksalad.com 2017-09-05〉

(1) 핀테크란?

① 금융(Financial)과 기술(Technology)의 합성어로 사전적인 의미는 정보기술을 기반으로 한 새로운 형태의 금융서비스를 말한다.

② 지급결제, 송금, 자산관리, 대출 등 금융과 IT가 융합된 새로운 형태의 금융 산업을 의미한다.

③ 인터넷, 모바일, 빅 데이터, 인공지능(AI) 등의 첨단기술을 이용해 기존 금융기법과 차별화된 새로운 형태의 금융기술을 말한다.

④ 전통적인 방식의 금융서비스는 오프라인 기반의 점포 중심인 반면, 핀테크는 소비자의 접근성이 높은 인터넷, 모바일 기반의 플랫폼을 갖고 새로운 형태의 금융서비스를 제공한다.

(2) 핀테크의 정의

① 협의의 핀테크 : 핀테크 신생기업(Startup)들이 제공하는 서비스로, 기존 금융권 사업모델과 차별화된 솔루션을 말한다.

② 광의의 핀테크 : IT 기술을 활용한 혁신적인 금융 신사업 솔루션으로, 신생기업(Startup)뿐 아니라 기존 금융권도 포함하는 금융서비스를 말한다.

2) 핀테크 산업의 등장배경

[그림2] 〈출처 : 한겨레 2017-01-12〉

지난 2008년 미국발 서브프라임 모기지론 사태는 금융 산업에 커다란 변화를 가져 왔다. 글로벌 금융위기 상황에서 세계적인 금융기관들이 적절하게 대응하지 못하면서 기존 금융권에 대한 소비자들의 불신은 커져만 갔다. 때마침 ICT 기술의 급속한 발달로 기존 금융기관에서 담당하던 서비스를 새로운 플랫폼이 대체하게 되면서 핀테크 산업이 급속히 발전하는 계기가 됐다. 현재 지급결제, 송금분야에서 융합이 가장 활발하게 이뤄지고 있으며 일부 국가에서는 핀테크 산업이 인터넷은행, 자금투자 등 금융부분 본연의 업무까지 확대되고 있다.

핀테크 산업이 등장하게 된 배경은 크게 세 가지로 구분할 수 있다. 첫째는 지난 2008년 9월 미국의 대표적인 투자은행인 리먼브

라더스의 파산으로 서브프라임 모기지론 사태가 발생했다. 그 결과 글로벌 금융위기가 초래됐고 기존 금융권에 대한 소비자들의 신뢰가 크게 떨어지면서 대안금융에 대한 니즈가 증가했다. 둘째는 인터넷 기술이 크게 발달하면서 금융소비자들이 컴퓨터를 이용해 은행에 가지 않고도 집에서 간편하게 금융거래를 함에 따라 수요가 다변화 됐다. 셋째는 모바일 기술의 발전으로 핸드폰을 활용한 금융거래가 급속하게 증가하면서 새로운 핀테크 산업이 성장할 수 있는 계기가 됐다.

특히 국내에서 인기리에 방영됐던 '별에서 온 그대' 드라마는 핀테크 산업에 대한 국민적인 관심을 촉발하는 계기가 됐다. 이 드라마가 중국에서 선풍적인 인기를 끌면서 배우가 입었던 '천송이 코트'에 대한 중국인들의 주문이 쇄도했다. 그러나 국내에서는 '중국인들이 한국 쇼핑몰에서 천송이 코트를 살수 없다'는 사건이 발생했다. 발단은 엑티브X, 공인인증서 등 한국의 심각한 금융규제로 중국인들이 한국의 온라인 쇼핑몰 등 전자상거래 시스템에 접속할 수 없었다. 이러한 금융규제는 연관된 산업에도 막대한 피해를 주었다. 이 사건을 계기로 대통령이 직접 지시해 일부 금융규제가 해소됐으며 국내 핀테크 산업이 발전하는 계기가 됐다.

3) 핀테크 분류

핀테크란 개념은 바라보는 시각과 기준에 따라 달리 표현될 수 있다. 넓은 의미로는 금융기관들이 기존에 사용하고 있던 인터넷뱅킹이나 IT기반의 전자금융 서비스도 핀테크라 부르고 있다. 좁은 의미로는 IT를 기반으로 하는 신생기업(Startup)들이 제공하는 혁신적인 금융서비스를 핀테크라 말하기도 한다.

핀테크는 서비스 유형에 따라 크게 '기능에 따른 분류'와 '비즈니스 모델에 따른 분류'로 나눌 수 있다.

(1) 기능에 따른 분류

IT 조사·분석 업체인 벤처스캐너(Venture Scanner)에서 지난 2015년 1,072개 기업을 조사해 12개 영역으로 나눴다. 이를 기능에 따라 분류하면 아래와 같이 크게 네 가지로 분류할 수 있다.

구분	종류	특징
지급결제 및 송금	전자결제서비스(전자화폐, 간편결제) 모바일/이메일 송금	-온라인으로 거래 가능한 가상화폐 -이메일과 모바일을 통해서 개인과 기업간 송금
자산관리	온라인 펀드, 온라인 전문은행, 인터넷 보험, 온라인 증권사	-온라인으로 다양한 펀드를 살 수 있는 슈퍼마켓
대출 및 자금조달	대출, 자본조달, 크라우드 펀딩, 소비자금융	-P2P 대출 등 온라인상으로 다양한 자금 중계업무
금융 플랫폼	비즈니스 도구(business tools), 금융 조사(financial research), 금융 인프라 (banking infrastructure)	-핀테크 업무를 처리할 수 있는 인터넷, 모바일 기반의 금융 시스템

[표1] 〈출처 : Venture Scanner, 2015〉

(2) 비즈니스 모델에 따른 분류

다음은 영국 무역투자청(UK Trade & Investment)에서 분류한 것으로 비즈니스 모델에 따라 크게 지급결제, 금융데이터 분석, 금융소프트웨어, 플랫폼으로 분류한다.

비즈니스 모델	내용	세부영역
지급결제	이용이 간편하면서도 수수료가 저렴한 송금 및 지급결제 서비스를 제공함으로써 고객의 편의성 제고	Infrastructure / Online Payment / Foreign Exchange
금융데이터 분석	개인 또는 기업고객과 관련된 다양한 데이터를 수집해 분석함으로써 새로운 부가가치 창출	Credit Reference / Capital Markets / Insurance
금융 소프트웨어	보다 진화된 스마트기술을 활용해 기존 방식보다 효율적이고 혁신적인 금융업무 및 서비스관련 SW 제공	Risk Management / ALM Management / Asset Management / Insurance / Accounting
플랫폼	전 세계 기업과 고객들이 금융기관을 통하지 않고 자유롭게 금융거래를 할 수 있는 다양한 거래기반 제공	P2P Lending / Trading Platforms / Personal Finance / Wealth / Aggregators

[표2] 〈출처 : UK Trade & Investment, 2014〉

2. 핀테크의 적용사례

1) 새로운 금융 비즈니스 모델

(1) 스타벅스(Starbucks)

'스타벅스(Starbucks)'는 미국에 본사를 둔 세계적인 커피전문 회사로 지난 1971년에 설립해서 1992년 나스닥에 상장됐다. 지난 2009년 선불카드 형태의 카드 모바일 결제 서비스를 도입해 2014년에는 무려 40억 달러가 넘는 매출실적과 주간평균 800만 건이 넘는 모바일 결제가 이뤄졌다. 지난 2013년 카드 앱 서비스를 출시했고 2014년에는 선주문 시스템인 사이렌 오더 서비스를 제공하는 등 세계 50대 혁신적인 기업 중 하나로 선정됐다.

(2) 테스코뱅크(Tesco Bank)

지난 1997년 슈퍼마켓 유통회사인 테스코와 RBS가 합작투자를 통해 '테스코뱅크(Tesco Bank)'를 설립했다. 이후 지난 2008년 테스코가 100% 지분을 인수해 자회사로 편입하면서 테스코뱅크의 핀테크 전략을 구사하게 됐다. 테스코뱅크는 테스코 고객을 대상으로 예금, 저축, 대출, 모기지, 신용카드, 환전 등 모든 금융서비스를 인터넷, 모바일, 오프라인 매장 내에서 제공했다. 이렇게 테스코뱅크는 기존 슈퍼마켓 충성 고객 기반에서 새로운 기회를 찾음으로써 테스코뱅크의 CLUBCARD는 지난 2014년 영국 신용카드 시장의 12% 점유율과 700만 명의 고객을 확보하게 됐다.

(3) 고뱅크

'고뱅크'는 지난 2014년 미국 월마트에서 자사 쇼핑객을 대상으로 한 모바일 결제계좌 고뱅크 서비스를 시작했다. 당시 월마트는 아마존, 알리바바 등 온라인 쇼핑몰의 공세로 매장방문 고객수가 줄어들자 금융서비스를 강화해 돌파구를 마련하고자 했다. 월마트 고객들은 고뱅크 서비스를 통해서 모바일로 손쉽게 계좌입금, 이체, 직불결제를 할 수 있게 됐다. 고뱅크의 가장 큰 강점은 낮은 계좌수수료와 18세 이상 성인이면 누구나 계좌를 개설해 주는 등 가입조건이 편리하다는 점이다.

(4) 앨리뱅크(Ally Bank)

지난 2004년 미국 자동차 제조회사인 GM이 자사 고객들의 편의성을 위해 인터넷 전문은행인 '앨리뱅크(Ally Bank)'를 설립했다. 앨리뱅크는 소매금융 및 자동차 관련 금융서비스를 주로 제공했으며 2014년 총자산 1,046억 달러로 미국 인터넷 은행 중 2위를 차지했다.

(5) 알리바바(Alibaba)

'알리바바(Alibaba)'는 중국 최대 전자상거래 업체로 지난 1999년 마윈이 설립했다. 지난 2000년 일본 소프트뱅크의 투자를 유치하면서 급성장한 알리바바는 지난 2003년 전자상거래 사이트인 티오바오를 개설하면서 가파른 성장세를 보였다. 지난 2004년에는 온라인 결제 시스템인 알리페이를 출시했으며 2008년에는 티몰사이트를 오픈해 중국 소비자가 전 세계에 있는 유명 제품을 직접 구매할 수 있도록 했다. 온라인 지급결제시스템인 알리페이는 지난 2014년 8억 2,000만 명의 가입자와 중국 온라인 결제점유율 48%, 결제금액 450조원을 달성했다. 이토록 알리페이가 성공하게 된 요인은 구매자와 판매자간에 안전 결제를 보장해 주는 에스크로 플랫폼에 있다.

(6) 텐센트(Tencent)

'텐센트(Tencent)'는 지난 1998년 중국의 마푸동, 장지동 외 3명이 설립한 기업으로 소셜네트워크, 웹 포털, 전자상거래 등 인터넷 서비스를 제공하는 업체다. 또한 무료 모바일 메시징 서비스인 위챗(WeChat)을 운영하는 회사다. 지난 2005년에는 텐센트의 통합 결제 플랫폼 서비스인 텐페이를 출시해 항공사, 물류, 보험, 게임 B2C 비즈니스 등 온라인 지불수단을 제공해 2014년 3억 명이 텐페이 서비스를 이용하고 있다. 지난 2015년 중국 최초로 온라인 전용 은행인 위뱅크를 설립해 소매금융, 기업금융, 신용카드 서비스 등 은행 업무를 제공하고 있다.

(7) 아마존(Amazon)

'아마존(Amazon)'은 세계 최대 인터넷 쇼핑몰로 2억 5,000만 명의 사용자를 보유하고 있다. 아마존에서는 상품 주문 시 카드정보를 최초 한번만 입력한 후 저장해 놓으면 간편하게 결제할 수 있는 원클릭(One Click) 주문 결제 서비스를 제공하고 있다. 또한 아마존 페이먼트를 출시해 결제에 따른 수수료 수익 보다 O2O(Online-to-Offline) 시장에서 아마존의 입지를 넓혀가고 있다.

2) 국내 핀테크의 적용사례

■ 한국 핀테크 스타트업의 현황(2015년)

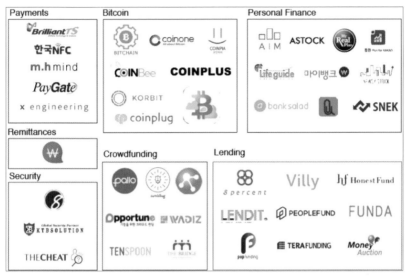

[그림3] 〈출처 : https://www.slideshare.net, KOREAN FINTECH STARTUP MAP 2015〉

(1) 카카오페이(Kakao Pay)

'카카오페이(Kakao pay)'는 다음카카오에서 제공하고 있는 서비스로 카카오톡 어플리케이션에 신용카드 정보를 등록해 놓은 뒤 인터넷 쇼핑몰 등에서 물건을 살 때 비밀번호 입력만으로 간편하게 결제할 수 있는 서비스다. LG CNS의 모바일 결제 솔루션을 이용한 것으로 지난 2014년 9월부터 서비스를 시작했다. 가맹점이 다소 적은 편이지만 스마트폰 사용자 97%가 사용 중인 카카오톡에 추가적으로 제공되는 서비스로 이용 접근성은 가장 높다.

(2) 삼성페이(Samsung Pay)

'삼성페이(Samsung pay)'는 삼성전자에서 제공하는 모바일 결제서비스로 기존의 앱 카드가 사용하는 바코드 결제 방식이 아닌 근거리 무선 통신(NFC)과 마그네틱 보안 전송(MST, Magnetic Secure Transmission) 방식을 지원하는 서비스다. 삼성페이는 삼성전자가 인수한 미국의 벤처기업 루프페이(LoopPay)의 특허 기술을 기반으로 하고 있는데 이는 기존 마그네틱 결제 시스템을 자기장으로 구현하는 기술로 일반 카드 결제 단말기에 스마트폰을 접촉하는 것으로 결제가 가능하다.

(3) 네이버페이(Naver Pay)

'네이버페이(Naver Pay)'는 네이버에서 제공하는 모바일 결제서비스로 은행 계좌나 체크카드, 또는 신용카드를 미리 등록해 두고 등록한 결제 수단을 통해 결제하는 간편 결제 서비스다.

(4) 페이나우(Paynow)

'페이나우(Paynow)'는 LG유플러스가 출시한 간편 결제 서비스로 액티브X나 공인인증서 없이 애플리케이션을 설치해 결제정보를 1회만 등록하면 그 이후에는 한번만 터치해 결제를 할 수 있다. LG생활건강, 신세계면세점, 하프클럽, 교보문고, 한샘몰, ABC마트, 이니스프리, 위메프박스, 더페이스샵 등 10만여 개의 국내 최다 가맹점을 확보하고 있으며 통신 3사 중 LG유플러스가 핀테크 분야에서 가장 활발한 행보를 보이고 있다.

(5) 토스(Toss)

'토스(Toss)'는 '비바리퍼블리카'라는 핀테크 기업에서 운영하는 간편 송금 서비스로 지난 2017년 KPMG가 선정한 전 세계 100대 핀테크 기업 중 35위에 선정됐다. 국내 핀테크 기업 중에서 가장 많은 은행, 증권사와 공식 제휴를 맺고 있다. 토스는 간편 송금은 물론 숨은 보험금 찾기, 통합계좌조회, 카드조회, 신용관리와 간편 투자까지 서비스를 제공하고 있다.

(6) 리브(Liiv)

'리브(Liiv)'는 KB국민은행에서 출시한 스마트금융으로 '지갑 없는 생활'을 모토로 구현했다. 통장, 카드, 현금을 들고 다닐 필요 없이 스마트 폰에 설치한 리브 앱을 통해서 간편하게 결제가 가능하다. 리브를 통해 금융상품 가입, 가까운 지점 찾기, 환전신청, 여행/유학 관련 다양한 혜택 등을 받을 수 있다.

3) 해외 핀테크의 적용사례

■ 해외 핀테크 스타트업의 현황(2015년)

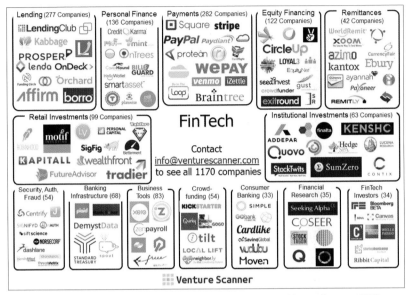

[그림4] 〈출처 : https://venturescannerinsights.wordpress.com, Venture Scanner 2015〉

(1) 송금(remittance)

① 개념

인터넷 플랫폼을 통해 양쪽의 환전수요를 자국 내에서 P2P방식으로 매칭 시켜 주는 방식이다. 실제 1:1로 환전이 일어나는 방식이 아니라 자국에서 정산을 한 후 나머지만 환전이 일어나는 가상의 환전 방식이다. 따라서 은행보다 송금비용이 저렴하고 시간을 단축시킬 수 있다. P2P 방식으로 송금할 경우 평균 10~53초 이내로 송금이 가능하다. 미국 및 유럽의 경우는 이러한 P2P 방식의 송금이 가능하지만 우리나라는 외국환 거래법에 의해 외국환업무 취급기관만 외환업무를 할 수 있으므로 현재는 불가능하다. 최근 P2P 환전서비스를 위한 '외환이체법'과 P2P 대출서비스를 위한 'P2P 대출중개법'을 개정하려고 준비하고 있다.

② 트랜스퍼와이즈(TransferWis)

'트랜스퍼와이즈(TransferWis)'는 지난 2011년 영국에서 창업한 대표적인 핀테크 기업이다. 이 회사는 은행의 고유 업무 중 하나인 해외송금과 환전 업무를 핀테크를 통해서 구현했다. 한국에 사는 부모가 미국에서 유학 중인 자녀에게 학비를 부치려면 원화를 달러화로 바꾸는 과정을 거쳐야 하는데 이 과정에서 환전 수수료가 발생한다. 트랜스퍼와이즈는 렌딩클럽과 비슷하게 P2P 매칭을 이용해 기존 은행의 해외송금 수수료를 10분의 1 수준으로 줄였다.

③ 위스왑(WeSwap)

'위스왑(WeSwap)'은 P2P 방식의 통화교환 플랫폼이다. 전직 통화 거래자인 Jared Jesner와 전직 금융고문 Simon Sacerdotir 설립했다. WeSwap을 통해 여행자는 은행과 국가를 넘어 다른 여행자와 직접 통화를 교환할 수 있다. 예를 들면 영국에서 미국으로 가는 여행자와 미국에서 영국으로 가는 여행자를 서로 연결해서 일대일로 환전하는 서비스를 제공하는 방식이다.

(2) 지급결제(Payment)

① 개념

지불결제의 영역에는 본인계좌에서 본인계좌로 자금이 옮겨가는 자금이동, 본인계좌에서 타인계좌로 자금이 옮겨지는 자금송금, 물품을 받거나 서비스를 받고 그 대가로 자금을 지급하는 상거래지불, 여러 가지 공과금 등을 자동으로 결제하는 청구결제로 나눌 수 있다.

② 페이팔(PayPal)

'페이팔(PayPal)'은 지난 1998년 12월 맥스 레프친, 피터 틸, 루크 노셀, 켄 하우리가 세운 콘피니티라는 회사가 엘론 머스크가 설립한 X.com에게 인수되면서 1999년에 탄생했다. 지난 2002년 10월에 이베이에 인수돼 자회사로 편입되었다가 지난 2015년 7월 단독법인이 됐다. 본사는 미국 캘리포니아에 있다. 페이팔은 구매자와 판매자의 중간에서 중계를 해 주는 일종의 에스크로 서비스로 구매자가 페이팔에 돈을 지불하고 페이팔이 그 돈을 판매자에게 지불하는 형식이다. 서로 신용카드 번호나 계좌 번호를 알리지 않고 거래할 수 있기 때문에 보안성이 높다. 게다가 서로 통화가 다른 경우에도 페이팔에서 환전을 거쳐 거래해 주기 때문에 서로 다른 국가 간에도 간편하게 거래할 수 있다.

③ 알리페이(Alipay)

'알리페이(Alipay)'는 지난 2004년 2월 알리바바의 설립자 마윈에 의해 설립됐다. 알리페이는 본사를 상하이 푸동으로 옮겼으나 모회사 앤트 파이낸셜은 계속 항저우에 있다. 알리페이는 지난 2013년에 세계 최대의 모바일 지급 플랫폼인 페이팔을 따라 잡

앉고 지난 2016년 4분기에 알리페이는 중국의 모바일 지급 시장 중 54%를 점유해 지금까지 세계에서 가장 큰 규모를 자랑하지만 2015년 라이벌 텐센트의 위챗페이가 급속히 따라잡으면서 71%에서 점유율이 추락했다. 지난 2017년 9월 기준으로 알리페이는 안면인식 지급서비스를 공개했다.

④ 아마존페이먼트(Amazon Payments)

'아마존페이먼트(Amazon Payments)'는 세계 최대의 전자상거래 업체인 미국의 아마존에서 만든 전자결제 플랫폼이다. 아마존페이먼트는 원클릭 서비스를 통해서 고객에게 간편하고 편리한 서비스를 제공하고 있다. 아마존페이먼트의 확장으로 업계 1위 페이팔이 위협받고 있으며 그 밖에 애플의 '애플페이', 구글의 '안드로이드페이' 등이 경쟁함으로써 미국 내 온라인 간편 결제 시장은 더욱더 경쟁이 심화될 것으로 예상된다.

⑤ 애플페이(Apple Pay)

'애플페이(Apple Pay)'는 미국 애플사가 지난 2014년 10월부터 시작한 모바일 결제서비스다. 애플페이는 애플 계정에 연동된 신용카드 정보를 아이폰 6에서도 쓸 수 있게 한 것으로 지문인식센서 '터치ID'와 '근접무선통신기술(NFC)'을 활용한 기술로 신용카드 정보를 먼저 저장해둔 후 '아이폰6'이나 '애플워치'로 결제하는 방식이다. 신용카드를 꺼내 서명할 필요 없이 스마트 폰을 근접무선통신(NFC) 단말기에 대기만 하면 결제할 수 있어 편리하다. 지문인식 기능과 연계된 데다 점원이 카드번호와 소비자의 이름을 볼 수 없기 때문에 안전성이 높다. 상점에서 별도의 결제 단말기를 마련해야 되기 때문에 확산 속도는 빠르지 않다.

(3) 개인자산관리(Personal Finance)

① 개념

개인의 재무상태 관리방식을 기존의 증권사나 자산운용사에서 관리 해주던 방식에서 온라인 플랫폼을 통해 관리해 주는 것을 개인자산관리라고 한다. 개인자산관리 영역에는 크게 온라인 투자자문(로보어드바이저), 개인금융정보관리, 신용카드 부정사용 탐지 등 3개의 영역이 있다.

② 로보어드바이저(Robo-Advisors)

'로보어드바이저(Robo-Advisors)'란 알고리즘을 활용해서 개인의 자산 운용을 자문하고 관리해 주는 자동화된 서비스를 말한다. 로보어드바이저는 포트폴리오를 자동으로 구성할 뿐만 아니라 포트폴리오에 따른 매매와 포트폴리오 재구성까지 자동으로 이뤄지는 솔루션이다. 로보어드바이저를 통한 개인 자산관리의 강점은 수수료가 낮다는 점과 시간이나 노력을 많이 들이지 않아도 다양한 자산에 투자할 수 있다는 점이다.

③ 웰스프론트(Wealthfront)

'웰스프론트(Wealthfront)'는 미국의 대표적인 로보어드바이저 기업으로 지난 2008년 Andy Rachieff와 Dan Carroll에 의해 설립됐고 2011년 로보어드바이저를 활용한 개인자산관리서비스를 출시했다. 로보어드바이저는 자동화 및 사람의 개입 정도에 따라 3가지 유형으로 구분하는데 웰스프론트는 시스템 알고리즘만으로 온전히 운영돼 완전 자동화된 서비스라 할 수 있다. 웰스프론트의 고객은 투자를 위한 과세·비과세 저축을 준비한 후 투자 금액을 지정하기만 하면 완전 자동화된 자산관리서비스를 이용할 수 있다.

④ 베터먼트(Betterment)

'베터먼트(Betterment)'는 미국의 로보어드바이저 업체 중 하나로 웰스 프론트와 같은 자산관리서비스를 제공하고 있다. 지난 2008년 설립해서 2010년 5월부터 서비스를 시작했고 현재 11만 1,800명의 회원과 30억 달러의 자금을 로보어드바이저를 통해서 관리하고 있다. 기존 업체들의 자산관리 수수료 1% 보다 훨씬 저렴한 0.15~0.35% 의 저렴한 수수료가 성장비결의 가장 큰 특징이며 자금의 하한선이 없는 등 최소투자금액이 낮아 진입도 쉽다.

⑤ 민트닷컴(Mint.com)

'민트닷컴(Mint.com)'은 2,000만 명이 넘는 사용자를 보유하고 있으며, Aaron Patzer가 만든미국과 캐나다의 무료 웹 기반 개인 재무관리 서비스다. 민트닷컴은 사용자의 은행 계좌정보를 통합 관리해주는 서비스로 시작했다. '민스닷컴'을 통해 소비자는 어느 항목에서 얼마를 지출했고 어떤 부분에서 얼마를 아껴야 더욱 건전한 재무 상태를 만들 수 있는지 등을 알 수 있다. 기존에는 소비자가 한 계좌 이상 거래하고 있기 때문에 스스로 자신이 가입한 계좌에 따라 찾고 관리해야 했다. 하지만 민트닷컴은 은행 계좌와 신용카드, 보험, 증권 내역뿐만 아니라 주식, 보유부동산 가치변동 등을 통합해 한눈에 그래프로 볼 수 있도록 만들었다.

민트닷컴은 타깃 고객층이 광범위해 어떤 사용자가 보더라도 직관적으로 이해할 수 있도록 정보를 제공 한나. 특히, 차트나 파이, 인포그래픽 등으로 표현해 소비와 지출 흐름을 쉽게 파악할 수 있도록 만들었다. 또한 대부분의 은행과 신용카드 계좌를 민트와 연동해 소비자가 카테고리별 차트를 보고 자신의 예산 목표를 일주일 또는 최대 3개월까지 지정해서 자산을 관리할 수 있도록 제공한다.

⑥ 빌가드(BillGuard)

'빌가드(BillGuard)'는 지난 2010년 설립돼 초기자본으로 300만 달러를 펀딩했고, 2011년 1,000만 달러의 자금지원을 받았다. 기능의 우수성과 유용성을 인정받아 지난 2013년 온라인뱅킹리포트가 뽑은 '최고의 온라인 뱅킹 분야의 혁신' 사례 중 하나로 선정됐으며 2016년 3월에는 아메리칸뱅커 선정 'Top 10 테크회사'의 영예를 누리기도 했다. 빌가드 앱은 신용카드 혹은 데빗카드 거래를 수시로 스캔하면서 부과 오류, 숨겨진 수수료, 부당 비용청구로 의심이 갈 경우에 이용자에게 즉시 알람 메시지를 보낸다. 따라서 이용자들은 월 거래명세서를 꼼꼼히 살펴보지 않고도 실시간으로 부당수수료에 대한 내용을 확인할 수 있게 됐다.

(4) 대출

① P2P(Peer-to-Peer Lending) 대출의 개념

'P2P 대출'은 은행 등 금융기관을 통하지 않고 온라인 플랫폼을 이용해서 개인과 개인 또는 개인과 기업이 직접 돈을 빌려주고 돈을 받는 형태의 금융서비스를 말한다. 은행을 통하지 않고 투자자와 채무자간에 직접 온라인상에서 금융거래를 하기 때문에 투자자 입장에서는 은행을 거칠 때 보다 높은 금리를 받을 수 있고 채무자 입장에서는 보다 저렴하게 자금을 이용할 수 있다.

② 렌딩클럽(LendingClub)

'렌딩클럽(LendingClub)'은 온라인 경매 업체인 이베이(eBay)의 창업자이기도 한 피에르 오미디야르가 설립한 P2P대출 업체다. 돈이 필요한 사람과 여유 자금이 있는 사람을 연결해 준다. 대출이 필요한 사람은 렌딩클럽 홈페이지에 들어가 신청서를 작성한다.

렌딩클럽은 이 중 10% 정도만 추려내 대출 가능자를 정하고 이들에게 다시 A~G까지 7단계의 신용 등급을 매겨 온라인 대출 장터에 올려놓는다. 개인 투자자들은 대출 신청자 명단을 보고 자신이 원하는 사람에게 투자한다. 이때 투자 금액은 최소 25달러를 기준으로 소액 분산투자하게 된다. 대출금리는 신용 등급에 따라 연 6.78~9.99% 수준이다. 몇몇 대출자의 채무 불이행을 감안한다고 하더라도 제로 금리에 가까운 은행 이자에 비해 높은 수익률을 기대할 수 있다. 렌딩클럽은 이 과정에서 대출금의 1~3%를 수수료로 받는다.

③ ZOPA(Zone of possible areeement)

'ZOPA'는 지난 2005년 영국에서 설립했으며 세계 최초의 P2P 대출업체다. ZOPA는 투자자와 채무자를 연결시켜주는 플랫폼을 갖추고 투자회사와 개인 투자자를 통해서 1,600만 파운드(약290억 원)를 모아 사업을 시작했다.

④ 어펌(Affirm)

'어펌'은 지난 2013년 미국 캘리포니아에서 설립된 회사로 2015년 대출 잔액은 2억 7,500만 달러다. 금융데이터 및 SNS 분석데이터를 기반으로 소비자에게 온라인 구매자금을 대출해 주고 3·6·12개월로 해당 자금을 분할상환하며 소비자 대출금리는 평균 10%의 낮은 금리를 적용한다.

⑤ 소피(SoFi)

'소피(SoFi)'는 지난 2011년 미국에서 설립해 스텐포드 MBA 졸업생 40명에게 200만 달러를 투자 받아 신입생 100명에게 대출해 주는 동문대상 학자금 대출을 주요서비스로 사업을 시작했다. 지난 2015년 일본 소프트뱅크로 부터 10억 달러 투자를 유치해 성장하면서 그해 기업가치 40억 달러의 플랫폼 업체임에도 불구하고 시가총액 기준 미국 은행 30위에 진입하는 성과를 달성했다. 대표적인 핀테크 업체인 소피는 동문대상 학자금 대출 영역에서 모기지 대출 및 개인대출 로 사업영역을 확장하고 있다.

⑥ 프로스퍼(Prosper)

'프로스퍼(Prosper)'는 지난 2006년 설립한 미국 최초의 P2P 대출서비스 업체다. 하지만 지난 2008년 SEC의 유가증권 등록요구를 거절해 일정기간 동안 영업이 정지되면서 시장을 선도하지 못하고 렌딩클럽에 뒤처지는 결과가 됐다. 프로스퍼의 비즈니스 모델은 렌딩클럽과 마찬가지로 투자자의 분산투자를 기본으로 하고 있다.

투자자는 계좌개설 이후 대출신청 목록에서 대출자별 대출조건을 확인해 투자가 가능하다. 대출항목은 등급, 기간, 투자비율 등 조건에 따라 조회가 가능하다. 투자등급은 AA 등급부터 HR 등급까지 7등급으로 분류되며 한 항목에 최소 25달러에서 최대 4,000달러까지 분산투자가 가능하다. 연간 수수료는 조파, 렌딩클럽, 프로스퍼와 마찬가지로 상환금액의 1%를 수수료로 받고 있다.

3. 전자금융과 핀테크

1) 전자금융 서비스란?

[그림5] 〈출처:http://news.mt.co.kr, 머니투데이 2016-06-27〉

　전자금융 서비스란, 기존의 금융업무에 컴퓨터 및 정보통신기술을 적용해 전산화를 구현하는 것이다. 전자금융의 수단으로는 홈뱅킹, 펌뱅킹 등의 PC 뱅킹과 전화기를 이용한 폰뱅킹이 주로 이용돼 왔으나 최근에는 정보처리 기술 및 통신기술을 활용한 각종 전자금융서비스의 개발이 이뤄짐으로써 시간적·공간적 제약 없이 금융서비스를 이용할 수 있게 됐다.

2) 전자금융과 핀테크의 차이점

　기존 전자금융과 핀테크는 확연히 다르다. 전자금융이 현재 금융기관에서 사용하는 전산시스템을 기반으로 발전시켜 왔다면 핀테

크는 기존의 금융 산업 생태계를 뒤바꿀 수 있는 파괴적이고 혁신
적인 성격을 갖고 있다. 핀테크 스타트업은 금융의 본질이 정보란
것을 파악하고 소프트웨어를 무기로 적극적으로 뛰어들고 있다.
금융서비스(banking)를 금융회사(bank)에서 분리하기 시작한 것
이다.

(1) 전자금융과 핀테크의 특징

구분	전자금융(Electronic Banking)	핀테크(Fintech)
정의	전자적 채널을 통해 금융상품 및 서비스를 제공하는 것	기술이 핵심 요소로 작용하는 금융서비스 혁신
영향	기존 금융서비스의 가치사슬에 포함돼 효율성 개선 지원	기존 금융서비스의 전달체계를 완전히 새로운 방식으로 제공
주요 역할	금융 인프라 지원	기존 인프라 우회 또는 대체해 금융서비스 공급
주요 관련 기업	-IBM(IT솔루션) -Infosys(IT하드웨어) -SunGard(금융소프트웨어) -Symantec(정보보안)	-Allpay(지급결제) -Transferwise(외환송금) -Kickstarter(크라우드펀딩) -Coinbase(전자화폐)
수익 모델	-고객 접점은 금융회사가 주도 -IT가 금융거래의 홈에서 지원 -금융거래 처리 효율 향상	-고객 접점을 비금융회사가 주도 -금융회사가 금융거래의 후방에서 지원 -고객 경험 개선
개념 도	대부자 → 금융회사 → 차입자	대부자 → 플랫폼(인터넷) → 차입자
비고	PC 기반	모바일 기반

[표3] 〈출처:http://www.zamong.co.kr/archives/8532〉

(2) 전자금융과 핀테크 차이점

구분	설명

전자
금융
	−전통적인 금융기관(은행, 카드, 증권, 보험사 등)이 주체
	−IT기술이 금융 산업의 보조적인 역할을 수행해 금융발전에
	  기여
	−'금융거래의 신속성, 간편화'가 핵심으로 인터넷뱅킹, 모바
	  일뱅킹, ATM 서비스 등이 있음
	−금융의 본질적 기능에는 변화가 없음

핀테크	−금융(Finance)과 정보기술(Technology)의 융합
	−전통적 금융기관과 IT기업이 주체
	−금융 산업과 IT기술이 대등한 역할을 수행
	−기존의 금융영역에 대한 파괴적 확장. 즉, 금융과 IT의 융합
	  을 통해 금융서비스 및 유관산업, 파생산업의 변화를 아우
	  르는 개념
	−알고리즘 기반의 지급결제, 송금, 자산관리, P2P대출 등 신
	  생 핀테크 기업들은 IT기업이 주체가 돼 독자적으로 운영되
	  거나, 전통적 금융기관과 협업을 통해 사업을 하는 경우가
	  많음

[표4] 〈출처:블로거 자체정리〉

4. 인터넷 전문은행의 등장

1) 인터넷 전문은행의 개념

인터넷전문은행은 물리적인 영업점이 전혀 없거나 영업점을 소수로 운영해 업무의 대부분을 ATM, 인터넷 등 전자매체를 통해 영위하는 은행을 말한다. 설립 초기에는 점포가 전혀 없이 무점포 형태의 온라인 위주로 업무가 이뤄져 Direct Bank, Pure-play Internet Bank, Internet−only Bank, Online−only Bank,

Virtual bank 등의 명칭을 사용했다. 그러나 최근에는 소수의 점포를 보완적으로 영업에 활용하는 경우가 증가하면서 Internet Primary Bank 또는 모바일 채널의 등장과 함께 Digital bank로 불리기도 한다.

이처럼 인터넷전문은행은 소규모 조직만 갖고 무점포로 운영하기 때문에 저비용 구조로 기존 은행에 비해 예대마진과 각종 수수료를 최소화해 수익을 낼 수 있는 구조다. 고객 입장에서도 기존 은행에 비해서 높은 예금금리와 낮은 대출금리로 이용할 수 있는 장점을 보유하고 있다.

〈전통은행과 인터넷전문은행 비교〉

구분	전통은행	인터넷전문은행
핵심채널	지점(Branch)	온라인(인터넷/모바일)
영업시간	평일 9시 ~ 16시	24시간 365일
상품	온/오프라인 상품 구분	구분 없음
서비스	Full Banking Service	주로 소매금융 특화
기타	대면 서비스를 통한 전문성	비용감소를 통한 금리 및 수수료 우대

[표5] 〈출처:KB금융지주경영연구소 '해외 인터넷전문은행 동향 및 국내 이슈 점검'〉

2) 국내 인터넷 전문은행의 사례

[그림6] 〈출처 : http://www.insightkorea.co.kr, Insight Korea 2018-04-02〉

국내 인터넷전문은행은 금융당국의 인가에 의해 케이뱅크가 지난 2017년 4월에 출범했고 카카오뱅크는 7월에 출범했다. 두 은행 모두 핀테크를 중심으로 하는 인터넷전문은행으로 등장했지만 업무취급 내용에서는 약간씩 다른 특징을 갖고 있다.

〈케이뱅크와 카카오뱅크의 특징 비교〉

내용	케이뱅크	카카오뱅크
은행영업 개점일	2017.4.3	2017.7.27
자본금	2,500억 원	3,000억 원
주요주주 (지분율)	우리은행(10%), GS리테일(10%), 한화생명보험(10%), 다날(10%), KT(8%)	한국투자금융지주(50%), 카카오(10%), 국민은행(10%),우정사업본부(4%)
주요 핵심 제공 서비스	– 중금리대출(빅 데이터 기반) – 토탈 간편지급결제 (Express Pay) – 휴대폰/이메일 기반 간편송금 – 로보어드바이저(Robo-Advisor) 기반 자산관리 – 리얼타임(Real-Time) 스마트 해외송금 – Open API(다양한 '결합') 활용	– 중금리대출(빅 데이터 기반) – 카카오톡 기반 간편송금 – 카드-VAN-PG 없는 간편결제 – 카카오톡 기반 금융비서 – 카카오 유니버셜 포인트 – 저렴한 마이너스 통장금리에 역점

[표6] 〈출처 : 금융감독위원회 보도자료, 인터넷전문은행 예비인가 결과(2015.11.29.)〉

3) 해외 인터넷 전문은행의 사례

[그림7] 〈출처 : 델파이국제그룹블로그, 2016-06-08〉

　미국, 유럽, 일본 등 금융 선진국들은 한국보다 10~20년 먼저 인터넷전문은행을 도입했다. 오랫동안 노하우를 쌓았기 때문에 고객들에게 제공하는 금융서비스의 종류도 다양하고 고객의 만족도 높다. 자동차금융, 편의점 소액결제, 보험결제 뿐만 아니라 고금리 예금과 기업운전자금 대출, 개인종합자산관리처럼 은행 영업점이나 프라이빗뱅킹(PB) 센터에서 판매하는 금융상품도 취급한다. 최근에는 전통적인 수여신업무에서 벗어나 빅 데이터를 활용해 고객의 소비패턴과 투자성향을 분석해 토털 솔루션을 제공하는 차세대 서비스도 내놓고 있다.

　미국 인터넷전문은행 시장에서 가장 안정적으로 서비스를 제공하는 사업은 신용카드 결제 서비스다. 신용카드사가 인터넷전문은행을 만들어 고객의 신용카드 결제계좌와 연동해서 결제·이체 서비스를 제공하고 각종 수수료 수익을 챙기는 구조다. 대표적인 인터넷전문은행이 디스커버뱅크와 아메리칸익스프레스뱅크다.

미국의 자동차회사 제너럴모터스(GM)는 앨리뱅크라는 인터넷 전문은행을 만들어 모기업인 GM과의 시너지 효과를 극대화 하는 데 성공한 대표적인 경우다. 앨리뱅크는 GM의 브랜드를 활용해 자동차 딜러를 대상으로 한 기업대출과 자동차 구매자를 대상으로 한 오토론을 출시했다. 앨리뱅크는 캡티브 마켓(계열사 간 내부 시장)을 통해 자산 1,010억 달러, 78만 4,000명의 고객을 확보한 대형 은행으로 성장했다.

일본의 경우 비금융 회사와의 제휴를 통해 폭넓은 서비스를 제공하는 것이 특징이다. 지난 2001년 설립한 소니뱅크는 모회사인 소니의 브랜드 파워를 통해 초기 시장을 선점했고 자산관리 중심의 풀 뱅킹 서비스를 시작한 최초의 인터넷전문은행이 됐다. 또한 일본 인터넷전문은행 가운데 유일하게 외화예금을 취급해 수익증대에 기여하고 있다. 지난 2014년 12월 기준 소니뱅크의 총자산은 2조 554억 엔, 자기자본이익률(ROE)은 5.4%에 달한다.

유럽 인터넷전문은행은 보험계약자의 만기보험금을 내부에 유보하는 형태로 서비스를 제공한 결과 미국과 일본에 비해 상대적으로 발전 속도가 낮다. 하지만 최근에는 인터넷전문은행 환경을 영업에 활용하는 등 외연 확장에 적극적으로 나서고 있다. 네덜란드의 ING는 ING다이렉트라는 인터넷전문은행을 만들어 '제로 수수료' 등의 인센티브 정책을 펼치며 본업인 보험과의 시너지 효과를 극대화하고 있다. 스웨덴의 스칸디아뱅크 역시 '올인원 계좌'라는 일종의 통합계좌서비스를 만들어 하나의 통장에서 계좌이체, 주식 거래, 보험료 및 공과금 납부 등 모든 금융 거래를 한 번에 할 수 있도록 만들어 고객의 편의성을 높였다.

(1) 미국

지난 1995년 10월 세계 최초의 인터넷전문은행인 SFNB(Security First Network Bank)가 설립됐다. 그러나 도입 초기 IT붐에 힘입어 새로운 금융거래의 주류를 형성할 것처럼 보였던 인터넷전문은행은 낮은 브랜드인지도, 자본력 및 기술력 열세를 극복하지 못하고 실패하고 말았다. 2년을 채 넘기지 못하고 영업을 중단하는 사례가 빈번했고 30여 곳에 달하던 인터넷전문은행은 2000년대 중반 이후 10여 곳으로 줄어들었다. SFNB도 실적악화로 지난 2002년 8월 로열뱅크오브캐나다에 인수돼 온라인뱅킹사업부로 전락했다.

그러나 2000년대 중반 이후 소비자들의 인터넷뱅킹 이용률 증가와 각 업체의 비즈니스모델 차별화 전략으로 인터넷전문은행의 영업실적이 급격히 향상되기 시작했다. 특히 지난 2008년 글로벌 금융위기 이후 기존 은행의 수익성이 크게 떨어지면서 인터넷전문은행의 성장 가능성이 재차 부각됐다.

미국 최대 인터넷전문은행으로 성장한 찰스슈왑뱅크(Charles Schwab Bank)는 모기업인 증권사를 기반으로 고객자산을 직접 운용해 수익률을 높이는 방식으로 신규고객을 늘렸다. '앨리뱅크'는 모기업인 GM의 고객을 기반으로 오토론과 리스사업으로 특화했다. 인터넷을 통해서 예금을 유치한 뒤 딜러 대상의 대출상품과 자동차 할부금융 상품을 출시해 수익을 구현했다.

(2) 일본

일본은 2000년대 초반 '잃어버린 10년'의 과정에서 약화된 금융 중개 기능을 강화하기 위해 인터넷전문은행 설립을 허용했다. 일본 역시 각종 시행착오를 거쳐 설립된 지 4~5년 후 흑자전환 했다. 일본의 인터넷전문은행들은 증권, 유통, 통신과 같은 타 업종과의 협약관계를 통해 비즈니스모델을 특화했다. 현재 SBI스미신, 다이와넥스트, 소니뱅크, 라쿠텐, 지분, 더재팬넷 등 6개 인터넷전문은행이 영업 중이다.

그중 'SBI 스미신 넷 뱅크'가 최대 인터넷전문은행으로 성장하며 시장을 주도하고 있다. 지난 2007년 SBI홀딩스와 미쓰이스미토모신탁은행(SMTB)이 공동 설립한 이 은행은 SBI 시큐리티스(증권사)와 합작해 출시한 복합상품을 비롯 SMTB와 연계한 주택담보대출을 기반으로 최근 5년간 예금규모가 5배 가까이 늘었다.

유통업체의 경우 자신만의 시장을 활용해 특화된 금융서비스를 제공한다. 전자상거래업체인 라쿠텐의 자회사 '라쿠텐뱅크'는 전자상거래, 해외송금, 전자화폐 등의 지급결제업무를 특화한 것이 강점이다. 일본 편의점업체 세븐일레븐의 계열사 '세븐뱅크'는 전국 편의점에 설치된 현금자동입출금기(ATM)를 은행 점포망처럼 활용해 탄탄한 성장가도를 달리고 있다.

(3) 중국

중국에서는 최근 텐센트, 알리바바 등 IT(정보기술)업체들이 스마트폰 전용 인터넷은행을 운영하면서 인터넷전문은행시장이 형성됐다. 지난 2015년 1월 출범한 텐센트의 위뱅크(WeBank)는 SNS, 전자상거래정보 등 빅 데이터를 활용해 신용리스크를 평가하고 신용도가 낮은 고객에게도 대출을 취급한다. 지난 2015년 6월부터 영업을 시작한 알리바바의 '마이뱅크'는 대출·신용·보험결제시스템 등 다양한 금융상품을 취급한다. 텐센트와 알리바바는 회사의 장점을 활용해서 인터넷전문은행을 통해 공격적인 영업을 펼치고 있다.

(4) 유럽

유럽의 인터넷전문은행은 미국과 유사하게 증권사나 보험사 등 비은행 금융기관의 자회사 형태가 대부분이다. 영국의 보험회사 푸르덴셜이 지난 1998년 설립한 에그뱅크는 유럽 최초의 인터넷전문은행이다. 그러나 에그뱅크는 적자 누적에 따른 경영압박으로 지난 2007년 미국 씨티그룹에 매각됐다.

유럽에서는 네덜란드의 'ING다이렉트'가 성공사례로 꼽히고 있다. ING다이렉트는 인터넷은행을 통해 해외진출을 활성화하며 세계적인 명성을 얻었다. ING다이렉트는 1990년대 초중반 사전준비를 거쳐 지난 1997년 캐나다에 첫 진출한 이후 호주, 스페인, 미국, 프랑스, 이탈리아, 영국, 독일, 오스트리아 등 전 세계로 진출했다. 특히 범세계적으로 통용되는 인터넷·모바일서비스를 표준화해 새로운 국가로 진출 시 비용 및 인프라 구축시간을 단축했다.

지난 2009년 설립된 독일의 인터넷전문은행 '피도르은행'은 출범 7년 만에 고객 30만 명을 모았다. IT 자회사인 피도르텍스의 모듈러뱅킹 플랫폼을 활용해 '1분 안에 대출해준다'는 점이 핵심경쟁력이다. 예컨대 199유로를 6개월간 대출해주는 '이머전시론'의 대출절차는 60초 안에 끝난다.

이 밖에 프랑스 BNP파리바은행이 만든 '헬로뱅크'는 스마트폰, 태블릿 등 모바일기기에서 모든 은행서비스를 활용할 수 있게 해 편의성을 높였다. 앱 형태로 전체 은행서비스를 제공하는 100% 모바일은행이다.

5. 가상화폐의 등장

1) 가상화폐란?

가상화폐란 지폐·동전 등의 실물 없이 온라인상에서 거래되는 화폐를 말한다. 가상화폐는 디지털 화폐(Digital Currency), 암호화폐, 가상통화 등으로 불리는데 정부에서는 가상통화라고 부르며, 전문가들 사이에서는 암호화 기술을 이용하는 화폐라는 의미에서 '암호화폐'라는 용어를 사용한다.

가상화폐는 블록체인 기술을 기반으로 하는 분산시스템 방식으로 처리된다. 분산시스템에 참여하는 사람을 채굴자라고 하며 이들은 블록체인 처리의 보상으로 코인 형태의 수수료를 받는다. 이러한 구조로 가상화폐가 유지되기 때문에 화폐 발행에 따른 생산비용이 전혀 들지 않고 이체비용 등 거래비용을 대폭 절감할 수 있다. 또 컴퓨터 하드디스크 등에 저장되기 때문에 보관비용이 들지 않고, 도난·분실의 우려가 없기 때문에 가치저장 수단으로써의 기능도 뛰어나다는 장점을 갖고 있다. 그러나 거래의 비밀성과 익명성 때문에 마약, 도박, 비자금 조성을 위한 자금세탁에 악용될 수 있고, 과세의 어려움 때문에 탈세수단으로 이용될 수 있다는 문제점도 안고 있다.

2) 가상화폐의 등장배경

가상화폐는 지난 2008년 금융위기 속에서 등장했다. 당시 복잡한 파생상품과 무분별한 A등급의 신용승인, 서브프라임 모기지론의 붕괴로 인해 기존 은행 및 화폐 시스템은 한계에 도달했다. 정부와 중앙은행은 돈을 더 찍어내는 양적완화 정책을 선택했지만 이는 시중에 막대한 돈이 풀려 돈의 가치하락으로 이어졌다. 양적환화를 통한 위기 극복은 결국 더 큰 위기를 불러 일으켰다. 이런 기존 변동 환율제도의 문제점을 해결해야 한다는 우려의 목소리와 함께 가상화폐가 등장하게 되었다.

가상화폐는 기존 금융 시스템의 틀을 깨는 방식으로 가치를 저장하면서 각광을 받기 시작했다. 기존 금융시스템에서는 신용이 있는 특정한 사람만이 원장에 접근할 수 있었다. 하지만 가상화폐는 정반대로 모든 사람이 원장에 접근해 내용을 볼 수 있게 했다. 그후 원장을 수정하지 못하게 암호화 하는 사람들을 두면서 화폐의 가치를 보존했다. 기존에 한 개만 있던 원장을 여럿이 공유하였고 이를 암호화하였기 때문에 가상화폐는 '분산된 재해 복구센터'와 '가장 안전한 보안'의 두 가지 장점을 확보하게 되었다.

3) 가상화폐의 미래

지난 2009년 1월 사토시 나카모토라는 필명의 프로그래머에 의해 비트코인이 세상에 모습을 드러냈다. 비트코인 뒤에 숨겨져 있는 블록체인 기술이 지금 세상을 바꾸고 있다. 비트코인 외에도 수많은 가상화폐가 세상에 나오고 있으며, 지금은 천여 개가 넘는 가상화폐가 존재한다.

블록체인이 오픈소스로 만들어져 있기 때문에 누구나 마음만 먹으면 가상화폐를 만드는 것이 가능하다. 비트코인 이외의 다른 가상화폐들도 모두 블록체인 기술을 기반으로 하기 때문에 기본 원리는 같지만 비트코인과는 다른 새로운 기능들을 추가하면서 빠르게 진화되고 있다. 여기서 놀라운 것은 비트코인을 비롯한 다른 가상화폐들이 달러와 경쟁한다는 것이다.

역사상 화폐라는 것은 국가라는 권력 하에 만들어졌다. 그런데 가상화폐는 국가 권력과 상관없이 누구나 만들 수 있다. 지난 2016년 다보스 포럼에서 4차 산업혁명 시대에 가장 중요한 기술은 빅데이터와 블록체인이라고 언급한 바 있다. 여기서 오는 2023년에는 정부의 기능이 블록체인에 의해 크게 바뀔 것이라고 했고 2027년에는 비트코인이 금융을 크게 바꿀 것이라고 예측했다. 오는 2027년 약 10년 뒤에는 전 세계에 유통되는 비트코인을 비롯한 가상화폐의 규모가 전 세계 GDP의 10%가 넘어갈 것이라고 예측하고 있다. 비트코인의 현재 시가총액이 약 20조 원 가량 되고 있는데 앞으로 약 10년 뒤 쯤 이면 우리나라 총 GDP의 약 7배 정도의 규모로 엄청난 성장을 한다는 것이다. 그리고 그 이후의 성장은 더욱 빠를 것이다. 이 모든 것들이 국가가 개입하지 않고 민간이 발행한 것이고 국제화폐의 가치가 이렇게 성장한다는 것이 놀랍다.

　블록체인에는 지금까지 설명한 것과 같이 비트코인과 같은 가상화폐를 만들어내는 퍼블릭 블록체인이 있고 전 세계 대대수의 은행들이나 정부가 엄청난 자금을 투자해서 개발하고 있는 프라이빗 블록체인이 있다. 은행에서 블록체인 기술에 투자를 하는 이유 중의 하나는 비용을 줄이기 위함이다. 전 세계 은행을 비롯한 전체 금융업에서 IT관련 비용이 약 100조 가량 된다고 하는데 블록체인 기술을 도입하게 되면 이 비용을 절반정도로 줄일 수 있다고 한다. 앞으로는 금융계통에서 블록체인을 도입하지 않으면 살아남을 수 없는 시대가 될 것이다.

[그림8] 〈출처 : http://biz.chosun.com, 조선비즈, 2017-12-05〉

'금융은 필요하지만 은행은 사라질 것(Banking is necessary, Banks are not)'이라고 말한 빌 게이츠의 예언이 점차 현실로 다가오고 있다. 핀테크의 발전으로 혁신적인 금융 서비스들이 속속 등장하고 있다. 요즘은 미리 계좌를 등록해 두면 은행 대표번호를 통해 '아내, 100만원'과 같이 문자메시지를 보내는 것만으로 송금을 할 수 있다. 홍채인증이나 정맥정보로 결제하는 '바이오 페이'도 곧 출시된다. 인공지능(AI)은 한때 600명에 달하던 골드만삭스 주식 매매 트레이더를 단 두 명만 남게 했다.

글로벌 금융은 기존 관행들이 송두리째 바뀌는 패러다임의 변화에 직면해 있다. 지급결제와 송금, 대출과 투자, 자산운용 등 과거에는 금융회사들의 전유물이었던 서비스를 고객들이 핀테크에 힘입어 온라인 플랫폼에서 직접 주도하는 금융의 시대가 개막한 것이다. 정보기술과 결합한 금융의 발전은 산업 간 경계마저 허물고 있다. 아마존이 지난해 선보인 AI 기반의 무인 마트 아마존고(Amazon Go)에는 점원은 물론 계산대나 결제 단말기도 없다. 아마존 계정만 있으면 본인 인증을 마친 후 사고 싶은 물건을 들고 나오면 자동으로 결제가 이뤄진다. 혁신의 물결이 금융을 넘어 유통질서마저 바꾸고 있다.

1) 눈앞에 다가온 '현금 없는 사회'

지난 1661년 유럽에서 가장 먼저 지폐를 발행한 스웨덴은 이제 세계에서 가장 현금을 안 쓰는 나라로 불리고 있다. 스웨덴의 지난 2016년 현금 결제 비율은 15%로 4년 전(35%)에 비해 절반 이상 줄었다. 스웨덴 정부는 오는 2030년이면 현금 사용이 완전히 사라질 것으로 예측하고 있다. 한국에서도 현금 사용 비중이 빠르게 줄고 있다. 지난 2014년 37.7%에 달하던 현금 사용 비중이 2016년 26%로 줄었다.

변화는 모바일 지급 결제 시스템 덕분이다. 기존 신용카드 결제 방식을 보다 간편하게 바꾼 모바일 지급결제 시스템은 실물 화폐의 필요성을 점점 떨어뜨리고 있다. 스웨덴에서는 모바일 결제 애플리케이션 '아이제틀'의 매출액이 작년 한 해 동안 30%나 늘었다. 스마트 폰만 있으면 어디서나 결제가 가능하기 때문에 계산대를 갖추기 어려운 작은 점포나 노점에서 큰 인기를 끌고 있다.

2) 은행 대신 P2P 대출

금융의 혁신 기술은 은행을 기반으로 하던 전통적인 금리 수수료 체계도 붕괴시키고 있다. 가장 대표적인 예가 P2P(peer to peer·개인 간) 대출이다. 과거 대출의 중심은 은행이었다. 공급자 중심의 은행 기반 대출 구조 속에서는 돈을 맡기는 고객도, 돈을 빌리는 고객도 은행의 결정에 이의를 제기할 수 없었다. 하지만 P2P 대출은 다르다. 원하는 금리에 돈을 빌릴 수도, 돈을 빌려줄 수도 있다.

미국에서는 P2P업체들이 온라인 대출시장에서 빠른 성장을 거듭하며 기존 은행의 사업 영역을 잠식하고 있다. 선발업체인 렌딩클럽은 홈페이지에서 대출 신청서를 작성한 개인들 가운데 대출 가능자를 선발하고 이들을 다시 A~G단계의 신용등급으로 분류해 온라인 플랫폼에 올려놓는다. 개인 투자자들은 대출 신청자 명단을 보고 자신들이 원하는 사람에게 투자를 하고 신용등급에 따른 금액을 수수료로 받는다.

3) 로보어드바이저의 자산관리

미래 금융의 변화는 AI와 빅 데이터의 융합이 이끌게 될 것이다. 디지털 컨버전스는 과거에는 전혀 상상하지 못했던 새로운 사업과 서비스, 비즈니스 모델을 만들고 있다. 로보어드바이저의 진화가 대표적 사례다. 로보어드바이저는 처음 비합리적인 인간의 투자를 데이터에 기반한 객관적인 투자로 바로잡는 역할을 했다. 하지만 빅 데이터를 스스로 수집하고 분석하는 수준에 이르자 로보어드바이저의 수익률은 인간을 뛰어넘었다.

4) 지점 없는 은행

금융 개혁이 가장 빠르게 진행되고 있는 유럽에서는 지난 5년간 2만개가 넘는 은행 지점들이 문을 닫았다. 지난 2009년 글로벌 금융위기 이후 약 10%의 은행 지점들이 사라졌으며 이런 추세는 더욱 빨라지고 있다. 영국의 경우 지난 1990년 이후 약 7,500개 은행 지점들이 문을 닫았는데 이는 영국 내 전체 은행 지점의 40%에 달하는 숫자다. 덴마크는 최근 4년간 전체 은행 지점의 3분의 1이, 네덜란드는 4분의 1이 각각 문을 닫았다. 스페인도 지난 2009년 이후 은행 지점 숫자가 17% 감소했고 독일은 8%의 은행 지점들이 줄었다.

한국도 더디지만 비슷하게 가고 있다. 금융감독원에 따르면 지난 2011년 말 5,606개였던 은행 지점은 5년 만에 5,136개로 470개 (8.4%)가 사라졌다.

Epilogue

 그 동안 보고, 듣고, 경험한 실전을 바탕으로 퇴직 후 가벼운 마음으로 펜을 들었으나 짧은 기간에 집필을 한다는 것은 많은 어려움이 따랐다. 금융기관에 오랫동안 근무하면서 해당 분야에 대해 나름대로 이론과 실전을 겸비했다고 생각했지만 핀테크 산업은 넓고 앞으로 해야 할 일은 많았다.

 4차 산업혁명 시대에 접어들어 많은 변화가 일어나고 있다. 그중 하나가 금융의 변화다. 자료들을 수집하고 정리하면서 선진국의 핀테크 사례도 좀 더 연구하게 됐고 우리나라 핀테크 산업의 현주소도 알게 됐다.

 앞으로 더 많은 금융의 패러다임이 변화할 것이고 소비자의 니즈와 인터넷, 모바일의 발달에 따른 금융의 패턴도 보다 다양한 형태로 쉽고, 간편하고, 정확한 방향으로 변모해 갈 것이다. 아마 우리가 상상할 수 없는 획기적인 형태의 금융도 머지않은 미래 속에 존재하게 될 것만 같다.

 오랜 세월 금융기관에 몸 담아왔지만 요즘처럼 4차 산업혁명 시대를 맞아, 변화하고 있는 금융세계를 바라보는 것은 참으로 놀랍기만 하다. 심지어 가상화폐까지 탄생을 하지 않았는가? 아무도 가상화폐의 탄생을 쉽게 예고하진 못했을 것이다. 그러나 이제 이것이 현실이 되어 '가상화폐 도시'까지 구축되어 가고 있는 추세 속에서 우리가 살고 있다. 이것이 우리의 현실이며 동시에 미래이기도 하다.

비록 미흡하지만 이 책이 새롭게 핀테크를 접하는 분들께 조금이 나마 도움이 되었으면 하는 바람이다. 앞으로 많은 젊은 분들이 선진화된 핀테크 기술을 연구하고 스타트업을 창업해 우리나라 금융 산업이 더 한층 발전하기를 기대한다.

참고자료

- [금융의 미래]IT 만난 금융... 현금 사라지고 핀테크 혁명 확산되다 | Chosun Biz
- 전자금융이 쌓아 온 금융아성 핀테크가 뒤흔든다 | LG경제연구원
- 비트코인을 비롯한 디지털화폐의 미래 | 작성자 hahavirus
- 중앙시사매거진 1314호(2015.12.14.)
- 한경 경제용어사전, 위키백과사전, 두산백과사전, 매일경제용어사전, 금융용어사전(금융위)

4

비트코인과 블록체인 그리고
암호화화폐 최신 트렌드

김 재 남

영산대학교 평생교육원 겸임교수와 더불어 민주당 인재영입 부위원장을 거쳐 4차 산업혁명 연구원 강사로 활동했다.

이메일 : Ulsan2018@daum.net
연락처 : 010-2212-5775

비트코인과 블록체인 그리고
암호화화폐 최신 트렌드

세상이 참으로 좋아졌다. 이제 1차, 2차, 3차를 넘어 4차 산업혁명 시대 속에 살고 있다. 4차 산업혁명이 도래하면서 우리 삶 속에 과연 어떤 변화가 일어난 것이며 일어날 것인가!

연일 계속 되는 4차 산업혁명의 결과물들 속에서 필자의 시선을 사로잡은 것이 바로 '비트코인'이다. 연일 쏟아져 나오는 뉴스 속에서 가상화폐는 컴퓨터 등에 정보 형태로 남아 실물 없이 사이버 상으로만 거래되는 전자화폐의 일종으로, 각국 정부나 중앙은행이 발행하는 일반 화폐와 달리 처음 고안한 사람이 정한 규칙에 따라 가치가 매겨진다.

가상화폐는 '디지털 화폐(Digital Currency) 즉 최근에는 암호화 기술을 사용하는 화폐라는 의미로 '암호화폐'라고 부르며 정부는 '가상통화'라는 용어를 사용한다. 대표적인 암호화화폐는 지난 2009년 비트코인 개발을 시작으로 2017년까지 무려 1,000여 개가 개발됐으며 비트코인은 2009년 1월 사토시 나카모토라는 필명의 프로그래머가 개발한 암호화폐이다.(참고 : 네이버 지식백과)

국내에서는 이 가상화폐를 화폐로 보느냐 아니냐 하는 문제로 많은 논란이 일어났고 지금도 그 파장은 계속 이어지고 있는 가운데 구글은 가상 화폐와 관련된 광고에 대한 금지 조치를 철회했다. CNBC의 보도에 따르면 구글은 지난 10월부터 일본과 미국에서 규제 당국의 인가를 받은 가상 화폐 거래소에 대한 광고를 게재할 수 있도록 했다. 가상 화폐 관련 사기피해가 빈번해지자 구글은 올해 6월부터 가상 화폐에 관한 광고를 전면 금지했었다. 이번 금지 조치 해제는 구글이 세계 규제 당국(특히 미국과 일본)의 대처를 높이 평가했기 때문인 것으로 예상된다. 다만 ICO나 지갑 등의 광고는 향후 계속 금지된다.

비트코인 전문가이자 피츠버그대학 교수인 크리스 윌머(Chris Wilmer)는 '이는 비트코인과 이더리움 등 주요 가상 화폐에 있어서 긍정적인 뉴스'라고 평가했다. 이어서 '비트코인은 새로운 형태의 통화로 다양한 이용 사례가 등장하고 있다. 구글과 페이스북 등이 악질적인 가상 화폐 관련 광고를 제재하는 것은 당연한 조치지만, 모든 광고를 금지한 것은 잘못된 일'이라고 지난 9월 27일 베타뉴스는 보도했다.

가상화폐는 마치 지난 날 주식처럼 많은 이들의 관심과 이목이 집중되고 있으면서도 한편 아직 반신반의하는 대중들에 의해 보편화·대중화 되지는 못하고 있는 실정이나 필자가 이 글을 쓰는 이 시간에도 비트코인 시세는 상승세를 보이고 있다.

필자는 본문을 통해 이처럼 시시각각 변화를 거듭하면서 세계인들의 관심 속에 성장을 거듭하고 있는 비트코인에 대해 접근해 보고자 한다.

1. 비트코인이 뭘까?

1) 비트코인 탄생

현재 우리가 사용하고 있는 화폐제도에 대한 문제점은 지난 2008년 미국 발 금융대란이 발발하기 이전에도 금융인들과 학자들 사이에서 논의 돼왔다. 이와 같은 문제점은 위에 화폐에 문제에 대해서도 대략 언급했다. 이런 배경 속에서 비트코인이 탄생된 것이다. 비트코인은 '암호화폐'이며 '가상화폐'의 대표 격이다. 약 30년 전부터 암호화폐에 대한 꾸준한 연구가 있어왔지만 지금의 블록체인 시스템과 같은 이중지불을 방지하고 개인과 개인이 완벽하게 거래할 수 있는 기술을 실현하지 못했다. 그리고 산업 전체에 프레임이 바뀌는 4차 산업혁명 사회를 압둔 디지털 금융사회에서 더 이상의 기존의 불합리한 화폐제도 플랫폼은 개선돼야한다는 총체적인 시도가 바로 블록체인 기술을 통한 비트코인이 탄생하게 된 배경인 것이다.

비트코인은 컴퓨터 네트워크상에서 데이터로만 존재하는 가상화폐이다. 비트코인은 지금의 화폐와는 달리 국가나 기관의 통제를 벗어난 발행주체가 정해져있지 않다. 인터넷상에서 누구나 참여할 수 있으며 발행주체가 될 수 있다. 앞장에서 언급한 것처럼 오픈돼 있는 장부이기 때문에 더 안전하게 돼버린 획기적인 발상의 전환이다. 비트코인이 가지는 또 하나의 가치는 지금의 화폐처럼 마음만 먹으면 국가나 단체에서 발행량을 마음대로 늘려갈 수 있는 구조가 아니라는 것이다. 다시 말하면 발행량이 제한돼있다.

비트코인의 발행량은 오는 2140년까지 2,100만개로 제한 돼있다. 2,100만개의 숫자는 궁극적으로 현재 70억 전 지구인구가 사용하기에는 턱없이 부족한 숫자일 듯 보이지만 소수점 8자리까지 쪼개서 사용할 수 있기 때문에 결국 2100만 * 1,000만을 한다면 210,000,000,000,000 이라는 충분한 양의 화폐로 쓸 수 있도록 만들어져 있다.

블록체인의 블록이란 전 세계 거래 또는 생성되는 비트코인에 데이터를 10분 단위로 만들어지는 장부를 의미한다(일반인들이 말하는 채굴이란 10분 단위에 이 장부가 만들어지는 것을 말하는 것). 체인이란 이런 10분 단위의 장부들이 서로 유기적으로 연결된 고리를 마치 체인처럼 맞물려 있다는 뜻으로 블록체인이라고 명명한다.

비트코인은 현재 시가로 $4,000 달러를 상회하는 가치로 거래된다. 1 BTC이 $4,000 이상의 돈으로 사용될 수 있다는 뜻이다. 미국의 일부 주 대부분의 유럽, 캐나다, 호주, 일본 등의 국가에서는 이미 자국의 화폐 대용으로 사용하고 있다. 그리고 이러한 확산은 점차 나머지 국가로 퍼져 나갈 것이다.

2) 사토시 나카모토 논문

사토시 나카모토가 쓴 논문의 본질은 제도권 또는 중앙화 된 현재까지에 거대한 공룡 같은 금융집단의 모순에서 그 누구도 인위적으로 조작할 수 없는 탈 금융 화 된 최초의 탈중앙화 된 금융에 민주화를 블록체인이라는 새로운 개념의 알고리즘으로 해결책을 모색하려했다. 그 기술적 바탕위에 오른 것이 바로 비트코인이다. 이러한 인터넷 화폐는 지난 30년 동안 꾸준히 연구돼 왔으나 이중지불에 문제, 보안의 문제 등으로 정체 돼있는 상황이었다.

그러나 사토시 나카모토는 이러한 문제를 블록체인이라는 완벽한 시스템으로 최초의 무결점에 인터넷 화폐를 발행하는 시초가 됐다. 이제 이 블록체인 덕에 더 이상 우리는 은행 또는 제3자 지불 보증 대행이 필요하지 않게 됐다. 그리고 전 세계 은행계좌를 가지고 있지 않은 70%에 모든 비 금융권 지역의 사람들에게도 인터넷이 연결된다면 또는 스마트 폰만 갖고 있다면 누구든지 개인과 개인이 서로 돈을 거래할 수 있게 됐다.

2. 블록체인은 또 뭐지?

온라인상에서 일어나는 가장 치명적이고 골치 아픈 문제인 보안 문제를 해결했다. 폐쇄적 사회에서 분산, 공유사회로의 길을 모색했다.

전 세계 75억 인구 중 비 은행권 65억 인구에게 금융참여의 새로운 길을 열다. 기존화폐의 문제점을 넘어서 4차 산업사회에 걸맞은 화폐의 대안을 제시했다. 경제의 새로운 패러다임을 열었다.

인터넷기반 사회의 정점을 찍은 활용도가 무궁무진한 원천기술이다. 사회변화의 트렌드인 공유, 탈중앙화, SNS, P2P 등에 가장 부합하는 새로운 플랫폼이다.

1) 블록체인이란?

누구나 열람할 수 있는 장부에 거래 내역을 투명하게 기록하고 여러 대의 컴퓨터에 이를 복제해 저장하는 분산 형 데이터 저장기술을 '블록체인'이라고 한다. 블록체인은 지난 2007년 글로벌 금융위기 사태를 통해 중앙집권화 된 금융시스템의 위험성을 인지하고 개인 간 거래가 가능하도록 기술을 고안해낸 것이다.

블록체인 기술은 단지 '분산형 장부', 'P2P 방식', '이중지불방지', '무3자 보증' 등의 기술적 부분만 아니라 인터넷 사용과 더불어 많은 사회, 금융, 정보기술의 변화에 다시 하나의 큰 정점을 찍는 가히 새로운 패러다임으로 여겨진다.

박영숙 유엔미래포럼 대표는 '유엔미래보고서 2050'에서 미래를 바꿀 놀라운 기술 10선 중 하나로 블록체인을 꼽았다. 박 대표는 블록체인이 '스마트 계약'을 가능하게 해 금융 시스템과 행정 시스템까지 뒤바꿔 놓을 것이라고 예상했다.

비트코인이란 탈 중앙형 화폐의 생태계를 만들기 위해 탄생한 블록체인 기술은 대략 이렇다.

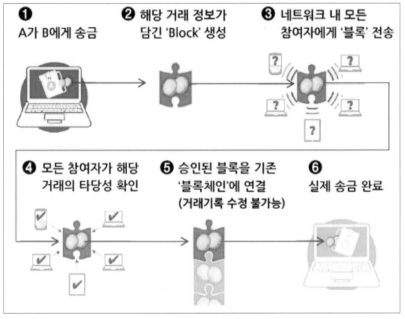

[그림1] (출처: [2016년 정보보호 핫이슈 10] ②핀테크, 데이터넷(http://www.datanet.co.kr) http://www.datanet.co.kr/news/articleView.html?idxno=96692)

모든 비트코인 사용자는 P2P 네트워크에 접속해 똑같은 거래장부 사본을 나눠 보관한다. 이 거래장부는 10분에 한 번씩 최신 상태로 갱신된다. 몇몇 사람이 장부를 멋대로 조작할 수 없도록 과반수가 인정한 거래 내역만 장부에 기록한다. 기존 장부가 훼손된 곳이 있으면 다른 사람의 멀쩡한 장부를 복제해 빈 곳을 메운다.

10분에 한 번씩 만드는 거래 내역 묶음을 '블록(block)'이라고 부른다. 블록체인은 비트코인 거래 기록이 저장된 거래장부 전체, 즉 데이터베이스(DB)를 가리킨다. 거래 장부를 공개, 분산해 관리한다는 뜻으로 '공공 거래장부' 또는 '분산 거래장부(distributed ledgers)'로도 불린다. 더 구체적으로 설명하면 블록체인 기반 거래는 대략 6단계를 거친다.

① 만약 A가 B에게 돈을 보내려고 하면
② 온라인에서 이 거래 내용이 담긴 블록이 형성된다.
③ 이 블록은 네트워크상의 모든 참여자에게 전송되며
④ 네트워크에 있는 모든 참여자가 해당 거래의 타당성을 확인한다.
⑤ 승인된 블록이 기존 블록체인에 연결되며
⑥ 실제 송금이 완성되는 것이다.

블록체인을 도입하면 금융기관이 보안과 비용 절감이라는 두 마리 토끼를 잡을 수 있다고 한다. 특정 기관이 보안 시스템을 관리하면 해당 보안 시스템만 뚫으면 되기 때문에 보안에 취약하다. 그러나 블록체인은 참여자의 공개적인 공동 관리와 10분마다의 장부 갱신을 통해 안전하고 신뢰할 수 있는 금융거래를 할 수 있다.

블록체인은 새 블록이 만들어지면 참여자들이 기존에 갖고 있던 장부들과 일일이 비교하는 작업을 거친다. 이 때 내용이 조금이라도 다르면 그 블록은 시스템에 등록되지 못한다. 장부를 조작하려면 장부를 보관하고 있는 모든 참여자의 컴퓨터를 해킹해서 거래 장부 전체를 조작해야 하는데, 이전 블록을 정교하게 참조하고 있는 블록체인이 수시로 업데이트 되는 특성이 있어 장부 거래 조작은 사실상 불가능하다. 해킹이 거의 불가능하다는 뜻이다.

2) 블록체인의 무한 잠재력

카운터포인트 리서치 보고서에 의하면 블록체인은 미래에 엄청난 수의 디바이스의 공공 원장 역할을 하게 될 것이다. 더 이상 중앙 허브와의 중간 커뮤니케이션이 필요 없는 단계에 이를 것으로 전망하고 있다. 디바이스들은 서로 자율적인 커뮤니케이션을 통해 소프트웨어 업데이트, 버그 또는 에너지 관리 등을 수행할 것이다.

블록체인이 제공하는 보안은 인증 용도로써의 중앙 허브에 대한 니즈를 경감시키는 효과를 기대해볼 수 있다. 블록체인 기술을 IoT 플랫폼에 구축하는 것을 시도하는 스타트업도 등장하고 있다. 필라멘트(Filament, 구 Pinocchio)는 IoT 센서들이 서로 커뮤니케이션 할 수 있는 분권화된 네트워크를 제공한다. 그 어떤 디바이스라도 중앙 당국으로부터 독립돼 서로 연결하고, 소통하며 거래할 수 있다고 한다.

현재 IoT 보안 책으로 블록체인의 개발은 매우 초기 단계라고 볼 수 있다. 이는 한편 보안 대책으로써의 블록체인의 급속도의 발전과 가까운 미래에 IoT 보안과 개인정보보호의 매우 강력하고 효과적인 툴로 부상하는 것도 가능할 것으로 기대해 볼 수 있다.

최근 블록체인 기술이 금융을 중심으로 전자상거래, 유통, 제조 등 산업 전 영역에 적용될 것으로 전망되는 가운데 공공영역에서 공공 블록체인 플랫폼을 구축하고 있다.

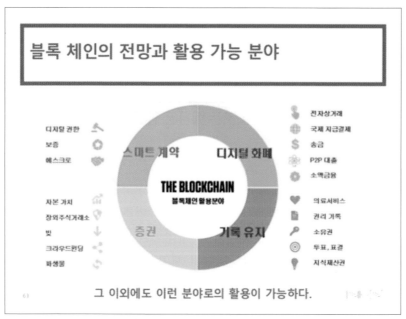

[그림2] 블록체인의 전망과 활용 가능 분야
(출처: '국내외 금융분야 블록체인(Blockchain) 활용동향', 금융보안원)

3. 암호화 화폐 최신 트렌드와 전망

　전자정부에 블록체인을 성공적으로 도입한 에스토니아는 정부 주도의 디지털 프로젝트(e-Estonia) 추진으로 데이터플랫폼(X-Road)을 통한 전자투표, 의료처방, 세금납부 등 공공서비스를 제공하고 있다. 국민의 98%가 보유한 '전자신분증(e-ID)'으로 은행과 개인정보 관련 업무가 가능하며, 세계 최초 도입된 '전자투표(i-Voting)'로 안전하고 효율적인 투표시스템을 운영하고 있다. 또한 온라인으로 발급 받을 수 있는 '전자영주권(e-Residency)'으로 법인설립과 운영, 은행계좌 개설 등이 가능해 현재 150여 개국 3만여 명에게 발급했다.

　또한 블록체인에 대한 관심은 점점 커져서 블록체인 기술을 활용한 관련 특허도 급증하고 있다. 지난 2017년 말 특허청에 따르면 블록체인 기술에 대한 특허출원은 2013년부터 지난 8월까지 모두 240건으로 집계됐다. 지난 2013년 3건, 2014년 5건에 그쳤으나 2015년 24건, 2016년 94건으로 늘어나더니 2017년에는 114건으로 급증했다.

　블록체인에 대한 특허가 이처럼 늘어나는 이유는 무엇일까? 블록체인은 보안 기술의 새로운 집약 판으로 많은 영역에서 활용할 수 있기 때문이다. 현재는 금융 분야에서 사용하고 있지만 앞으로 사물인터넷, 인공지능 등의 기술과 융합돼 유통, 에너지, 헬스케어, 미디어, 콘텐츠, 공유 경제 등에도 쓰일 전망이다. 이로써 4차 산업혁명의 생태계를 뒷받침할 기술적 기반이 마련될 것이다.

[그림3] 블록체인

1) 스팀잇(Steemit)

해외에 흥미로운 블록체인 사례가 있는데 바로 '스팀잇 (Steemit)'이다. 스팀잇은 블록체인 기반의 암호화폐 중 하나인 스 팀 (Steem)을 기반으로 운영되는 소셜 미디어다. 기존 소셜미디어 중 페이스북과 블로그, 인스타그램, 유튜브 등은 멋진 글과 사진, 영상을 올리면 많은 사용자들이 찾아와서 관심을 표시한다. 하지 만 창작자에게 돌아오는 실질적인 보상은 없었다. 하지만 스팀잇 은 글이나 그림, 영상을 올리면 스팀잇 방문자들이 일주일 동안 '좋 아요'를 누르는 행위와 같은 의미인 보팅(Voting:투표)을 한다. 보 팅을 받으면 블록체인에 저장된 시스템에 따라 스팀이라는 토큰이 쌓이는데 일주일 뒤에 보팅 받은 스팀의 75%를 작성자가, 25%를 보팅 참여자가 보상으로 받으며 암호화폐 거래소를 통해 스팀을 돈으로 환전할 수 있다.

블록체인 방식으로 분산 저장되기 때문에 글 작성 후 일주일이 지나면 수정이나 삭제가 불가능하다. 비트코인이 어려운 수학 연산을 푸는 보상으로 암호화폐를 지급한다면, 스팀잇은 콘텐츠 생산과 기여에 따른 대가로 암호화폐를 주는 것이다.

2) 쿨커즌(CoolCousin)

최근 이스라엘의 블록체인 기반 P2P 여행 플랫폼인 '쿨커즌(CoolCousin)'은 국내 시장 공략에 나섰다. 지난 2016년에 처음 출시된 쿨커즌은 현지인들로 구성된 쿨커즌 커뮤니티를 통해 여행자들에게 색다른 여행 정보를 제공하는 서비스다. 여기에 블록체인 기술을 더해 현지 주민들이 여행자에게 정보와 부가적인 서비스를 공유하고 여행자들은 자신의 여행 후기를 남겨 쿨커즌의 자체 유틸리티 토큰 커즈를 얻을 수 있다.

[그림4] 여행 플랫폼 쿨커즌

국내 사례로는 블록체인 포털 알지오(ALLGIO)가 있다. 예를 들어 해외여행을 다녀온 뒤 해당 지역 정보를 다룬 블록을 생성하면 현지 문화나 음식, 교통 등에 관한 다른 블록과 연계해 생태계를 확장함으로써 방문자를 늘려 보상을 받게 되는 식이다. 박은수 대표는 "이 과정에서 다음 달 중 블록체인 기술로 콘텐츠 권한을 제공자가 가지면서 블록을 활성화할 수 있는 시스템을 구축하고 알지오(Allgio) 코인으로 보상하는 시스템을 선보이겠다"고 말했다.

다시 말해 블록체인 기반 포털서비스를 통해 구글이나 네이버 등 기존 골리앗과 같은 포털에 도전장을 내민다는 얘기다.(출처 : 서울경제신문 기사 2018.07. 07 / http://www.sedaily.com/NewsView/1S1ZR464XC)

[그림5] 블록포털 알지오

3) 메이벅스(maybugs)

요즘 유명세를 타고 있는 보상형 블로그폼인 '메이벅스(maybugs)'도 있다. 메이벅스는 자신의 일상에 대한 블로그 포스팅만 해도 다양한 보상이 지원된다. 글로벌 보상 플랫폼인 스팀잇과 함께 국내에서 SNS 및 보상형 블로그 생태계를 양분하고 있다. 특히 댓글만 달아도 꼬박꼬박 보상을 해주고 있어 수 만 명의 유저들이 메이벅스에 큰 관심을 보이고 있다. 여기서 보상은 바로 현금으로 연결됨으로써 런칭 3개월도 안 돼 화제몰이를 하고 있다. 포스팅의 콘텐츠 질과 타 유저의 호응에 따라 보상의 기준이 달라질 수 있지만 하루 한 두 시간 메이벅스 블로그에 투자하면 한 달에 30~40만원은 벌 수 있다는 것은 큰 장점으로 작용한다.

반면 기존의 네이버 및 다음 블로그에서는 아무리 좋은 콘텐츠와 블로그를 올려도 정작 콘텐츠를 올린 회원에게는 아무런 혜택이 돌아가지 않았다. 이런 가운데 국내 유일의 보상형 블로그인 메이벅스에는 한 달간 블로그 포스팅을 통해 100만원 가치가 넘는 보상을 받고 있는 유저들도 많이 보유하고 있는 것으로 알려졌다.(출처 : 헤럴드경제신문 기사 2018.06.25.)

[그림6] 메이벅스

4) 엑스블록시스템즈(Xblocksystems)

의료 분야에 블록체인 기술을 접목한 플랫폼도 등장하고 있다. 블록체인 플랫폼 전문기업 '엑스블록시스템즈(Xblocksystems)'는 '의료제증명서비스'를 준비하고 있다. 엑스블록시스템즈의 의료제증명서비스는 본인인증 단계에서부터 의료제증명서류가 발급되고 유통되는 모든 과정을 블록체인을 기반으로 검증하게 된다.

문서를 받는 수신자는 제증명서류가 블록체인 상에서 위·변조가 발생하지 않았는지 확인만 하면 종이 문서와 동일한 효력으로 이를 대신할 수 있게 된다. 이를 위해 엑스블록시스템즈는 전국 약 500여 개 대형 병·의원 의료정보통합시스템을 구축한 솔루션 업체와 시스템 표준화 작업을 진행하고 있으며 연말께 실제 병원시스템에 적용 가능할 것으로 보고 있다.

국내외 기업들의 관심이 블록체인 기술을 향하고 있다. 의료, 유통, 에너지 등 분야를 불문하고 블록체인 기술을 접목한 4차 산업혁명 시대의 새 먹거리를 찾아 나서기에 분주하다.

Epilogue

가상화폐, 암호화화폐, 비트코인, 블록체인은 그 의미가 조금씩 다르긴 하지만 이 단어들이 우리에게 낯설지 않은 것으로 다가온 것은 불과 얼마 되지 않은 일이다. 바로 4차 산업혁명이란 단어와 함께 이 단어들도 우리 삶 가운데 한 자리를 차지하고 있다. 또한 세계 각국에서는 블록체인, 가상화폐를 도입해 이미 상당히 앞선 활용가치를 보여주고 있다.

블록체인이 우리에게 다가왔을 때 일부에서는 지난 세월 속에 한때 열광했던 주식이나 증권이란 단어를 떠올렸을 것이다. '블록체인이 뭐야?', '주식이나 증권과 어떻게 달라?', '블록체인이 돈이야 뭐야?', '블록체인을 돈처럼 활용하고 생각해도 되는 거야?' 이런 질문들을 한 번 쯤은 해 봤을 것이다.

그럼에도 많은 사람들이 블록체인에 관심을 늦추질 못하는 것은 블록체인이 적용되는 범위가 점차 넓어지면서 우리 생활 가운데 활용범위도 넓어지고 있기 때문이다. 블록체인은 본문에서도 살펴봤지만 화폐가치만이 아니라 금융·산업·의료·유통·에너지 분야 등 다양한 분야에서 적용되고 있음을 볼 수 있다.

세월이 가면서 이제 점차 지갑의 필요성이 없어지고 있다. 대부분 경제·소비활동을 모바일이나 인터넷을 통해 하고 있으며 이제는 블록체인까지 등장해 그 세를 확장하고 있다. 필자가 본문을 통해 블록체인과 최신 트렌드를 소개한 것은 많은 사람들에게 악영향으로 큰 피해를 주었던 주식이나 증권과 동격으로 보지 않기를 바라는 마음도 있다.

아직은 다소 낯설고 의문점이 많은 블록체인이지만 블록체인도 유용한 가치를 지니고 있고 4차 산업혁명 시대 속에서 꼭 필요한 수순을 밟으면서 성장·확대하고 있다. 따라서 필자가 주장하고 싶은 것은 좀 더 블록체인에 대해 정확히 알고 접근하고 활용한다면 이것이 갖고 있는 유용한 가치도 함께 우리가 누리고 활용할 수 있다는 것이다. 이 또한 4차 산업혁명 시대를 살아가는 우리가 누려야 할 것들 중 하나이기 때문이다.

〈전문용어 해설〉

비트코인 : 지난 2009년 나카모토 사토시가 만든 디지털 통화로, 통화를 발행하고 관리하는 주체를 갖고 있지 않다. 즉 한국은행에서 지폐를 만들고 공급하지 않는다는 것이다. 통화를 관리하는 주체가 없으며 P2P 기반 분산데이터베이스에 의해 이뤄진다. 비트코인을 거래할 수 있는 계좌를 지갑으로 명칭하며 이 지갑에는 고유의 주소가 부여되며 주소를 기반으로 비트코인의 거래가 이뤄지게 된다.

P2P : 인터넷에 연결돼 있는 여러 가지 형태의 리소스 (저장 공간, CPU 파워, 콘텐츠, 그리고 연결된 컴퓨터를 쓰고 있는 사람 그 자체)를 이용하는 일종의 응용 프로그램이다. 그런데 이들은 고정된 IP주소도 없고, 연결이 됐다 안 됐다 하는 '불안정한' 형태로 존재하는 분산된 리소스이다. 따라서 P2P 노드는 종래의

DNS '바깥에서' 운용될 수밖에 없으며 강력한 중앙의 서버들의 영향력이 미치지 않는다. 바로 이 점이 P2P를 독보적으로 만드는 핵심이다. P2P 디자이너들은 그런 특징을 활용해서 CPU 싸이클을 모을 수 있는 방법, 파일을 공유할 수 있는 방법, 채팅하는 방법 등을 찾아내고자 하는 것이다. 문제는 어떤 방향으로 활용할 수 있느냐라는 것이다. 최근 인터넷 상에서 사용자끼리 파일을 주고받는 형식으로 많이 사용되고 있으며 웹하드 형식으로 발전돼서 사용되고 있는 것이다.

Block : 비트코인의 거래 내역을 10분 단위로 정리한 장부를 블록이라 한다.

Chain : 매 10분마다 생성되는 블록을 연결하는 고리이다. 앞 블록은 뒤 블록과 아귀가 맞도록 해 블록들의 무결성을 확인하기 위한 장치이다.

수학문제 : 비트코인에 관해 설명할 때, 해시를 이용해 블록체인을 생성하는 과정을 흔히 '수학문제를 푼다'고 표현한다.

블록체인 : 비트코인을 설명하는데 가장 많이 언급되는 명칭 중에 하나이다. 블록체인의 핵심은 몇 가지로 나눠 볼 수 있다.
1. 은행을 통하지 않기 때문에 환전 및 송금에 대한 수수료를 아낄 수 있다.
2. 서버가 필요 없는 클라우드 저장소를 가지고 있어 해킹으로부터 안전성을 갖는다.
블록체인은 '공공 거래장부'라고도 말한다. 거래장부를 공개해 사용한다는 것이다. 거래장부는 금융거래에서 가장 중요한 부분이다. 돈의 입출금에 대해서 기록한다는 것은 이 기록된 내용을 바탕으로 금융거래가 이뤄지기 때문이다. 그럼 이 중요한 거래장부를 어떻게 보관하고 관리하느냐가 핵심이 된다. 카드회사나 은행은 거래장부를 안전하게 보호하기 위해서 프로그램, 보안업체, 보안직원 등을 고용해 문제가 발생하지 않도록 관리하고 있다. 하지만 블록체인은 비트코인을 사용하는 모든 사용자가 거래장부를 모든 사용자가 함께 관리할 수 있도록 했다.

Blockchain의 기능 : 블록체인은 transaction(전송), creating block(블록의 생성), chainning-ledger(거래 장부인 블록의 연결), propagation(전파)의 4가지 기능을 수행한다.

Smart Contract : 블록체인 2.0에 새로이 추가된 기능으로, 제3자의 중개 없이 거래 당사자끼리의 계약 내용을 블록체인에 담을 수 있다.

채굴 : 광산에서 금을 캔다할 때 쓰는 의미로 채굴이라고 부른다. 영어로는 mining이라고 명칭 한다. 실제로 광산에서 금을 캐듯이 채굴을 한다는 의미는 아니다. 가상화폐를 얻으려면 이에 대응하는 수학적 연산문제를 풀어서 획득하게 된다. 그러한 의미 때문에 채굴이라는 의미로 통하게 된다. 하나의 연산문제를 모두 풀 때마다 그에 따른 보상으로 비트코인이 발생하게 되며 해당 코인을 소유하게 된다. 하지만 이러한 수학적 연산을 풀어내기 위해서는 단순히 사람이 할 수 있지 못하며 고성능 컴퓨터를 통해서만 가능하게 된다. 언론매체를 통해서 채굴에 대한 부분이 알려지면서 실제로 코인을 얻을 수 있는 그래픽 카드가 매진되는 현상까지 발생했다. 가장 1차원적인 방법으로 코인을 획득하고 손에 넣을 수 있는 방법을 간단히 채굴이라고 한다.

트레이딩 : 거래를 의미한다. 비트코인 및 다른 가상화폐들은 모두 시세라는 것을 갖고 있다. 누구나 적은 돈으로 많은 수익이 발생하기를 원하고 그렇기 때문에 트레이딩을 통해서 더 많은 이익을 창출하려고 한다. 낮은 가격에 비트코인을 매수하고 높은 가격에 비트코인을 매도한다. 단순히 싸게 사고 비싸게 팔면 된다는 이론이다. 하지만 트레이딩이 어려운 이유는 변화하는 시세에 대해서 모두 100% 예측하지 못한다는 것이 문제다. 더 많은 이익을 보기 위함이지만 그만큼 높은 위험도 같이 갖고 있다는 것이다.

Hash : 해시는 임의의 길이의 데이터를 고정된 길이의 데이터로 변환하는 기능을 가진 암호화 알고리즘이다. 해시는 암호화 된 데이터에서 원래의 데이터를 알아내기 힘들다는 특징이 있다. 전송된 데이터의 무결성을 확인해주는 데 사용되기도 한다.

Digital signature : 디지털 서명은 신호를 보낸 사람의 신원을 확인하는 방법이다. 신호를 보내는 사람이 자신만 알고 있는 비밀 키를 이용해 암호화 해 메시지를 보낸다. 신호를 받은 사람은 보낸 사람의 공개된 키를 이용해 신원을 확인한다.

Encryption : 암호화는 데이터를 전송할 때 타인에 의해 데이터가 손실되거나 변경되는 것을 방지하기 위해 데이터를 변환해 전송하는 방법이다. 대칭형 암호화 방식의 비밀 키 암호화기법(DES)과 비대칭형 암호화 방식의 공개 키 암호화 기법(RSA)이 있다. 가상화폐는 RSA 기법을 이용하는데, 공개된 키(public key)와 본인만 사용하는 비밀 키(private key)를 별도로 관리하기 때문에 암호화와 사용자 인증이 동시에 이뤄지지만 알고리즘이 복잡해 속도가 느리다는 단점을 갖고 있다.

Consensus : 모두는 아니더라도 대다수의 합의, 공감을 의미한다. 블록체인을 생성하기 위해서는 참여하는 컴퓨터들의 과반수의 합의를 필요로 한다.

탈중앙 : 모든 탈중앙 암호화폐의 노드는 부분 또는 전체의 블록체인을 갖고 있다. 이것이 페이팔과 같은 시스템에서 필요로 하는, 중안 집중형 데이터베이스를 갖고 있을 필요를 없게 한다. 블록체인은 그 본질 자체가 거래장부인 동시에 거래증서(수표, 영수증, 약속어음)이다.

해킹 : 비트코인을 해킹하는 것이 아니다. 비트코인을 거래하는 해당 거래소 사이트를 해킹하는 것을 의미한다. 비트코인은 블록체인 형식을 기반으로 하는 코인이기 때문에 모든 블록을 해킹하지 않는 이상 해킹은 발생하지 않으며 굉장히 철저한 보안성을 가지고 있다. 하지만 거래소를 통해서 거래를 진행하기 때문에 거래소가 해킹 당하는 경우라면 문제가 발생할 수 있다. 때문에 비트코인을 저장하는 방법은 거래소에 비트코인을 갖고 있기 보다는 자신만의 하드웨어 지갑을 통해서 보관하는 것이 가장 안전한 방법 일 수 있다.

하드웨어 지갑 : 가상화폐에 가장 걱정을 많이 하는 것이 바로 눈에 보이지 않는 돈이다라고 할 수 있다. 하지만 이 하드웨어 지갑은 이름 그대로 Hardware 눈에 보이며 만질 수 있는 지갑을 의미한다.(USB 형식에 보안시스템) 거래소에 비트코인을 보관하다 해킹 당하는 것이 두렵다면 하드웨어 지갑을 장만하는 것도 좋은 보안을 유지하는 방법 중에 하나이다.

5

4차 산업혁명 시대와
공감능력

신 영 미

대학원에서 미술치료로 석사학위를 취득했다. 현재 한국임상심리치
유협회 전임교수와 구세군두리홈(미혼모), 시흥시정신건강복지센터,
서울이주여성디딤터, 시흥시장애인자립재활센터, 마음치유크리닉센터
등 현장에서 미술치료심리상담전문가로 12년째 일하고 있으며, 4차산
업혁명연구원으로 활동 중이다.

이메일 : 200303ym@hanmail.net
연락처 : 010-2212-5775

4차 산업혁명 시대와 공감능력

Prologue

4차 산업혁명 시대의 미래에 대해 내가 감히 많은 것을 예측할 수는 없다. 그저 인공지능이나 로봇이 우리 삶을 편하게 혹은 불편하게도 만들 것이라는 설렘과 불안이 마음속에 공존하며 크게 자리 잡고 있을 뿐이다. 첨단 과학이나 문명을 진단하는 전문가가 아닐 바에야 일반인들도 대부분은 나와 같은 심정일 것이라고 믿으며 내가 정확히 잘 모르고 있는 미래 세상에 대한 나름의 변명 또는 위안을 삼는다.

세상이 지금과는 많이 달라질 거라는데 그러면 우리 아이들의 교육은 어찌해야하나 고민하던 중 이 글을 쓰게 됐다. 무엇을 준비하면 아이들이 미래의 삶을 자유롭고 풍요롭게 누릴 수 있을까? 어떻게 이끌어야 우리 아이들이 4차 산업혁명 시대를 잘 맞이할 수 있을지 여러 자료를 찾다가 내 눈을 번쩍 뜨게 한 단어가 바로 '공감 능력'이다.

전문가들의 견해에 따르면 인공지능과 로봇이 대표되는 미래는 우리가 생각하는 것만큼 기계적이거나 삭막하지가 않다고 한다. 왜냐하면 그 첨단기술들은 전반적으로 사람을 위해 쓰임을 다하는 도구일 뿐이며 이를 잘 활용하면 인간들은 보다 고차원적이고 윤택한 삶을 살게 된다는 것이다. 스마트폰 시대에 손 편지가 그리운 것처럼 더욱 첨단화되고 고도화된 시대에선 인간적인 교류나 협력이 더욱 중요해 진다는 뜻이다.

인간적인 교류나 협력이 원활하려면 상대의 마음을 읽거나 이해하는 능력이 뛰어나야 하고 따라서 4차 산업혁명 시대에는 공감능력이 매우 중요한 화두가 될 것이라는 데 '공감'이 간다. 한편 우리 아이들에게 내가 도움 줄 부분이 있다는 생각에 마음이 들뜬다. 공감능력 향상을 위한 교육은 오래전부터 직간접적으로 강의해 오던 터라 용기를 내었다. 미술심리치료사로서, 교육현장에 있는 경험자로서 이 글을 쓰게 된 이유다.

부족하지만 부디 이 글을 읽고 인생의 스승인 어른들이, 미래 우리 아이들이 맞이하게 될 4차 산업혁명 시대에 진정으로 중요한 공감능력에 대해서 관심을 갖고 함께 고민하는 시간이 되었으면 한다.

1) 4차 산업혁명, 두려워말고 기대하라

인간의 사고와 능력을 돕던 인공지능 로봇시스템은 이제 인간의 한계를 뛰어넘는 경이로운 존재로 급부상하고 있다. 인공지능 딥 블루가 지난 1997년 세계적인 명성의 체스 그랜드마스터 카스파로프를 이겼을 때 사람들의 반응은 컴퓨터니까 그럴 수도 있겠구나 하는 정도였다. 그 후 지난 2011년 슈퍼컴퓨터 왓슨이 퀴즈 프로그램 챔피언 2명을 뛰어넘었을 때는 올 것이 온 거라 예감했다. 그리고 지난 2015년 딥마인드 알파고가 바둑 최고수인 이세돌을 이겼을 때 사람들은 이제 세상이 더 이상 어제와 같이 흐르지 않을 것이라는 변화를 체감했다. 본격적인 인공지능의 시대가 도래했음을 확연히 느끼게 되었던 것이다.

전문가들은 인공지능이 몰고 올 4차 산업혁명 시대의 특징을 크게 3가지로 구분한다. 첫째는 초연결성이다. 사람과 사물이 연결되고 사물과 사물끼리의 연결은 물론 다양한 제품과 서비스가 네트워크와 연결되는 시대를 뜻한다. 둘째로 사물이 지능화 되어 인간을 뛰어넘는 초지능성과 방대한 빅 데이터를 분석해 미래 현상을 정확하게 예측하는 예측가능성을 셋째로 꼽는다. 쉽게 말하자면 내가 움직이는 모든 순간이 센서로 감지되고 데이터로 축적돼 앞으로 하게 될 일까지도 알아맞히는 점쟁이 같은 시대가 바로 4차 산업혁명 시대인 것이다.

사회, 경제 등 모든 분야에서 인공지능(AI)과 로봇 중심으로 움직일 4차 산업혁명 시대에 그렇다면 우리 인간들은 무슨 일을 해야 하나? 가까운 미래는 물론 우리 아이들이 성장했을 때의 일자리

를 고민해야 하는 시대가 코앞에 닥쳤다. 그럼에도 불구하고 준비
는 부족하거나 소홀한 편이다. 4차 산업혁명 시대에 대비해야 한다
고 각계 각층에서 목소리를 높이고는 있지만 아직 구체적인 그림
은 보이지 않는다. 대비나 준비에 비해 변화의 속도가 그만큼 빠르
다는 뜻이기도 하다. 분명한 것은 개인의 생존을 위협할 정도의 변
화가 일고 있다는 것이다.

옥스퍼드대 칼 베네딕트 프레이 교수의 연구 결과를 인용하면 오
는 2020년이면 현재 있는 일자리 중 700만 개가 사라지고, 200만
개가 새롭게 생긴다. AI가 사물인터넷과 빅 데이터 등과 만나 인간
의 일자리 500만 개를 대신한다는 뜻이다. 그러나 암울한 전망만
있는 것은 아니다. 프레이 교수는 "대인관계를 통해 상호협력을 이
끌어내는 직업, 새로운 아이디어를 창출하는 창의성은 인간의 고
유영역으로 앞으로 기술이 발전해도 살아남을 수 있다"고 내다봤
다. 4차 산업혁명의 파고는 얼마나 높을지 예상조차 어렵지만, 너
무 두려워 할 필요도 없다는 뜻으로 읽힌다.

미래는 인공지능 기계의 도움을 받으며 윤택하게 사는 인류의 모
습이 그려질 것이다. 집안의 물건들이나 자동차가 스스로 인간의
의도를 파악하고 필요한 서비스를 제공하는 사회, 비교적 단순한
일들은 기계가 대신하고 인간은 보다 창조적인 일에 몰두할 수 있
는 사회, 이것이 대부분의 인공지능 연구자가 그리는 긍정적인 미
래사회다.

2) 로봇이 대신할 수 없는 인간 고유의 능력

4차 산업혁명 시대의 주체는 기계가 아니라 '인간'이다. 인간이 지구에 살면서 과거와 현재의 지난한 삶들을 지혜롭게 극복해 왔듯이 다가오는 미래 역시 뛰어난 인재나 집단지성들이 모여 기계를 지배할 것이다.

유영만 교수가 국민일보 〈4차 산업혁명은 사람혁명이다〉에서 주장한 내용을 보면 기계가 대체하기 어려운 인간 고유의 첫 번째 능력은 '호기심'을 기반으로 질문하는 능력이다. 기계는 정해진 알고리즘 안에서 가능한 질문을 하지만 인간은 무한한 호기심을 품고 생각지도 못한 질문을 할 수 있다. 질문은 무한한 가능성을 열어 놓고 전대미문의 색다른 대안을 모색할 수 있는 관문이다. 질문이 바뀌면 답을 얻기 위해 생각이 바뀌고 세상을 바라보는 관점도 바뀐다. 질문은 어찌 보면 익숙한 집단의 소속감에서 벗어나 낯선 세계로 진입하려는 용기 있는 결단이 되기도 한다.

기계가 대체하기 어려운 두 번째 인간의 고유 능력은 '상상력'으로 이는 세상을 변화시키는 창의력이다. 창의력은 없었던 생각을 새롭게 제기하는 게 아니라 익숙한 기존의 것을 낯선 방식으로 새롭게 바라보는 힘이다. 우리가 함께 모여 사는 사회를 어떻게 하면 보다 이롭게 할 수 있을지 다양한 아이디어와 가능성을 모색하는 것이다. 이러한 창의력은 저절로 얻어지지 않는다. 직간접적인 체험을 통해 향상된다. 보고 느낀 점을 근간으로 주어진 문제를 해결하기 위해 다양한 방식으로 조합해보는 가운데 생각이 솟아나기 때문이다.

마지막으로 기계가 대체할 수 없는 가장 소중한 인간의 능력은 '공감능력'이다. 아무리 호기심과 창의력이 뛰어난 인재라도 따뜻한 가슴이 없으면 미래사회에서도 환영받지 못한다. 우리가 맞닥뜨리게 될 4차 산업혁명 시대를 성공적으로 살아가려면 반드시 타인에 대한 공감능력을 키워야 한다. 자존감을 높이고 다른 사람과의 높은 공감 능력이 있는 사람이 미래 사회에 잘 적응할 수 있다. 창의력을 이용해 질문을 던지고 인공지능(AI)에게 답을 찾게 하는 것은 결국 인간이므로 미래에는 인간을 이해하는 일이 더욱 중요해질 것이다. 인공지능이 감히 넘지 못할 인간의 본성, 그것이 바로 공감능력이다.

[그림1] 4차 산업혁명 시대 속 변화

3) 인공지능과 공존하는 인간 중심의 삶

4차 산업혁명이 생활화 되면 인간은 육체적인 노동이나 단순한 지적 작업에서 해방돼 지금보다 고차원적인 영역에서 인간의 능력을 발휘해야 한다고 전문가들은 입을 모은다. 4차 산업혁명뿐만 아니라 평균 수명도 점점 늘어나는 시대에서 평생직장의 개념도 사라지고 있다. 많은 자격증이나 대단한 학벌 하나로 인생을 결정 짓는 것이 불가능한 시대이다. 이제 과거에 선호하던 직업만을 바라본다면 빠른 속도로 바뀌는 사회에서 자기만의 길을 찾기가 어렵다.

인간과 인공지능이 생산적 창조적으로 공존하는 사회에서 우리 인간들은 보다 깊은 유대관계를 맺으며 서로 의지하고 협력하며 모두 함께 잘 사는 긍정적인 세상을 만들어 나가야 한다. 4차 산업혁명이 본격화 되면 개인 중심의 경쟁과 성공지향주의는 퇴색되고 공감능력에 의한 연결성과 공동체 의식은 더욱 확장될 것이다.

예를 들어 4차 산업혁명으로 모든 것이 자동화되고 지능화 돼 통합된 시스템으로 작동한다고 가정해 보자. 이 경우, 자동으로 잘 돌아가던 시스템이 예기치 못한 문제 상황에 빠져 작동되지 않을 때 고장 난 시스템이 스스로를 고칠 수는 없을 것이다. 여기에는 반드시 그 시스템을 만든 주인으로서의 인간의 독특한 능력과 기술이 요구될 수밖에 없다. 예외적인 상황에서 순간적인 판단과 즉흥적인 결단으로 문제를 해결하는 힘, 다 같이 인식하고 지혜를 모으는 일은 기계가 대체하기 어려운 인간의 고유한 영역이다.

따라서 인간의 교육은 번뜩이는 영감과 지혜로 순간적인 판단을 내리고 협력해 신속하게 대처할 수 있는 지혜를 더욱 갖춰야 한다. 미래의 우리 아이들은 더 고차원적인 사유 능력을 개발하고 즐기며 인간을 돕는 인공지능과 함께 하는 삶을 살아갈 것이기 때문이다.

[그림2] 인공지능과 인간의 공존

(1) 기계와 기계, 기계와 사람을 이해하기 위해

인간은 사회적 동물이라고 말한다. 혼자서는 절대 살아갈 수 없으며 다양한 사람들 틈에서 소통하며 어울려 살아야 한다. 하지만 다른 사람의 마음을 이해하기란 참 어려운 일이다. 상대의 말에 공감하고 눈빛을 나누며 진심으로 들어줄 여유가 준비돼 있지 않으면 더더욱 힘든 행위다. 인공지능과 로봇으로 대변되는 것이 4차 산업혁명 시대이기에 온갖 기계들과 삭막한 회색도시가 먼저 상상되지만 사회적 변화는 오히려 더욱 인간적인 가치를 앞세우는 시대가 될 것으로 전망한다. 로봇을 지배하는 인간들이 더욱 인간적인 면모를 발휘할수록 미래는 공동의 선을 추구하는 바람직한 발전상을 보여줄 것이다.

서로 존중하고 배려하며 아픔과 기쁨을 함께 나누는 공감능력이 미래의 가치체계로 떠오르는 것도 이와 같은 맥락에서다. 전문가들은 4차 산업혁명 시대에는 전통적인 일자리는 계속 줄어들고 기계가 대체할 수 없는 새롭고 다양한 시각으로 지식을 융합하고 창조하는 사람만이 살아남을 수 있다고 지적한다. 갈수록 복잡하고 다양화되는 사회가 되면서 혼자서 할 수 있는 일은 많지 않고 서로 소통하고 협업이 가능해야 한다는 것이다. 소통과 협업을 위해서는 서로간의 공감을 바탕으로 한다.

　이처럼 감정을 중요시하는 공감능력은 지금 시대에 꼭 필요한 역량 중 하나다. 따라서 교육을 통해서 단순한 물질적 자원과 재능의 나눔을 넘어 기회마저도 함께 나누는 인간적인 사회를 만드는 데 기여해야 한다. 사회가 다변화 되면서 다양한 생각의 차이를 조율하고 상대의 감정까지 헤아릴 줄 아는 건 미래 인재가 꼭 갖춰야 할 능력인 것이다.

　영국의 BBC는 '사람의 감정을 다루는 직업, 즉 공감능력이 필요한 일은 로봇이 인간을 대신할 수 없을 것'이라고 전망한다. 인간의 얼굴과 목소리로 감정을 흉내 낼 수 있는 기술이 개발되고 있지만 진정한 공감능력을 갖추긴 어렵다는 것이다. 대표적인 분야로 교육과 의료 분야가 꼽힌다. 의료계에선 이미 AI 의사 왓슨이 병을 진단하고 처방을 내리는 데 인간 의사보다 월등하다. 그러나 환자의 아픔에 공감하고 위로하는 진정한 치유는 인간만이 할 수 있다. 따라서 '인간은 좀 더 인간다운 일에 집중할 수 있을 때 AI와의 경쟁에서 살아남을 수 있을 것'이라고 한다. 그리고 그 인간다움의 가장 근본은 남이 기쁠 때 함께 기뻐하고, 슬플 때 같이 슬퍼할 수 있는 공감능력이다.

영화 〈김종욱 찾기〉가 떠오른다. 영화는 첫사랑 김종욱을 애타게 찾는 주인공을 위해 주변 인물들이 진심으로 도와주는 이야기다. 만약 주변 인물들 대신 로봇이 김종욱 찾는 일을 맡았더라면 어찌되었을까? 공감능력의 한 특징이 자신을 비우고 상대에게 관심을 보이는 능력이라고 할 때, 이러한 부분을 로봇이 과연 할 수 있을까 의문이 든다. 왜냐하면 인공지능이나 로봇은 임무수행을 하기 위한 정보로 가득 차 있기 때문이다. 인공지능이나 로봇은 임무수행을 위한 정보의 틀을 벗어날 수 없고 만약 벗어난다면 그것은 그 시스템의 고장을 의미할 뿐이다.

그러나 인간은 자신을 비우고 상대에게 관심을 가짐으로써 여기에서부터 사회성과 공동체 의식과 성숙한 인류애가 태동하게 되는 것이다. 기계가 자체의 시스템을 벗어나면 그것은 고장이 되지만 인간이 자신의 틀을 벗어나면 그것은 공감능력과 창의성의 씨앗이 돼 성숙한 인격을 형성하게 된다. 우리가 흔히 '로봇과 같은 인간'이라고 말할 때 그 의미는 칭찬이 아니다. 임무수행은 하지만 공감능력이나 창의성이 없는, 따라서 관계를 맺지 못하는 차가운 금속 같은 인간을 의미하게 하기 때문이다.

[그림3] 영화 김종욱 찾기

(2) 창의력의 출발, 공감능력

4차 산업혁명 시대의 교육 키워드는 지식을 능가하는 지혜, 공감능력이다. 교육은 상상을 현실로 바꾸고, 고정관념을 예술로 승화시키며, 남들이 보지 못하는 것을 보게 함으로써 한계를 뛰어넘게 한다. 앞으로의 경쟁력은 엄청나게 집약된 정보들을 어떻게 창조적으로 활용할 것인가에 달려 있다. 여기서 가장 필요한 것은 학문 간 경계를 넘나드는 유연한 사고다. 서로 다른 분야라 여겨졌던 인문학과 자연과학 그리고 예술·문화 등을 연결해 새로운 가치를 창출하는 것이 미래세대의 경쟁력이다.

인공지능과 빅 데이터 등장은 지식 쌓기에 전념해 온 인간의 노력을 허무하게 만들고 있다. 사람의 능력을 넘어섰기 때문이다. 인공지능은 '딥 러닝'이란 방법으로 스스로 학습하는 능력을 갖추고 있다. 이미 로봇도 스포츠 기사뿐만 아니라 소설, 음악에 이르기까지 인간이 창작한 그것들과 구별하지 못할 정도이다. 그러나 완벽한 인공지능에게도 빈틈은 있다. 만약에 두 거대 라이벌 기업이 모두 똑같은 수준의 빅 데이터나 인공지능을 갖고 있다면 승패는 다른 데서 판가름 난다. 제아무리 뛰어난 인공지능 컴퓨터를 갖춘 회사라 할지라도 얼마나 유능한 사람을 기용했느냐에 따라 운명이 달라지는 것이다.

이런 문제 설정 능력이나 뛰어난 해결력의 출발을 대부분의 전문가들은 바로 공감능력에 두고 있다. 공감은 타인과 더불어 사는 사회에서 삶을 더 값지고 풍성하게 만들 수 있는 좋은 윤활유다. 직간접 경험을 통해 지식을 나눌 수 있도록 하고 또한 각자의 생각을 나누고 공감하게 하는 것은 4차 산업혁명의 인재를 키우는 일이다.

2. 4차 산업혁명 시대의 교육 키워드 '공감능력'

1) 경쟁보다는 공감능력이 중요한 사회

요즘 세상을 떠들썩하게 만든 대한항공 조 씨 일가의 갑질 사태는 권력에만 취해있을 뿐 공감능력이 전무한 안하무인들의 행태에서 비롯됐다. 한진그룹 회장의 둘째 딸 조현민 대한항공 전무가 광고업체와의 회의 자리에서 한 직원에게 물을 뿌린 사건에서 시작돼 그 일가의 비정상적인 행태들이 속속들이 밝혀지면서 전 국민의 공분을 샀다. 이와 같은 조 씨 일가의 부적절한 언행은 부와 권력의 독점이라는 그릇된 인식에서 나왔다. 부와 권력을 누리는 자신들만이 최고이며 주변 사람들은 주종관계로 여기는 이들에게선 공감능력을 전혀 찾아볼 수가 없다. 사람에 대한 애정이 손톱만큼도 없는 그런 철면피들이다. 자기 인식이나 자제력이 없고 충동적이며 위선적이기 때문에 진정으로 사람을 이해해 본 경험이 없는, 어찌 보면 사람이라면 갖고 있어야 하는 기본적인 감정을 상실한 불쌍한 인간들인 것이다.

뇌·신경 심리학자인 이안 로버트슨(Ian Robert-son) 아일랜드 트리니티칼리지 교수는 이번 대한항공 사태에 대해 '지위와 권력에 취한 사람은 타인을 괴롭힐 가능성이 높다'는 내용의 메일 인터뷰를 남겼다. 그는 〈승자의 뇌(The Winner Effect)〉란 저서로 유명한데 이 책에서 이안 로버트슨 교수는 권력을 쥐면 사람의 뇌가 바뀐다고 주장했다. 성공을 경험하면 혈중에 신경전달물질인 도파민과 남성 호르몬인 테스토스테론 분비가 활성화돼 화학적 도취 상태가 되는데 이는 술이나 마약 등에서 얻는 쾌감과 비슷하다는 것이다. 이런 사람들은 목표 달성이나 자기만족에만 집중해 공감능력이 떨어지고 충동적이고 독선적으로 변한다는 게 그의 주장이다.

세상은 변했고 지금도 변하고 있다. 이제 대중은 더 이상 갑질을 참고 견디지만은 않는다. 스마트폰 기기 하나만 있으면 자기 목소리를 낼 수 있고 집단지성이 뭉쳐 새로운 변혁의 물꼬를 트기도 하는 새로운 시대 속에 살고 있기 때문이다.

(1) 지식을 능가하는 지혜, 공감능력을 키워야 하는 이유

조 씨 일가처럼 공감능력이 결여된 자격 미달의 인간이거나 비틀어지고 비정상적인 사람들의 문제는 잘못된 교육에서 비롯되는 경우가 많다. 부의 세습도 물론 문제이지만 천상천하 유아독존이 당연한 듯 조성된 그릇된 환경 속에서는 물질적 풍요나 쾌락을 최고로 여길 뿐 정작 중요한 가치관이나 사람 교육을 제대로 받지 못 했기 때문이다. 박근혜 정권 시절 권력을 휘어잡았던 우병우 민정수석의 경우는 또 어떠한가? 검사 출신 최고의 수재로 청와대에 입성했지만 개인의 영달을 위해 무소불위 권력에 충성한 소인배에 지나지 않았음을 수사결과가 보여주지 않았던가?

정답만 가려낼 줄 아는 머리 좋고 성적 좋은 모범생은 더 이상 사회가 원하는 인재상이 아니다. 이제 교육은 지식을 전달하고 암기하는 방식이 아니라 삶의 지혜와 지식을 관통하는 통찰력을 길러줘야 한다. 첨단 미래 사회를 이끌 우수한 능력과 더불어 인간의 가치를 보듬을 가슴 따듯한 인재를 길러야한다. 성적보다는 인성, 경쟁보다는 공감능력이 갈수록 더욱 중요해지는 사회다.

미래에는 사람과 사람은 물론 심지어 사물과의 협업을 통해 종합적인 사고방식으로 문제를 해결해 나갈 때 비로소 인간으로서의 가치를 인정받게 된다. 어느 미래공상영화의 내용처럼 기계보다 못한 인간이 돼 기계의 지배를 받는 최악의 상상을 면하려면, 인간을 깊이 이해하는 공감능력과 창의적이고 융합적인 사고가 동반돼야 한다. 그래야만 우리 아이들이 기계가 주는 미래의 편안함을 누릴 수 있다.

[그림4] 인간과 미래가 공존하는 미래 세계

(2) 공감의 뿌리(Roots of Empathy)

캐나다 토론토에서는 초등학생 수업 시간에 3주에 한 번씩 돌 전 아기를 교실로 초대하는 '공감의 뿌리'라는 수업을 진행한다. 돌 전 아기의 기분을 맞춰봄으로써 타인의 기분에 대해 생각해보는 연습을 하고, 이런 경험이 쌓이면서 공감 능력을 향상시키는 수업이다.

공감의 뿌리 수업은 성공적이었다. 5년간 이 수업을 진행한 학교 에서는 또래 괴롭힘이나 왕따 현상이 절반 이상 줄어드는 결과를 가져왔다. 지난 2002년에 브리티시컬럼비아 대학에서 토론토와 밴쿠버 28개 학급, 585명의 아이를 대상으로 프로그램 활용 전후 를 분석한 결과 공격 행동이 60% 감소했다. 이들은 초등학교에 가 서도 공감의 뿌리 수업을 듣지 않은 학생들보다 학업 능력이 높았다. 아이가 상대방의 입장이 돼서 감정을 이해하고 그에 알맞게 행동할 마음이 생기기 시작하면 자연스럽게 공격성도 줄고, 배려심도 깊어진다. 남의 아픔을 내 아픔으로 느낄 줄 아는 아이는 친구와 동료를 따돌리지 않는다.

아이들의 공감능력 교육은 어릴 때부터 가정에서부터 시작돼야 하지만 캐나다 공감의 뿌리 수업처럼 학교에서 프로그램을 마련해 단계별로 이뤄지는 것도 필요하다. 부모와 더불어 교사와 학교의 적극적인 역할과 시행이 맞물린다면 교육에서의 시너지 효과를 발휘할 것이다.

2) '무엇을'이 아니라 '어떻게' 가르칠 것인가

인공지능이 지금과 같은 속도로 발전하면 10년 안에 전체 직업의 3분의 1이 사라질 것이라는 예측은 4차 산업혁명이 미칠 미래에 대한 막연한 두려움과 영향력을 떠올리게 한다. 인간을 둘러싼 환경의 변화는 사회, 경제, 과학, 교육 등 사회 전 분야로 확산돼 삶과 생활방식에 영향을 미친다. 그러기에 변화에 대한 이해와 대비를 해야 한다. 그 중 제일 중요한 것은 인간의 역할과 관련된 교육의 문제이다.

"한국 학생은 자신들이 살아갈 미래에 필요하지 않을 지식과 존재하지도 않을 직업을 위해 하루 15시간 이상을 학교와 학원에서 아깝게 허비하고 있다. 한국은 교육제도를 전면 개편하거나 개혁하는데 그치지 않고 새로운 제도로 완전 대체해야 된다"고 미래학자 앨빈 토플러는 한국의 교육제도에 대해 일침을 가했다. 이미 15년 전에 그가 한 말이지만 아직까지 획기적인 변화는 눈에 띄지 않는다.

시대 변화에 적극 대처하기 위해 정부도 대비책을 마련하고 있지만 앞서가는 교육열을 충족시키기엔 아직 역부족이다. 초등학교에는 이미 코딩교육 열풍이 불고 있고 오는 2019년부터 17시간의 소프트웨어 교육을 정규 편성하는 등 4차 산업혁명 시대에 맞는 교육을 준비하고 있다. 그러나 그 내용은 기능적인 면에 치우치거나 체계적인 교육과정이 되지 못하고 있다. 이러한 현상은 '무엇'을 가르칠 것인가 보다는 '어떻게' 가르칠 것인가가 우선 돼야 한다는 점을 상기시킨다.

'어떻게'라는 방법론에서 현재 환영받고 있는 수업방식 중 하나가 '토론식 교육'과 '프로젝트 수업'이다. 아이들끼리 모둠을 만들어 주제를 같이 고민하고 공동의 결과물을 내기 위해 따로 또 같이의 역할분담과 소통의 기회를 갖는다. 초·중·고 교육이 대부분 이같이 바람직한 방식으로 변화하고 있지만 불만의 목소리도 해결해야 할 문제다. 협업 활동이 개인의 시간과 성적관리에 방해가 된다는 이기적인 생각의 학생이나 학부모들이 많을수록 참여도가 떨어진다. 모둠이 구성되고 목표가 정해지면 구성원 중에는 정말 열심히 하는 학생들이 많지만 아무런 노력 없이 친구들의 노고에 숟가락만 슬며시 얹어놓는 학생들도 생긴다. 공동의 과제를 함께 하겠다는 책임감이나 공감능력의 결여가 문제다.

성적으로 아이의 모든 것을 결정하는 사회, 함께 하긴 버겁고 나 혼자만 살기에도 빠듯한 치열한 경쟁사회를 조성한 어른들의 책임이 크다. 〈미래의 교육을 디자인하라〉를 쓴 송해덕 중앙대 교수는 "그동안 우리는 교과 지식 같은 하드 스킬 교육에만 집중했다"면서 "비판적 사고, 커뮤니케이션, 자기관리, 자기성찰 같은 소프트 스킬이 훨씬 중요하다. 나아가 수많은 정보 가운데 자기에게 의미 있는 것을 찾아내는 창의력까지 길러줘야 한다"고 강조한다.

　실수하더라도 그 경험을 통해 배우고 자신이 성장할 수 있다고 믿는 사람들은 호기심을 갖고 지속적으로 배우려고 노력한다. 실패나 역경도 잘 극복한다. 따라서 미래를 살아갈 아이들은 새로운 기술과 아이디어로 끊임없이 학습할 준비가 돼 있어야하며, 부모는 이제 아이들의 성적만 다그칠 게 아니라 실패해도 문제없다는 자신감과 능력을 길러줘야 한다는 것이다.

3) 공감능력은 어른들부터

　공감 능력은 대인관계에서 매우 중요하다. 내 마음만 들여다보고 상대방의 처지를 이해할 수 없다면 원만한 교류는 힘들어지고 사회생활도 삐거덕거릴 수밖에 없다. 그렇다면 왜 우리는 점점 공감능력을 상실해가는 걸까? 치열한 경쟁에서 살아남아야 하는 입시위주의 교육도 돌아봐야 하지만 모처럼 가족끼리 얼굴을 맞대고 앉아도 곧바로 스마트 폰으로 눈길이 쏠리고 각자의 SNS에 빠져드는 세상도 문제다. 가족이라는 기존 개념의 해체와 혼자 사는 사람이 늘어나는 사회 경제적 구조 등 복합적인 요인들이 현대의 사람들을 모래알처럼 흩어지게 한다.

　이제는 어른들이 정신 차려야 한다. 4차 산업혁명 시대를 살아나갈 우리 아이들의 미래를 준비하기 위해서는 현 사회의 주축인 어른들의 책임과 역할이 앞서야 한다. 미래에 요구되는 그 많고 많은 능력 중에서도 왜 하필 공감능력인가를 깊이 인지하고 공감능력의 결핍으로 파생되는 사회적 문제들에 관심을 가져야 한다. 전반적으로 우리 사회의 아픈 구석들을 두루 돌아보고 머리를 맞대 해결할 방법을 모색해야 한다. 이러한 자세야말로 자녀교육에 앞서 부모들이, 이 사회의 어른들이 가져야 할 공감능력일 것이다.

대한소아청소년정신의학회는 '학교폭력 근절을 위한 정신건강대책 공청회'를 개최했다. 이날 김붕년 서울대 의대 소아청소년 정신과 교수는 '학교폭력의 정신적 측면'이라는 발제를 했다. 청소년과 관련된 사회문제인 학교폭력, 자살문제, 청소년 범죄 등의 주요원인은 어린 시절의 정서적 결핍이 원인이며, 이로 인해 나타나는 공감능력 및 충동조절능력의 결핍이 심각하다고 밝혔다. 이는 한국 사회의 대다수 학생과 어른들이 원만한 대인관계를 형성하지 못하고 있음을 보여주는 증거이다. 자신으로 인해 불안해하거나 고통스러워하는 심리 상태를 공감할 수 있는 공감능력이 높은 사람은 상대방에게 상처를 주거나 피해를 줄 수 없을 것이다. 그러므로 아주 특별하게 위험해진 현재 한국 사회에 무엇보다 필요한 것이 공감능력이라고 강조하고 있다.

따라서 아이들이 폭력에 무감각해지지 않도록 올바른 생각과 감정, 행동을 가르치고 학교문화를 개선하는 인성교육이 지금보다 더 필요하다. 공감능력과 같은 좋은 성품은 우연히 타고나거나 저절로 되는 것이 아니라 가르침과 훈련을 통해 성장하기 때문이다.

[그림5] 아이들에게는 인성교육이 필요

3. 인공지능시대의 새로운 '공감역량 키우기'

1) 정답만이 중요한 것은 아니다

"시리야, 불 좀 꺼줘." 말 한마디만 하면 집안의 인공지능이 알아서 해결해주는 모습은 이제 흔한 풍경이 되었다. 인공지능이 단순히 사람의 말뜻만 알아듣는 정도가 아니라 의도와 감정을 파악하고 세심한 배려와 더불어 편안함을 제공하는 말들을 해줄 날이 멀지 않았다. 그렇다고 해서 인공지능이 앞으로도 사람과 똑같은 공감능력을 지닐 리는 만무하다. 인공지능이 하는 말은 단지 인간의 희로애락 감정에 세련되게 대처하는 감정이 입력된 고도로 발달한 기계의 언어일 뿐이다.

아무리 기술이 발달해도 인간 고유의 감성인 공감능력은 기계로 대체할 수가 없기에 앞으로 공감능력은 더 중요해진다. 우리의 아이들이 기계를 다스리는 주인이 되어 기성세대 보다 더욱 풍요롭고 가치 있는 삶을 살게 될 긍정적인 미래를 실현하려면 기존의 교육 방식에 획기적인 변화를 주어야 한다. 개별 지식이나 분야 지식의 통달자보다는 전반을 아우르는 통찰력을 갖춘 통합형 인재나 창의적 인재로 교육시켜야 한다. 단순 지식의 학습이 아니라 지식의 흐름 가운데 내재된 근본 질문과 원리, 이에 기반을 둔 통찰과 영감, 나아가 공감능력과 창조능력을 배양할 수 있도록 교육해야 한다.

우리의 아이들이 4차 산업혁명 시대를 별 어려움 없이 자신의 꿈을 펼치며 살아가기를 진정으로 바란다면 부모들은 지금부터라도 욕심을 버려야한다. 성적에 목매이지 말고 좀 더 넓고 긴 안목으로 아이를 자유롭게 풀어주고 믿어줘야 한다. 사지선다형 객관식 문제를 맞히려고 몇 시간씩 책상에 앉아있기 보다는 넘쳐나는 정보의 홍수 속에서 각자에게 꼭 필요한 정보를 가려내고 응용할 수 있는 능력과 창의력이 필요한 시대다. 형식에 얽매이지 않는 자유로운 생각과 비판적 사고력이 뛰어난 아이들은 공감능력 또한 뛰어나고 공감능력이 발달하면 인간을 위한 미래 설계의 인재가 된다.

[그림6] 넘쳐나는 정보 속에서 각자에게 필요한 정보를 응용할 수 있는 능력과 창의력이 필요한 시대

2) 우리 아이들이 갖춰야할 능력 '6C'

누차 강조했듯이, 미래에 인공지능과 함께 살아가야 하는 아이들에게는 새로운 세상에 적응하는 능력이 필수적이다. 엄청난 정보와 기술로 무장한 로봇을 리드하며 살아야하기에 지금의 환경보다 더욱 체계적이고 높은 차원의 교육이 절실하다.

미국 발달심리학자 로베르타 골린코프 델라웨어대학 교수와 캐시 허시-파섹 국제유아연구협회장은 〈최고의 교육〉이라는 공동저서에서 4차 산업혁명 시대에 아이들에게 필요한 역량으로 '6C'를 강조한다. 아이들의 미래를 성공으로 이끄는 능력으로 '협력(Collaboration), 의사소통(Communication), 콘텐츠(Content), 비판적사고(Critical Thinking), 창의적 혁신(Creative Innovation), 자신감(Confidence)'이 이에 해당된다.

두 전문가는 "지금 졸업생들이 살아가는 동안 가지게 될 10가지 직업 중 8개는 아직 만들어지지도 않았다"며 "암기하는 교육에서 벗어나 통합적으로 6C를 키워줄 수 있는 교육으로 나가야한다"고 주장한다.

이들이 말하는 '협력'은 모든 역량의 기초가 되며 가장 핵심적인 능력이다. 인간은 사회적 동물이기에 아기 때부터 사회성을 익히는 과정에서 서로 도와야 하는 것을 배운다. 오늘날 기업에서 가장 중요한 역량 중 하나로 꼽는 팀워크 등이 협력 능력을 만든다.

'의사소통'은 협력을 촉진하는 동시에 협력을 기반으로 구축된다. 이야기를 들려줄 상대가 없다면 의사소통이 필요 없기 때문이다. 기술 발달로 의사소통 수단은 더욱 편리해졌지만 역설적이게도 사람들은 소통에 더 어려움을 느낀다. 유수의 기업들이 의사소통 능력을 가진 인재를 절실히 구하고 있는 현실은 시사하는 바가 크다. 협력이나 의사소통이 원활하려면 공감능력이 뛰어나야한다는 것은 이제 두 말하면 잔소리다.

'콘텐츠'는 지식 습득과 관련돼 있으며 결국 의사소통 능력을 통해 거두게 되는 결과다. 그런데 지금의 학교는 학습 내용만을 배우는 콘텐츠만을 교육의 중심으로 취급하고 있다. 위의 두 저자는 "로봇과 AI가 인간보다 더 깊이 사고하기 시작했다"고 언급하면서 콘텐츠에 치중한 교육의 획일성을 경고한다.

'비판적사고'는 어떠한 사실을 검증하고 자신의 견해를 갖는 것이다. 수많은 정보가 폭발하는 빅 데이터 시대에 꼭 필요한 능력이다. '창의적 혁신'은 콘텐츠와 비판적 사고에서 나온다. 비판적 사고를 가진 사람은 많은 답을 만들어낼 수 있으며 영리한 리더가 된다. 자신감은 의지와 끈기로 구성된다.

[표1] 4차 산업혁명 시대에 갖춰야 할 6C

3) 모범생이 아닌 모험생을 길러야

4차 산업혁명 시대에는 어떠한 일도 혼자서는 할 수 없다. 사람과 사람이, 기계와 기계가, 기계와 사람이 서로 얽혀 연결돼 있기 때문이다. 지금부터 우리 아이들은 남들과 협력하는 데 발휘할 수 있는 본인의 강점을 발견하고 인지하고 있는 것이 중요하다. 미래기술에 관심을 가지는 일, 즐겁게 함께 할 수 있는 일, 친구들과 협력하는 데 필요한 규칙을 마련하는 일 등 자신이 잘할 수 있는 부분을 파악해야 한다. 이는 곧 자신감 혹은 자존감과 연결된다. 어린 시절부터 공감능력을 기르고 협력하는 경험을 갖는 것은 미래 어떠한 불확실한 상황에서도 문제를 해결할 수 있는 능력과 직결된다.

세계경제포럼에서도 오는 2020년 가장 요구되는 자질을 복잡한 문제 해결과 비판적 사고, 창의성, 사람 관리 순으로 꼽았다. 또한 4차 산업혁명 시대의 인재를 키우는 일은 부모의 역할에 달려있다고 강조하면서 박물관이나 전시회 다니기, 각종 체험활동과 봉사활동 등 가장 기본적인 것을 아이들과 함께 할 것을 추천한다. 단순히 경험한 것에 그치지 않고 그날의 경험을 스스로 해석하고 직접 표현할 수 있도록 지도해야 아이들의 공감능력은 물론 인성과 도덕성을 기르는 데 도움이 된다는 것이다.

(1) 함께하는 경험들이 공감능력을 높인다

"아프냐, 나도 아프다……." 아직도 명대사로 꼽히고 있는 드라마의 한 대사다. 너의 아픔이 나의 아픔이 된다는 건 타인에 대한 넓은 이해심이며 깊은 공감이다. 인성교육이나 미래사회에 있어서 가장 중요한 덕목 중 하나로 꼽는 공감능력이지만 안타깝게도 근래 들어 학생들의 공감 지수가 현저히 낮아지고 있다. 과거와는 달리 가족끼리 깊은 대화를 나누거나 정서적 교감을 가질 기회가 많지 않기 때문이다. 예전에는 아이들이 한 동네 사람들과 친분을 나누고 대가족 속에서 자라며 가족 구성원과 감정을 나누는 가운데 자연스레 타인과의 관계 맺기를 배울 수 있었다. 하지만 핵가족화가 되고 맞벌이 부부가 늘어나면서 아이는 자신의 감정을 표출할 기회가 부족해졌을 뿐만 아니라 정서적인 안정감을 누리는 것 또한 어려워졌다.

부모들의 교육 방식도 원인으로 지목되고 있다. 성적이 우선시되다 보니 어머니들은 아이를 학원으로 내모는 경우가 적잖다. 예전 아이들은 학교 수업이 끝나면 운동장이나 놀이터에서 또래들과 어울렸다. 그 속에서 아이들은 서로 지켜야 할 규칙도 만들고 다툼이 생기면 싸우다가도 화해하는 등 상대방을 이해하는 방법을 배우고는 했다.

이처럼 혼자서는 절대 키울 수 없는 감정이 공감능력이다. 함께 하는 경험들이 많을수록 우리 아이들의 공감능력도 배가된다. 옛날 아이들처럼 많을 시간을 친구들과 같이 뛰어놀 수는 없지만 방법은 있다. 또래 모임을 만들어 취미를 공유하거나 이야기를 나누는 것도 좋고 동아리 봉사활동이나 재미있는 운동을 함께 하는 것만으로도 아이들에겐 잊지 못할 좋은 경험이 된다.

[그림7] 혼자서는 절대 키울 수 없는 감정이 공감능력

(2) 아이들은 모두 똑같다

학교폭력, 집단따돌림 등 듣기만 해도 서글픈 일들이 학교 현장에서 끊이질 않는다. 도대체 왜, 이런 일들이 반복되는 걸까? 가장 큰 원인 가운데 하나를 나는 공감능력의 부족이라 꼽는다. 공감이란 '나는 당신의 상황을 알고 기분을 이해한다'는 의미, 즉 다른 사람의 마음과 감정을 이해하는 능력이다.

공감능력이 부족한 아이는 친구가 넘어져 무릎을 쥐고 아파하는 모습을 이해하지 못한다. 친구의 아픔보다는 친구가 갑자기 넘어질 때의 상황을 재미있어 하며 놀리기도 한다. 상대방이 아프고 슬프고 힘들어하는 상황을 나의 일처럼 깊게 생각하지 못하는 것이다.

공감능력은 유전적 영향이 크다는 연구도 있고, 남자 보다 여자가 더 높다는 연구도 있지만 아이의 공감능력을 키워주는 데 큰 역할을 하는 것은 바로 아이의 감정과 마음을 있는 그대로 받아주는 교육의 태도이다. 아이의 감정을 얼마나 잘 수용해 주느냐가 중요하다.

나는 미술치료전문가로서 현재 아동복지시설이나 이주여성, 미혼모시설, 정신보건센터, 장애인시설들에서 강의를 하고 있다. 대부분 사람들은 어려운 환경에 놓일수록 공감능력이 떨어지거나 결여된 건 아닐까 의심하기도 한다. 그러나 내가 경험한 바에 의하면 아이들은 모두 똑같다. 때로는 이기적이고 심술을 부릴 때도 있지만 모두가 천진무구하고 사랑받길 원하며 상대를 이해하고 도움주기를 원한다. 아무 이해타산 없이 친구를 사랑하고 함께 있고 싶어 하는 아이들이다. 상대방이 나를 믿어주고 있다는 믿음을 통해 아이들은 스스로를 사랑하고 존중하는 마음인 자존감을 높여 나간다.

사례1. 괜찮아, 그럴 수도 있지

경기도의 Y초등학교 5학년 김모 군은 G지역아동센터 북한이탈주민 가정의 친구 K를 못살게 군다. K가 북한에서 왔고 엄마랑 단 둘이 살며, 축구를 발차기로 부르는 등 언어차이로 말이 안 통해서 답답하다는 이유였다. 선생님으로서 이 상황을 파악한 나는 역할극을 준비했다. 서로의 입장이 바뀐 상황들을 설정하고 시연하면서 각자의 입장과 감정을 나누게 했다. 이 경험을 통해 김모 군은 K의 낯설고 힘든 어려운 상황을 깨닫게 됐고 그동안 자기가 한 행동을 후회하며 진심으로 사과하는 모습을 보였다. 괴롭힘을 당했던 K는 "괜찮아, 그럴 수도 있지"하며 눈물을 닦았다.

사례2. 더 이상의 괴롭힘은 없어

서울의 S초등학교 3학년인 박모군은 부모님은 1급 장애인이고 차상위계층의 아동이었다. 내성적인 성격으로 학교나 지역아동센터에서 따돌림을 당하며 같은 반 몇몇 학우들에게는 상습적인 괴롭힘을 당하고 있었다. 이 아이를 위해 나는 지역아동센터 아이들과 함께 하는 수업을 준비했다. 박모군은 자신을 따돌렸던 아이들과 함께 한다는 것에 처음에는 두렵고 소극적인 모습이었다. 물론 아이들도 박모군을 그다지 반겨하지 않는 눈치였다. 그러나 수업이 진행되면서 박모군과 아이들은 달라졌다. 또래관계 형성에 도움이 되는 협동 프로그램으로 미술치료와 놀이치료를 병행했는데 다양한 매체활동을 통해 마음의 감정들을 경험하면서 자신들의 행동을 돌아보게 됐다. 12회기 동안 이 프로그램에 참여하면서 박모군은 얼굴도 밝아졌고 적극적인 성격을 띠게 됐다. 친구들도 박모군을 더 이상 괴롭히지 않게 됐다.

위 사례들을 통해 알 수 있는 것처럼 우리 아이들의 교육에는 '함께'라는 열쇠 말이 항상 들어가야 한다. 4차 산업혁명 시대를 이끄는 건 아이들이다. 우리 아이들이 성장할 미래, 기계적인 사고와 기계적인 관계에 머물지 않고 여전히 사람과 사람이 사는 세상을 만들거나 이해하기 위해서는 공감능력이 필수다. 때문에 어렸을 때부터 공동체의 의미를 깨닫고 그 안에서 소통하며 행복하게 어울려야 한다. 친구를, 상대를 깊이 이해하는 공감능력을 그 안에서 배워야 한다. 미래 사회의 주역이 되거나 구성원이 될 모두의 소중한 아이들을 위해 교육을 재정비해야 할 때다.

4) 부모의 역할

인공지능이 사람을 대신하는 로봇시대가 눈앞인 현실에서 부모들도 달라져야 한다. 미래에는 없어질지도 모르는 직업을 위해 여전히 명문대 입성을 꿈꾸며 사교육에 목을 매고 있고 있다가는 큰코 다친다. 우리 아이를 공감능력이 뛰어난 창의적인 인물로 키우기 위해서 부모는 어떤 노력을 해야 할까? 그 방법은 이미 우리가 다 알고 있는 지극히 평범하고 사소한 내용일지도 모른다. 하지만 부모의 작은 실천 하나가 아이의 미래를 바꾼다. 미래의 주역이 될 우리 아이들을 위해 지금부터라도 조금만 더 부지런해져야 한다.

(1) 감정 묻기

공감능력이 낮은 아이들은 친구와 어울릴 때 제대로 관계 맺는 방법을 모르는 경우가 많다. 이런 아이는 또래관계에서 어떻게 행동해야 할지 몰라 불안해하거나 갈등을 겪게 된다. 어릴 때부터 공감능력을 발달시키기 위해서는 어떠한 상황에 처했을 때 아이가 어떤 감정을 느끼는지 스스로 알아차리고 표현할 수 있어야 한다.

책을 통한 간접 경험도 도움이 된다. 동화 속 성냥팔이 소녀를 보며 "많이 춥고 외롭겠구나. 엄마는 맨발인 소녀를 보니까 마음이 많이 아프고 슬프네. 너는 어때?"라고 물어보면 아이는 자신의 감정 상태를 스스로 돌아보게 된다.

(2) 감사의 마음 표현하기

'고맙습니다'라는 말은 예의바름과 감사의 표현이다. 공감능력이 뛰어난 아이일수록 상대의 호의에 감사하며 자기의 인사말이 상대에게 어떤 느낌을 주는지 이해한다. 자신의 좋은 기분을 느끼고 동시에 그 좋은 기분이 다른 사람이 해준 것의 결과라는 것도 이해한다는 의미다. 사람과 세상을 향한 따뜻한 마음은 감사의 인사에서 나온다. 자녀가 많이 보고 배울 수 있도록 부모부터 먼저 많은 표현을 해야 한다.

(3) 역할 바꾸기

역지사지는 갈등해결의 기본이다. 자녀가 고집을 부리거나 갈등이 생겼을 땐 심호흡 한 번 하고 잠시 스톱을 외친다. 행동을 잠시 멈추고 서로 역할이 바뀌면 상대방의 기분이 어떨지 생각해 보자고 제안한다. 소꿉놀이처럼 자신이 엄마가 된 기분을 느끼면 고집 피우던 자신과 엄마의 마음이 어땠는지 돌아보게 된다. 이처럼 갈등이 생겼을 때 역할 바꾸기는 상대방의 입장이 돼 생각함으로써 공감능력을 강화하는 데 도움을 줄 수 있다.

[그림8] 역할바꾸기는 공감능력을 강화하는데 도움

(4) 잘 들어주기

공감능력 발달은 부모가 먼저 귀를 열고 잘 들어주는 데에서 시작한다. 눈높이를 맞춰 자녀의 감정을 받아들이고 조절해줄수록 아이들은 보다 편안하고 안정적인 정서를 가지게 된다. 아이의 말과 표정에 집중하고 귀 기울여 잘 들어주자. '그랬구나', '그래서?'와 같은 말과 반응으로 아이들의 감정을 지지해 주고, '오~', '저런'과 같은 감탄사로 아이의 말에 집중하고 있다는 것을 표현하자. 자녀의 좋은 행동도 보자마자 칭찬해 준다. 아무 보상 없이 한 나의 행동이 상대방이나 부모님을 기쁘게 한다는 사실을 알게 되면 자신감 또한 상승한다.

어렸을 때 공감받지 못한 아이들은 자라면서 부모뿐만 아니라 다른 사람을 향한 불안감과 불신도 커질 수 있다. 잘못한 일에만 실수를 했다고 생각하는 것이 아니라 '나는 나쁜 아이야'라는 생각에 자존감도 떨어질 수 있는 것이다. 이런 상황에서 다른 사람에게 공감하고 배려하는 능력을 키운다는 것은 어불성설이다.

사춘기 아이들을 둔 많은 부모들은 자녀와의 사이가 멀어짐을 한탄한다. 사랑하는 내 아이의 학교 생활은 어떤지, 성적관리는 하고 있는지, 친구와의 관계는 어떤지 하나부터 열까지 궁금한 게 부모들 마음이지만 아이들은 도무지 입을 열 생각이 없다. 그저 방문을 닫거나 귀를 닫으면 그만이다. 우리 딸은 나랑 한마디도 안 한다던가 우리 아들은 귓등으로도 안 듣는다는 서운함 섞인 고민들을 털어 놓는다.

그런데 가만히 생각해 보면 '어느 날 갑자기'가 아니다. 어린 시절 부모에게 이해받지 못했던 경험을 갖고 있는 아이는 어느 순간부터 부모와의 마음의 거리가 점점 멀어졌고, 대화를 하지 않는 상황으로까지 오게 된 것이다.

'말해봤자 뭐해. 내 마음도 몰라주는데'라는 체념이 아이에게 더 익숙해지도록 방치해서는 안 된다. 어렸을 때부터 부모는 아이가 어떤 감정을 느끼고 있고, 뭐가 힘든지, 마음 속 풍파를 헤쳐 나오는 성장의 과정 속에 진심으로 손을 내밀어 위로해 주고, 하고 싶은 말을 경청해 주어야 한다.

나는 미술심리학을 공부하는 연구자이자 치료사로서 오랜 기간 예술치료 프로그램을 진행해 왔다. 그리고 다양한 기관에서 다양한 대상을 통해 문화예술교육이 정서적으로 얼마나 중요한지를 체감하게 됐다. 문화예술교육은 예술을 매개로 사람의 마음을 치유하고 관계형성을 돕는 통합적인 예술치료 프로그램이다. 인간은 감정의 동물이기에 정서를 풍부히 고양할 수 있는 문화 예술적 요소가 중요하고 반드시 필요로 한다. 이러한 정서적이고 감성적인 영역은 인공지능이 점령할 미래에도 유효하다. 문화예술교육은 4차 산업혁명 시대의 중요한 열쇠 말인 공감능력 향상을 위한 대안이 될 수 있다.

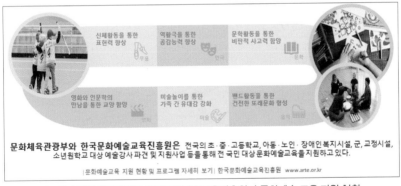

문화체육관광부와 한국문화예술교육진흥원은 전국의 초·중·고등학교, 아동·노인·장애인복지시설, 군, 교정시설, 소년원학교 대상 예술강사 파견 및 지원사업 등을 통해 전 국민 대상 문화예술교육을 지원하고 있다.

|문화예술교육 지원 현황 및 프로그램 자세히 보기| 한국문화예술교육진흥원 www.arte.or.kr

[그림9] 문화체육관광부 한국문화예술교육진흥원의 문화예술 교육 지원 현황

1) 미술치료에서의 공감능력

미술 표현은 정서적 공감능력과 관련된다. 작품의 소재를 선택하고 주제를 도출하는 과정에서 작품의 내용을 다각도로 분석하고

해석하면서 공감능력이 이뤄진다. 자신의 정서와 타인의 정서를 이해하고자 노력하면서 대상을 깊이 관찰하게 된다. 아이들은 자신의 문제와 타인과의 관계로 인해 정서적 갈등을 겪기도 하지만 표현이라는 활동을 통해서 공감을 위한 구체적 노력을 함으로써 정서적 안정감을 갖게 된다.

사례1. 함께하는 미술, 함께 커가는 아이들

몇 년 전 나는 청소년수련관에서 장애인과 비장애인 캠프프로그램을 1박 2일간 진행한 적이 있다. 이 프로그램은 다양한 자연 매체물과 가공 자연 매체물을 갖고 공동의 미술작품 결과물을 만들어 내는 것이었다. 수업을 진행하는 동안 아이들은 장애인 비장애인 구분 없이 서로 소통하며 자연스럽게 어울렸다. 모두가 하나의 뜻을 모아 좋은 작품을 완성하는 데는 뇌병변이나 지체장애가 아무런 문제가 되지 않았다. 모두는 자신의 생각이나 재능이 작품에 반영될 수 있도록 적극적인 의견을 표출하며 소통했다. 서로의 부족한 점을 채우려는 상호작용도 원활하게 이뤄지는 모습을 볼 수 있었다. 장애인과 비장애인이라는 보이지 않는 경계선과 선입견이 미술을 통해 허물어지는 느낌이었다.

[그림10] 미술을 통해 장애인과 비장애인의 경계나 선입견이 바뀔 수 있다.

2) 음악영역에서의 공감능력

아이들은 음악을 통해 자기를 표현하고 공감하면서 자신의 마음과 몸에서 일어나는 일에 반응하는 법을 배운다. 노래를 듣거나 부르는 등의 정서적 음악활동을 통해 자신의 진짜 마음의 소리에 귀 기울이고 나아가 타인의 이야기에 공감하면서 정신적으로 성장한다.

사례2. 흔들고 두드리며 신나게 부르는 노래
음악 프로그램은 장애인들이 가장 좋아하는 수업 중 하나다. 신나는 음악엔 흥에 겨워 솔직하게 몸을 흔들고 잔잔한 음악엔 가만히 귀 기울여 듣는 진지한 모습들이 참으로 아름답다. 현재 나는 장애인재활자립센터에서 3년째 집단 프로그램을 진행하고 있다. 작년에는 집단 음악심리 프로그램을 25회기까지 진행했다. 다양한 악기들과 소통하고 직접 악기 도구들을 만들어 흔들어보거나 두드려보고 음악에 맞춰 노래도 부르는 내용이었다. 여기에 참가한 장애인들은 중증 1급이었는데 수업 전엔 소극적이고 자신감이나 감정표현에 어려움을 보였지만 25회기 내내 즐거워 보이는 표정 속에서 자신감 향상과 감정표현이 원활함이 관찰됐다. 음악을 통해 서로 어울리고 소통하면서 공감능력 향상은 물론 대상자 만족도 최고의 프로그램이 됐다.

3) 문학에서의 공감능력

문학은 사람을 이해하고 통찰하는 기본 학문이다. 책 속 인물들의 감정이나 내용에 깊이 빠져들면서 비판적 사고력과 공감능력이 능력이 향상되고 인간의 삶을 이해하는 원동력이 된다.

그런데 안타깝게도 우리나라는 OECD 회원국 중에서 책을 잘 안 읽는 국가로 꼽힌다. 뿐만 아니라 우리나라 38.5%의 학생이 학업 이외에는 단 한 권의 책도 읽지 않는다고 한다. 독서로만 놓고 보면, 한국은 어른, 아이 할 것 없이 모두 퇴보하고 있다는 생각에 마음이 무겁다.

독서의 퇴보와 부재는 온 세계가 4차 산업혁명 시대를 맞고 있는 작금의 경쟁 상황에서 개인과 국가에 치명적인 손상을 준다. 특히 아동청소년기의 독서 경험이 평생 독자를 가르는 만큼, 아이들의 독서는 더욱 중요하다. 이러한 상황에서 독서가 인간의 사고와 감성과 추론, 그리고 타인을 이해하는 공감능력에 어떻게 기여하는지 아는 것은 그 어느 때보다 중요하다.

사례3. 백설공주가 뭐예요?

내가 처음으로 프로그램을 맡았던 곳은 굿네이버스 지역아동센터다. 대학원 때 나는 이곳의 통합예술치료사로 발탁됐다. 치료 대상은 북한이탈주민 아동들과 한 부모 가정의 아동들이었다. 이곳의 아이들과 나는 3년 동안 함께 했는데 역할극 활동을 진행하던 어느 날, 나는 머릿속이 하얘지는 큰 충격을 받고 말았다. 동화 백설 공주와 신데렐라로 연극을 하기로 한 날이었다. 연극으로 풀어갈 이야기를 내가 쭉 설명했는데 유독 북한이탈주민 아동들 4명만 반응이 없었다. 그러던 중 4학년인 북한이탈 아동이 손을 번쩍 들어 "백설공주는 뭐고 신데렐라는 뭐냐?"고 이해하기 어렵다는 표정으로 물었다. 그때는 내가 정말 실수했구나 생각했다. 전 세계 어린이들이 다 알고 있을법한 동화 내용을 북한이탈주민 아동들은 전혀 인지하지 못하고 있던 점을 간과했던 것이다. 동화 줄거리를 다시 잘 설명하고 읽고 그림으로 감상한 후에야 역할극을 마무리 할 수 있었다.

고립되고 패쇄적인 나라에서 자란 아이들, 어른들을 따라 어렵사리 북한을 탈출해 낯선 환경과 문화에 던져진 아이들에게 신데렐라 백설 공주는 아직까지 낯선 이야기였던 것이다. 나는 치료사로서 북한이탈주민 아이들을 잘 이해하고 있다고 생각했지만 부끄럽게도 아이들의 깊은 마음속까지는 들여다보지 못했던 점을 깊이 반성했다. 이때를 교훈 삼아 나는 지금도 아이들과 눈높이를 맞추고 공감하려는 노력을 계속하고 있다.

4) 공감능력을 키우는 사랑

공감능력이 있다면 아무리 각박한 세상에서도 함께 마음을 나누면서 세상의 거친 풍파와 시련도 딛고 일어설 수 있는 힘이 생긴다. 대부분의 사람들은 TV 드라마를 볼 때 슬픈 장면을 보고 눈물을 흘린다. 주인공의 감정에 따라 어느 땐 펑펑 울기도 하고 깔깔 웃기도 한다. 이 또한 공감에서 나오는 표현들이다. 이 책을 읽는 독자들은 미래의 주인공인 우리 아이들의 마음을 공감하며 느긋이 함께 바라보고 지켜주는 어른들이 되었으면 한다. 조금은 서툴거나 오래 걸려도 끄덕끄덕 인정해주면서 말이다.

글을 쓰면서 공감능력을 누누이 강조했지만 실은 이보다 더 중요한 게 하나 더 있다. 우리가 갖고 있는 아름다운 힘, 바로 사랑의 능력이다. 아이들을 향한 사랑의 감정을 부모가 풍부히 표현하는 것 또한 공감능력 못지않게 중요하다. 만약 어떤 잘못을 저질렀을 경우 질책보다 사랑을 더 많이 받고 자란 아이는 엇나가지 않고 다시 제자리로 돌아와 새로 시작할 용기를 얻을 확률이 훨씬 높다는 것을 잊지 말아야 한다. 이처럼 '사랑해'라는 표현은 아이의 자존감을 높여 줄 뿐만 아니라 공감능력을 키워 주고 어려운 상황을 극복하는 힘도 키워준다. 사랑한다는 말을 많이 듣고 자란 아이일수록 자신을 더 소중하고 가치 있는 존재로 여기게 된다.

위에서 살펴본 바와 같이, 4차 산업혁명 시대의 화두가 된 공감능력을 알아보고 우리 아이들의 교육 방향과 목표를 고민했다면 이젠 앞으로 나가야 할 때다. 인공지능의 뛰어난 자가발전력과 완벽함은 이제 인간을 넘어섰다. 하지만 공감능력 만큼은 기계가 절대 복제할 수 없는, 온기를 지닌 사람만이 가질 수 있는 영역이다.

삶의 형태와 구조가 혁명적으로 바뀐다는 격변의 전환기에 언제까지 과거식 교육의 패러다임에 발목 잡혀 있을 순 없다. 깊이 사고하고 함께 사는 세상을 가꿔나가려는 노력이 어느 때보다 필요한 시점이다. 부모마다 서로 다른 속도로 달리고 있을지라도 우리는 모두 같은 시대를 살아갈 아이를 사랑으로 키우고 있다는 점에서 특별한 공감능력을 발휘해야 한다.

　나는 교육에 몸담고 있는 미술심리치료 전문가로서 현재는 물론 4차 산업혁명 시대를 살아갈 우리 아이들이 언제 어디서나 당당하고 행복하게 살아갈 수 있기를 진심으로 바란다. 더불어 아이들을 응원하고 교육에 관한 열정과 관심을 쏟는 부모들이 더욱 많아지기를 꿈꾼다.

　앞서 제아무리 인간의 기술을 뛰어넘는 인공지능이라 할지라도 인간이 갖고 있는 마음만은 어쩌지 못함을 살펴보았다. 얼굴을 마주하고 눈빛을 바라보며 상대의 미묘한 속마음과 표정을 읽고 이해할 수 있는 인간의 능력은 기계가 감히 넘보지 못할 영역이다. 이를 대변하는 공감능력은 미래 사회에 더욱 빛을 발하게 될 개인의 성품일 뿐만 아니라 지금 이 순간에도 우리가 지녀야할 가장 기본적인 덕목이다. 공감은 사람과 세상에 대한 깊은 이해를 통해 우리가 상상력을 발휘하고 서로를 존중하며 무언가 더 나은 것을 함께 만들 수 있게 하기 때문이다.

　따라서 4차 산업혁명 시대의 혁명적인 변화를 몰고 올 미래의 새로운 인재상 역시 공감능력이 뛰어난 사람이어야 한다는 것도 알아보았다. 다른 사람들의 감정과 관점을 공감하는 것은 앞으로 아이들 각자가 어떤 직업을 갖고 살아가든 꼭 필요한 대인관계의 기반이 된다. 초연결성과 초지능성, 예측가능성을 특징으로 하는 미래 사회는 지금보다 더 복잡한 문제로 가득 찰 것이지만 사람들은 언제나 지혜를 함께 모으고 시행착오를 겪더라도 결국은 해법을 찾아나갈 것이다. 한 사람의 결정이 체제나 시스템 전체에 미치는 영향이 적지 않음을 인식하며 서로 협력하고 소통하며 공동을 위한 최선의 결정을 내릴 것이다.

이처럼 4차 산업혁명 시대가 두려움보다는 기대가 조금 더 앞서는 것은 우리 아이들을 믿기 때문이다. 미래를 준비하는 우리 아이들은 기계의 주인이 될 기술적인 능력은 물론 인류애를 향한 뜨거운 심장을 지닌 훌륭한 인격체로 성장할 것이다. 이를 위해 어른들의 역할과 책임이 그 어느 때보다 강하게 요구되고 있는 시점임을 느낀다.

공감능력은 절대로 혼자 키울 수 없는 능력이다. 많은 사람과 만나고 대화하며 경험을 공유할 때 향상된다. 외로이 혼자 책상에 앉아 공부하는 방식보다는 여럿이 함께 뭔가를 도모하고 실패의 쓰라림이나 성취의 기쁨을 맛보는 떠들썩한 모임에서 아이들의 몸과 마음은 건강해진다. 공감능력 향상을 위한 교육, 그 중에서도 나는 미술, 음악, 문학 등 전 부분에 걸친 문화예술교육이 아이들의 위해 기획되고 시행돼야 함을 앞에서 강조했다. 다행히 4차 산업혁명 시대의 교육을 고민하는 전문가와 종사자들은 지금도 다양한 프로그램을 연구하거나 진행하고 있다. 학부모와 교사, 학교와 정부 각계각층에서 미래 우리 아이들을 위해 총 역량을 동원해야 할 때다.

6

우리 아이들의
미래교육

양 성 희

증권경제방송 토마토티비 및 키움증권 채널K 앵커 출신으로 현재는
공무원으로 재직 중이다.

이메일 : seonghui.yang@gmail.com

06

우리 아이들의
미래교육

Prologue

4차 산업혁명이라는 용어는 세계경제포럼(WEF)의 회장 클라우스 슈밥이 지난 2016년 1월 스위스 다보스에서 처음 언급한 이후 지금도 여전히 뜨거운 관심을 받고 있다. 더욱이 자율주행차와 증강현실(AR), 가상현실(VR) 등 4차 산업혁명 기술들이 하나둘 상용화되면서 기술우위를 점하기 위한 국가 간 경쟁도 심화되고 있다.

지난 3월 대한무역투자진흥공사(KOTRA)가 발표한 '전 세계가 평가한 한국의 4차 산업혁명 현주소는?'이라는 보고서에 따르면 우리나라의 경우 선진국과 비교해 경쟁력이 크게 뒤쳐지는 것으로 나타났다. 한·중·일·미·독 5개국 신산업 경쟁력 비교에서 독일은 전기차, 스마트선박, 첨단신소재, 에너지산업 등 8개 분야에서 가장 높은 평가를 받았다. 또 미국은 항공 드론, AR, VR, 차세대

반도체 등 3개 분야에서 일본은 차세대 디스플레이 분야에서, 가장 앞선 경쟁력을 보유한 것으로 평가됐다.

하지만 한국은 차세대 디스플레이를 제외한 11개 분야에서 미국·일본·독일에 모두 뒤쳐졌으며 이들 선진국 그룹과의 격차도 큰 것으로 조사됐다. 그동안 한 수 아래로 평가돼왔던 중국과의 격차도 생각만큼 크지 않은 것으로 나타났다.

이 같은 결과를 놓고 일부 언론들은 '우리나라의 4차 산업혁명 육성정책의 출발이 늦었다는 비판을 피할 수 없다'고 평가했다. 또 많은 교육전문가들은 "현재의 교육정책만으로는 우리나라가 4차 산업혁명의 주역이 되기 어렵다"는 우려의 목소리를 내놓기도 했다.

그렇다면 우리나라의 국가 경쟁력 확보를 위해 그리고 우리 아이들의 미래를 위해 어떤 교육이 필요할까? 4차 산업혁명이 무엇이며 그에 따른 우리사회의 변화에 대해 알아보고 우리 아이들의 미래교육방향에 대해 함께 생각해보고자 한다.

1. 4차 산업혁명이란

1) 4차 산업혁명의 개념

클라우스 슈밥은 4차 산업혁명에 대해 "물리적 영역, 디지털 영역, 생물학 영역의 경계가 허물어지는 융·복합 산업혁명이다"라고 말했다. 또한 클라우스 슈밥은 "제4차 산업혁명은 제3차 산업혁명의 연장선이 아니라 그와는 현저히 구별되는 특징이 있다"며 이러한 구별의 근거로 다음 세 가지를 제시했다.

- 속도(Velocity) : 제4차 산업혁명은 제1~3차 산업혁명과 달리 기하급수적인 속도로 전개되고 있다. 이는 우리가 살고 있는 세계가 예전보다 서로 더 깊게 연결되어 있으며 새로운 기술들이 그보다 더 새롭고 뛰어난 역량을 갖춘 기술을 만들어내면서 생겨난 결과이다.

- 범위와 깊이(Breadth and depth) : 제4차 산업혁명은 디지털 혁명을 기반으로 다양한 과학기술을 융합해 개개인뿐 아니라 경제, 기업, 사회를 유례 없는 패러다임 전환으로 유도한다.

- 시스템 충격(Systems Impact) : 제4차 산업혁명은 국가·기업·산업 간 그리고 사회 전체 시스템의 변화를 수반한다.

2) 4차 산업혁명의 특징

4차 산업혁명의 특징은 '기하급수적인 기술 진보', '융·복합과 불확실성', '탈경계화와 초연결사회'로 정리할 수 있다.

첫째, '기하급수적인 기술 진보'란 빅 데이터와 인공지능을 기반으로 4차 산업혁명의 진화속도가 이전의 혁명들과는 큰 차이를 보인다는 것이다.

둘째, '융·복합과 불확실성'이란 4차 산업혁명은 기술 또는 산업 간 융·복합이 가속화되고 그 결과를 예측할 수 없다는 점에서 기대와 우려가 공존한다는 것이다. 지식과 정보의 축적이 기하급수적으로 진행되는데다 언제 어디서든 그 정보를 사용할 수 있다는 점에서 기술 또는 산업간 융합이 더욱 활발히 이뤄지고 예상치 못한 새로운 결과물을 얻을 수 있게 됐다.

셋째, '탈경계화와 초연결사회'란 초고속 무선통신과 클라우드 네트워크 등 디지털 기술 발전으로 기계와 사람, 사물이 서로 정보를 주고받으며 상호작용이 가능해지는 것을 말한다.

이러한 4차 산업혁명의 영향으로 GE가 제조업에서 IT 기업으로 변신하고 구글이 자동차 산업에 진출하는 등 산업 및 기업 간의 고유한 업무 경계가 사라지는가 하면 가상과 현실의 경계도 사라지고 있다.

3) 국가별 대응 전략

주요국들은 4차 산업혁명을 자국의 기술 및 제조업 혁신의 기회로 활용하기 위해 이를 국가적 최우선 과제로 삼고 있다. 전 세계 국가들이 나서 4차 산업혁명을 중시하는 것은 이것이 향후 국가경쟁력을 결정할 뿐만 아니라 발전 속도 면에서 이전 산업혁명들과는 비교할 수 없을 만큼 빨라 그 격차를 줄이기 어렵기 때문이다.

(1) 독일

제조 강국인 독일은 신흥국의 저가 경쟁과 기술추격, 고령화로 인한 생산가능 인구감소 등의 문제가 제기되자 연구 개발과 산업의 혁신을 통해 제조업 경쟁력을 유지하고자 하이테크 전략을 추진했는데 지난 2011년 '하이테크 2020'의 10대 핵심프로젝트 중 하나로 채택된 것이 인더스트리 4.0이다.

인더스트리 4.0은 제조업에 IoT와 센서기술 등의 ICT를 접목해 생산성을 높일 수 있었다. 특히 이러한 과정을 생산과정 뿐 아니라 제품 개발과 소비, 폐기에 이르기까지 전 과정을 포함하면서 다품종 대량생산에서 맞춤형 소량생산이 가능하게 됐다. 또 그 결과 장기적인 생산비용 절감이 이뤄지면서 동남아 등 저렴한 인건비를 찾아 해외로 나간 공장이 독일로 되돌아오는 리쇼어링(reshoring)이 이어지고 있다.

(2) 미국

미국은 구글과 아마존, 페이스북 등 세계 최고의 IT기업들이 4차 산업혁명을 선도하고 정부는 다양한 지원책을 추진하고 있다. 미국은 금융위기 이후 소득 양극화와 대량의 실업문제를 해결하는데 있어 서비스 위주의 산업구조의 한계를 경험하며 고부가가치의 제조업 역량 강화에 나섰다. 그것이 바로 지난 2011년 오바마 정부가 추진한 첨단제조파트너십(AMP: Advanced Manufacturing Partnership)이다. 여기에는 혁신기반, 인재양성, 비즈니스 환경개선 등 3개 분야 강화를 위한 방안을 담고 있다.

또한 미국 정부는 기업과 밀접한 IoT, 로봇공학 등에 관한 기술을 연구개발 투자대상 기술로 선정해 지원을 강화하고 있다. 특히 개별기업 차원에서 접근하기 힘든 빅 데이터 고도화를 위해 지난 2012년부터 '빅 데이터 이니셔티브'를 추진해왔다.

미국 기업들은 독자적 또는 컨소시엄으로 인공지능과 3D 프린팅을 개발하고 있으며 시장 기반의 표준화 전략으로 새로운 사업모델을 제시하는 한편 수익 창출을 위해 4차 산업혁명을 접근하고 있다.

(3) 일본

일본은 다보스포럼에서 '4차 산업혁명' 개념이 제시된 후 정부 차원에서 이 개념을 적극 수용해 정책에 반영한 첫 번째 국가이다. 비록 미국과 독일에 비해 4차 산업혁명에 대한 대비는 늦었지만 민관이 함께 경기침체에 빠진 일본경제를 살리기 위해 국가 전반의 구조 개혁을 추진해왔다.

(4) 중국

경제개방 이후 급속한 경제성장을 기록했던 중국도 글로벌 금융위기를 겪으면서 저성장세로 돌아서게 됐다. 이에 지난 2013년 출범한 시진핑 정부는 경제발전 패러다임을 제조 대국에서 제조 강국으로 전환해 양적 성장에서 질적 성장을 추진하고 있다.

중국은 독일의 인더스트리 4.0을 벤치마킹하여 국가 전략인 '중국제조 2025'을 도입했으며 정부의 강력한 리더십과 함께 인구 14억의 규모의 경제가 더욱 힘을 실어주고 있다. 더욱이 중국의 3대 IT기업인 바이두, 알리바바, 텐센트와 유망 스타트업이 그 성장세를 견인하고 있다.

(5) 한국

우리 정부도 '4차 산업혁명'을 최우선 국정과제로 설정하고 지난해 10월 대통령 직속 '4차 산업혁명 위원회'를 공식 출범했다.

우리나라는 국내 인건비 증가와 경쟁국과의 기술격차 감소 등으로 주력산업이 힘을 잃고 있는 가운데 신 성장 동력이 미흡하다는 평가가 나오면서 새로운 경제 활력 어젠다로 지난 2016년부터 4차 산업혁명이 본격 제기되기 시작했다. 산업통상자원부는 지난 2014년 6월 '창조경제 구현을 위한 제조업혁신 3.0 전략'을 제시했다. 제조업 혁신 3.0의 주요 내용은 IT와 소프트웨어(SW)의 융·복합 등을 통해 기존의 제조업을 첨단화, 고부가가치화 한다는 것이다.

지난해 문재인 정부는 국정과제를 통해 우리나라 4차 산업혁명 추진을 체계적으로 지원한다고 밝혔다. 100대 국정과제 가운데 '소프트웨어 강국, ICT 르네상스로 4차 산업혁명 선도 기반 구축', '고부가가치 창출 미래형 신산업 발굴·육성', '친환경 미래 에너지 발굴·육성', '혁신을 응원하는 창업국가 조성' 등이 포함돼 있다.

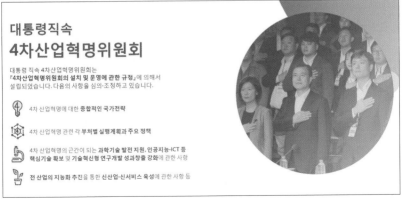

[그림1] 대통령직속 4차산업혁명위원회 (출처: 4차산업혁명위원회)

2. 4차 산업혁명이 가져온 사회 변화

4차 산업혁명 시대의 진화속도는 이전의 산업혁명과 다르게 빅데이터와 인공지능이 결합되어 그 속도와 영향력이 매우 넓을 것으로 전망되고 있다. 이미 4차 산업혁명은 제조업을 넘어 농업, 금융, 의학, 법률 등 거의 모든 산업에 깊숙이 파고들어 우리사회를 크게 변화시키고 있다. 그 결과 우리는 새로운 미래에 대한 설렘과 기대감을 갖게 되었다. 하지만 이와 함께 가까운 미래에 우리의 일자리가 없어질 지도 모른다는 우려와 우리가 미래에 대한 준비를 잘하고 있는가에 대한 불안감도 느끼며 살아가고 있다.

1) 1차 산업 - 스마트농업

최근 농업은 정보통신기술(ICT), 바이오기술, 녹색기술 등 첨단기술이 융합된 형태로 진화하고 있다. 특히 ICT를 접목한 스마트농업이 생산물의 품질과 생산 효율을 높이는 데 기여할 수 있어 노동인구 및 농지 감소, 기후변화에 따른 기상이변 등의 문제를 해결할 수 있는 방안으로 떠오르고 있다.

스마트 농업과 관련된 생산 영역의 주요 산업 기술은 스마트 팜, 식물공장, 지능형 농작업기 등이다. 이중 스마트 팜(smart farm)은 센서와 네트워크 기반의 스마트 농업생산 시스템이다. 각종 센서 기술을 이용해 농축산물의 생장·생육 단계부터 온도, 습도, CO_2 등의 정보 관리에 기초해 최적의 환경을 조성하고 병충해 등의 피해를 막기 위한 시스템 기술로 최근 네트워크, 분석 소프트웨어, 스마트기기와의 연계를 강화하고 있다.

스마트 팜은 기존 농사 대비 동일 면적에서 더 높은 수확량을 거둘 수 있다. 또 작물이 필요로 하는 최적의 생육환경을 체계적으로 관리해 병충해에 완벽하게 대응할 수 있고 에너지를 절약하며 최소 인력으로 가능하다는 것도 장점이다

일본의 농업기업 스프레드(Sprad)는 지난 2017년 세계 최초로 '무인 로봇 농장'을 상용화 했다. 이 농장에서는 로봇이 사람의 일을 대신한다. 물을 주고, 솎아주며, 옮겨 심고, 수확하는 일 모두 로봇이 한다. 이 기술로 매일 2만 1,000 포기의 양상추를 수확하고 있다.

[그림2] 일본의 로봇 농장(출처: 가디언)

'팜 2050 리포트'에 따르면 현재 76억 명인 전 세계 인구가 향후 빠른 속도로 증가해 오는 2050년에는 100억 명에 이를 것으로 전망했다. 또한 인구 증가로 인한 식량문제를 해결하기 위해서는 오는 2050년까지 지금보다 70%정도의 식량 생산이 증가해야 할 것으로 내다봤다. 현재 많은 국가들이 혁신적인 농업생산방식을 연구하고 있다.

　농산물 생산량과 교역량 모두에서 세계 1위인 미국은 최근 인공위성에서 받은 위치 정보를 이용해 무인 트랙터로 농장을 원격 관리하는 기술을 도입했다. '농업의 95%는 과학기술이고, 나머지 5%만이 노동력'이라고 믿는 농업 선진국 네덜란드에서는 이미 지난 1977년부터 온실을 컴퓨터로 관리하는 복합 환경제어 시스템을 갖추고 있다. 가까운 일본은 정부 차원의 스마트 팜 지원에 힘입어 세이와, 후지츠 같은 기업들이 스마트 팜을 신 성장 동력으로 삼고 있고 중국은 스마트 팜 확대를 위해 지난 2016년 '전국 농업현대화 계획'을 발표하고 꾸준히 추진하고 있다.

　우리나라는 농림축산식품부에서 지난 2014년부터 농가 경쟁력 강화 및 스마트 팜 관련 산업의 선순환 생태계를 조성하기 위해 스마트 팜 보급 사업을 본격 추진해왔다. 그 결과 지난해까지 시설원예 4,000ha, 축산농가 730호 및 과수농가 600호에 스마트 팜을 보급했다.

2) 2차 산업 - 스마트 팩토리(Smart Factory)

[그림3] 스마트 팩토리 (출처 : packagingstrategies.com)

스마트 팩토리는 제품을 조립, 포장하고 기계를 점검하는 전 과정이 자동으로 이뤄지는 공장이다. 스마트 팩토리는 모든 설비와 장치가 무선통신으로 연결되어 있기 때문에 실시간으로 전 공정을 모니터링하고 분석할 수 있다. 스마트 팩토리에서는 공장 곳곳에 사물인터넷(Internet of Things, IoT) 센서와 카메라를 부착시켜 데이터를 수집하고 플랫폼에 저장해 분석한다. 이렇게 분석된 데이터를 기반으로 어디서 불량품이 발생했는지, 이상 징후가 보이는 설비는 어떤 것인지 등을 인공지능이 파악해 전체적인 공정을 제어한다.

기업들이 기존 제조공정에 스마트 팩토리를 도입하면서 제조업의 혁신이 일어나고 있다. 화학, 철강, 자동차, 항공, 식료품, 섬유 등 다양한 제조 산업에 걸쳐 스마트 팩토리를 도입하게 되면서 디지털 신기술에 의해 생산성이 증폭되고 기존에 소비자에게 제공하지 못했던 다양한 서비스 제공이 가능해지고 있다.

이에 따라 제조업의 패러다임도 변화하고 있다. 실시간 주문형 맞춤형 생산이 가능해지고 제조공정의 디지털화가 가속화되고 있다. 재고량을 전에 없이 최소화하고 제품 불량률을 낮추며 인건비가 절감되면서 생산성 혁신이 나타나고 있다.

독일과 미국, 일본 등은 스마트 팩토리 구축의 선두로 나서고 있다. 독일은 정부 주도하에 산·학·연 연계를 통해 세계의 공장을 만드는 공장을 개발 중이다. 미국은 사물인터넷(IoT)을 통한 대기업 주도의 시장기반 스마트 팩토리 구축을 진행한다. 일본은 특정 분야를 집중하며 AI 등의 솔루션 중심의 전략을 추진하고 있다.

아울러 새롭게 제조 강국으로 부상한 중국은 2015년 '중국제조 2025' 정책을 발표하며 정부 주도의 강력한 스마트 팩토리 구축 사업으로 두각을 드러내고 있다. 이밖에도 인도, 중동, 아프리카, 동남아시아 등의 신생 제조업들이 스마트 팩토리를 연구하며 4차 산업혁명 시대의 주도권을 잡기 위해 노력하고 있다.

[그림4] GE의 '생각하는 공장(Brilliant Factory)'(출처 : GE리포트코리아)

　지난 2015년 2월 인도 푸네시에 문을 연 GE의 '생각하는 공장 (Brilliant Factory)'은 항공, 발전, 오일 및 가스, 운송 등 GE의 네 가지 사업영역에 필요한 제품을 모두 한 곳에서 생산하는 멀티 모 달 공장(Multi-Modal Factory)이다. 이 공장은 GE의 대표적인 스 마트 팩토리로 하나의 생산설비가 자동으로 모드를 전환해 제트엔 진, 풍력터빈 등 다양한 제품을 만들어낸다. 제조공정과 컴퓨터는 실시간으로 정보를 주고받으며 품질 유지와 돌발적인 상황에 대처 한다. 또 인터넷을 통해 공급망, 서비스, 유통망을 연결해 생산을 최적화 하고 있다.

[그림5] 포스코 스마트 팩토리 (출처 : POSCO NEWSROOM)

또 국내 기업 가운데 정보통신기술(ICT)을 적극적으로 활용하고 있는 곳은 '포스코'이다. 포스코는 지난 5월 스마트 팩토리 플랫폼인 '포스프레임(PosFrame)'을 모든 공정에 도입했다. 포스프레임은 철강제품 생산과정에서 발생하는 대량의 데이터를 수집, 저장하고 이를 데이터 분석과 인공지능(AI) 등 스마트기술을 적용해 품질 및 설비고장 등을 예측한다. 포스코는 주요 공급사들과의 스마트 팩토리 플랫폼을 공동으로 구축하고 공급사슬 내 정보 공유를 강화해 연결성을 높이고 있다.

3) 3차 산업 - 의학/금융업/법률서비스

(1) 의학

고도의 전문성이 요구되는 의학계에서도 4차 산업혁명으로 많은 변화를 겪고 있다. 바로 IBM이 만든 '왓슨' 덕분이다. 왓슨은 의학 전문지와 교과서 490여종에 담긴 1,500만 쪽 분량의 암 치료 연구 자료와 매일 평균 122건씩 발표되는 암 논문을 축적해 환자들을 진료한다.

국내 최초로 IBM사의 인공지능 암 진단 장비인 '왓슨'을 도입한 가천대학교의 경우 사람과 왓슨이 진단한 경우 80% 정도가 비슷한 결론을 내놓았지만 환자들은 인공지능에 대해 더 높은 신뢰를 보인 것으로 나타났다. 또 가천의대 길병원의 이언 부원장은 "왓슨이 환자의 전자 차트 기록을 스스로 분석하고 판단하는 능력을 갖추면 정말 인공지능 의사를 이길 의사가 없겠다는 공포감이 든다"고 말한 바 있다.

인공지능을 접목한 의료장비는 많은 정보가 축적된 빅 데이터를 통해 진단하는 만큼 그 결과가 사람이 하는 것보다 더 정확할 수 있다는 것이다. 이 때문에 인공지능을 접목한 의료산업이 더욱 빠르게 성장할 것이라는 전망이 나오고 있다.

(2) 금융

많은 글로벌 은행들이 인공지능(AI)을 업무에 적극적으로 도입하겠다고 밝히며 금융 산업에서 AI 경쟁이 예고되고 있다.

골드만삭스는 이미 지난 2016년 7월 AI 금융분석시스템 '켄쇼'를 도입해 2000년대 초반 600여 명에 달했던 트레이더들을 현재 2명으로 줄였다. 씨티그룹은 IBM이 개발한 AI '왓슨'을 신용평가에 활용하고 있다. 텐센트의 위뱅크는 AI를 통해 2.4초 만에 대출 심사를 끝내고 40초 만에 대출금을 지급하는 서비스를 제공한다.

골드만삭스의 켄쇼가 만든 AI '워런(Warren)'은 애널리스트 15명이 4주에 걸쳐 할 수 있는 분석 작업을 단 5분 만에 처리하는 능력을 갖춘 것으로 알려졌다. 예를 들어 미국 스탠다드앤드푸어스(S&P) 500 지수가 상승폭 5%를 넘긴 경우 남은 한 해 동안 지수가 어떻게 움직였는지를 물었을 때 인간 애널리스트는 며칠에 걸쳐 방대한 데이터를 분석해야 하지만 워런은 1초만에 대답이 가능하다.

지난 3월 총자산 5조 7,000억 달러 규모의 세계 최대 자산운용사 블랙록은 스타급 펀드 매니저를 AI로 대체하겠다는 계획을 밝혔다. 이 방침으로 존 코일, 뮤랄리 발라라만 등 지난 2012년 블랙록이 액티브 투자성과를 끌어올리고자 영입한 톱 매니저와 애널리스트들은 한순간에 일자리를 잃었다. AI가 굴리는 돈은 80억 달러 규모의 액티브 펀드 가운데 60억 달러에 이른다.

한편 지난해 11월 현대경제연구원이 내놓은 '4차 산업혁명에 따른 금융시장의 변화' 보고서에 따르면 '국내 금융 산업 취업자 약 76만 명 중 컴퓨터로 대체될 가능성이 큰 고위험 직업군 종사자 비율은 78.9%'에 달하는 것으로 조사됐다.

(3) 법률

미국은 지난 2016년 5월부터 세계 최초의 AI 변호사 '로스(ROSS)'가 실무에 투입돼 활동 중이다. 초당 10억 건이 넘는 법률문서를 검토·분석해 해당 사건에 최적화된 판결 내용 등을 추출하는 업무를 수행하고 있다.

올해 우리나라에서는 국내 최초로 인공지능시스템인 '유렉스(U-LEX), QA머신, 로보(Lawbo)' 등이 등장했다. 변호사들은 '유렉스'를 사용해 법령과 판례를 빠짐없이 파악할 수 있다. 특히 우선적으로 검토해야 할 법령과 판례도 확인할 수 있다. 일반인들도 일상적인 언어로 'QA머신'이나 '로보'에 질문을 하면 이들이 그에 맞는 답을 찾아준다.

[그림6] 대화 형 생활법률지식 서비스 '버비'(출처 : talk.lawnorder.go.kr)

또 법무부가 내 놓은 대화 형 생활법률지식 서비스는 '버비'이다. 아직은 초보적인 수준이긴 하지만 자체학습기능이 있어 서비스 이용이 늘 때마다 더 똑똑해 질 것이라는 설명이다. 법원도 인공지능에 뛰어들었다. 법원행정처는 개인회생·파산 사건을 담당하는 인공지능 재판연구관 도입을 위해 '지능형 개인회생파산 시스템'을 구축하고 있다.

3. 4차 산업혁명시대의 교육방향

1) 4차 산업혁명과 일자리

(1) 로봇(Robot)

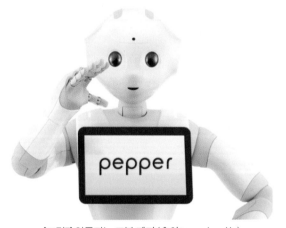

[그림7] 인공지능 로봇 페퍼 (출처: premium-j.jp)

로봇의 등장으로 생활의 편리와 생산성 향상이 가능해졌지만 단순조립근로자나 텔레마케터 등 단순 반복 업무를 주로 담당하는 사람들의 일자리는 곧 사라질 것으로 예상되고 있다. 반면 로봇 제조업과 관련된 서비스 분야에서는 직업이 더욱 전문화·세분화되어 많은 일자리가 생겨날 것으로 전망되고 있다. 예를 들어 로봇공학자는 로봇동작생성연구원, 로봇인식기술연구원, 로봇감성인식연구원 등으로 전문화·세분화되고 있고 로봇만을 연구·개발하는 전문 인력의 수요도 증가한다는 것이다. 또 고가의 로봇은 설치, 운영, 수리, 관리 등 거의 모든 과정에서 전문기술자를 필요로 하기 때문에 그 분야에 특화된 전문가가 더욱 중요해질 것으로 보인다.

(2) 인공지능(AI)

[그림8] 구글의 알파고 (출처: 더넥스트웹)

지난 2016년, 우리는 스스로 학습하는 능력을 가진 인공지능(AI) 알파고의 위력을 확인한 이후 큰 충격과 함께 AI에 대해 더욱 주목하게 됐다. 시장조사업체 IDC에 따르면 전세계 AI시장은 지난 2016년부터 오는 2020년까지 연평균 55.1%씩 성장할 것으로 전망했다. AI가 4차 산업혁명의 핵심 요소인 만큼 주요 국가와 기업들이 연구 개발을 위해 사활을 걸고 있다.

구글은 AI분야에 지난 14년간 34조에 가까운 금액을 투자하였으며, 미국 정부는 지난 2013년에 '브레인 이니셔티브(BRAIN Initiative) 정책'을 수립하고 체계적인 인공지능 연구개발을 통해 원천기술을 확보하고 있다.

일본 정부도 '일본재흥전략 2015'와 '로봇 신전략'에서 연이어 AI의 중요성을 강조하였으며, 지난 2016년 4월에는 총무성, 문부과학성, 경제산업성 등 3성 중심으로 인공지능정책 컨트롤타워 역할을 하는 인공지능기술전략회의를 신설했다.

중국 역시 국가적 AI종합정책을 추진하기 위해 지난 2016년 5월 국가발전개혁위원회에서 '인터넷 + AI 3년 행동실시방안'을 발표하여 AI 연구개발에서 3년 내 세계적 수준을 달성하고, 1000억 위안 규모의 시장을 창출하겠다는 목표를 제시했다.

세계적으로 AI 기술인력 부족이 심각한데 비해 중국은 바이두, 알리바바, 텐센트와 같은 대기업들이 풍부한 자금력을 바탕으로 AI 연구조직 설립에 나서고 있어 AI 분야의 인재풀이 다양하다는 강점을 가지고 있다.

우리나라는 지난 2016년 9월 과학기술정보통신부에 범정부 차원의 '지능정보사회추진단'이 조직되어 AI개발을 비롯한 4차 산업혁명 대응을 지원하고 있다. 한국은 AI 개발에 있어 개별 정책으로 추진되는 것이 아니라 4차 산업혁명 관련 통합 정책으로 추진하고 있는 것이 특징이다.

AI의 발전은 단순 반복적인 업무 종사자 뿐 아니라 전문직에게도 영향을 미칠 수 있을 것으로 전망되고 있다. 그 결과 앞서 살펴본 것처럼 진단, 판례 분석 등에 AI기술이 활용됨으로써 의사나 법조인과 같은 전문직에도 역할 변화가 일어날 수 있다. 또 감성적인 접근이나 세심한 배려가 필요한 업무는 AI로 대체될 수 없는 만큼 지금보다 더 높은 가치를 인정받을 것으로 보이며, 인간과 AI의 협업이 당연시될 것으로 예상된다.

(3) 빅 데이터(Big Data)

국가정보화전략위원회는 빅 데이터에 대해 '대용량 데이터를 활용, 분석하여 가치 있는 정보를 추출하고 생성된 지식을 바탕으로 대응하거나 변화를 예측하기 위한 정보화 기술'이라고 정의했다. 빅 데이터는 인터넷과 스마트폰 등을 통해 방대한 정보가 모이고 이를 분석하게 되는데 과거 수백만 원에 달했던 각종 센서와 장비의 가격이 기술 발전으로 가격이 크게 하락하면서 4차 산업혁명의 핵심기술이 될 수 있었다.

과거 혁신적 기술은 산업에 적용되는데 많은 시간이 소요되었지만 빅 데이터를 활용하면서 AI가 스스로 학습하고 최적 상태를 만들어 내며 제어하는 방법을 찾아내는 등 확장성이 높아져 각종 산업과의 접목도 빠르게 진행되고 있다.

한편 빅 데이터 전문가 역시 4차 산업혁명 가속화로 인해 전 세계적으로 필요로 하는 곳이 많아지면서 인력 양성이 활발하게 진행되고 있다.

(4) 사물인터넷(IoT)

사물인터넷이란 센서를 기반으로 사물 간 인터넷을 통해 실시간으로 데이터를 주고 받는 기술이나 환경을 말한다. 사물인터넷을 통해 사람과 사물, 사물과 사물 간 상호작용하는 것이다. IoT의 발달은 온라인과 오프라인의 경계를 없애고, 4차 산업혁명의 특징 중 하나인 초연결사회를 가능하게 만든 것이다.

이러한 IoT기술은 개인, 가정, 기업, 사회 등 활용 범위가 매우 넓은 만큼 관련 전 세계적으로 IoT산업이 크게 성장할 것으로 전망되고 있다. 그러므로 IoT 제품 개발자, IoT 센서 개발자, IoT 인터페이스 기획자 등의 수요도 함께 증가할 것이다.

(5) 가상현실(VR)/증강현실(AR)

[그림9] 가상현실(출처: gotouchvr.com)

가상현실은 컴퓨터 그래픽 기술 등을 활용하여 현재 사용자가 위치하고 있는 시공간이 아닌 가상의 세계를 눈앞에 구현하는 기술이다. VR은 컴퓨터와 네트워크 환경이 발전하고, 관련 디바이스의 가격이 저렴해지면서 대중화되기 시작했다.

VR은 다른 분야와 결합하여 효용성을 높이고 부가가치를 창출하게 된다. 대표적인 분야가 게임산업이다. 또 VR 업체들은 영화, 테마파크, 놀이공원 등으로 그 영역을 확장하고 있으며 VR 스토어나 수업 교재 등을 만들기도 한다.

지난 2016년 골드만삭스에 발표한 자료에 따르면 VR의 세계시장 규모는 2016년 22억 달러에서 오는 2025년 800억 달러 규모로 성장할 것으로 내다봤다.

한편, 증강현실(AR) 기술이 대중적으로 주목받게 된 것은 지난 2016년 GPS 기반의 증강현실 모바일 게임 '포켓몬 고'가 출시되고 선풍적인 인기를 끌면서부터이다. 이러한 증강현실은 사용자가 눈으로 보는 현실세계에 가상 물체를 겹쳐 보여주는 기술이다. 현실세계에 실시간으로 부가정보를 갖는 가상세계를 합쳐 하나의 영상을 보여주므로 혼합현실이라고도 한다.

KT경제경영연구소에서 발표한 '현실과 가상 사이의 교량, 융합현실' 보고서에 따르면 전 세계 AR 시장은 오는 2020년 1,200억 달러(약 140조 원) 규모로 성장할 것으로 전망했다. 이는 오는 2020년 300억 달러(약 34조8,400억원)인 전 세계 VR 시장의 4배 규모이다.

VR과 AR 산업 발전으로 일자리는 증가할 것으로 예상되고 있다. VR과 AR 구현을 위해서는 디바이스, 네트워크, 플랫폼, 콘텐츠가 필요하기 때문에 관련 직업이 새로 등장하거나 기존의 고용시장 규모가 커질 것으로 보인다

(6) 자율주행차(Self-Driving Car)

[그림10] 구글의 자율주행차(출처: wired.com)

    자율주행차는 운전자의 개입 없이도 주변 환경을 인식하고 주행 상황을 판단해 스스로 목적지까지 주행하는 자동차를 말한다. 스위스 투자은행 UBS는 '로봇택시(Robotaxis)'라는 보고서에서 자율주행 기술이 발전하면서 앞으로 수년 안에 운전자 없이 다니는 로봇택시가 현실화될 것이라고 밝혔다.

    현재 자율주행차와 관련해서는 자동차 회사는 물론이고 구글과 애플 등 주요 IT 기업들도 핵심 기술 개발에 가세하고 있다. 시장 조사기관 IHS에 따르면 완전 자율주행자동차의 전 세계 연간 판매량은 오는 2025년 23만 대에서 2035년 1,180만 대에 이를 것으로 내다봤다.

2) 지금 필요한 교육은

세계경제포럼은 '일자리의 미래' 보고서에서 오는 2020년까지 선진국에서 710만개의 일자리가 사라질 것이라고 전망했다. 이와 함께 현재 초등학교에 입학한 아이들의 65%가 지금은 존재하지 않는 전혀 새로운 형태의 일자리에서 일을 할 것이라는 전망도 내놓았다. 오는 2020년까지 로봇공학, 빅 데이터, 바이오, 3D 프린팅 등의 분양에서 일자리 200만개가 증가하게 될 것이라는 긍정적인 전망도 함께 나왔다.

세계경제포럼은 지난 2015년부터 오는 2020년까지 일자리가 가장 많이 사라지는 직업군은 사무 및 행정(475만개) 분야라고 발표한 바 있다. 우편배달원, 전화교환원, 패스트푸드 조리사, 여행안내원, 농업종사자, 데이터 입력원, 신문배달원, 서점 및 도서 사서원, 공장단순 조립원 등의 직업이 인공지능을 탑재한 로봇의 대체로 향후 10년 이내에 없어질 것으로 예측되고 있다. 또한, 텔레마케터, 단순세무회계원, 부동산중개인, 개인비서 등의 직업군들도 또한 1980년대의 버스안내양처럼 없어질 것이라는 의견이 지배적이다.

반면, 가상현실 개발자, 감정노동 상담사, 동물재활 공학사, 게임번역사, 사이버 큐레이터, 수학 코디네이터, 인포그래픽 기획자, 착용로봇 개발자 등 비반복적이며 창의성을 필요로 하는 직업들은 계속해서 생겨날 것으로 전망되고 있다.

또한, 인공지능과 로봇의 등장으로 사라지는 직업도 있지만 현재 존재하는 직업들의 다수는 그 자체가 사라지기보다는 일하는 내용이 바뀔 가능성이 높다. 예를 들어 교사의 업무 가운데 지식전달 업무는 온라인학습이나 인공지능으로 대체될 수 있으나 학생들의 활동지도, 관리, 상담 등의 업무는 기술로 대체되기 어렵기 때문이다.

그 결과 기존의 교육방식이 아닌 새로운 교육방식이 요구되고 있다. 4차 산업혁명을 선도해 온 미국이나 영국의 원동력이 기술이 아닌 교육 방식에 있는 것으로 평가되면서 이들 국가의 교육 방식을 주목하고 있다. 미국과 영국에서는 정해진 답을 얼마나 빨리, 정확하게 암기하고 있는가를 평가하는 것이 아니라 학생들이 수업에서 토론과 질문 과정을 통해 끊임없이 새로운 가능성을 탐구하도록 하고 있다.

또 모든 학생이 동일한 교과 과정을 이수해야 하는 우리나라와 달리 미국이나 영국의 학생들은 수준별 학습을 통해 과목별로 자신의 수준에 맞는 내용만 공부하면 된다. 자신이 더 잘하거나 더 관심 있는 과목에 더 많은 시간을 집중함으로써 자신감 상승과 개개인이 가진 역량을 충분히 발휘할 수 있는 여건이 만들어지는 것이다.

3) 새로운 교육방법

- 스템(STEM)
- 메이커(MAKER)
- 무크(MOOC)
- 나노디그리(Nano-Degree)

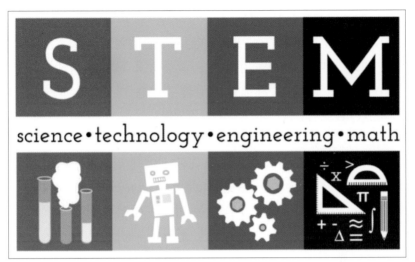
[그림11] 전 세계적인 주목을 받고 있는 스템교육(출처: latenightparents)

지금 전 세계적으로 스템(STEM) 교육 열풍이 불고 있다. '스템(STEM)' 교육은 미국의 대표적인 창의·융합교육으로 Science(과학), Technology(기술), Engineering(공학), Mathematics(수학)의 약자이다.

STEM 교육은 네 가지 부분을 융합하여 하나의 새로운 학문으로 접근해야 한다는 개념으로 기존 수업방식의 틀을 깨고 현실의 문제와 수학, 과학, 공학, 기술을 접목하여 해결 능력과 사고의 접근 능력을 키우는 방식이 STEM의 궁극적인 목표라 할 수 있다. 한국은 여기에 Arts(예술)을 추가해 '스팀(STEAM)'교육을 시도하고 있다.

지난 4월 서울시교육청은 서울시와 함께 '미래교육도시 서울' (2018~2021) 기본계획을 발표했다. 4차 산업혁명 시대의 기술과 직업 변화에 대비해 서울의 초·중·고등학교 교실을 학생들의 창의적이고, 주도적인 문제해결 역량을 키우는 혁신적인 교육 공간으로 탈바꿈하기 위한 것이라고 설명했다.

다양한 도구와 오픈 소스를 활용해 자신에게 필요한 물건을 만들고 이를 공유하는 '메이커 운동(Maker Movement)' 역시 많은 주목을 받고 있다. 메이커 교육을 하는 이유는 주어진 상황 안에서 창의적인 아이디어를 생각하고 도전, 실현해 나가는 마음가짐을 갖게 하기 위해서이다.

메이커 교육은 지난 2005년 미국에서 처음 '메이커'라는 용어가 등장한 이후, 메이커 문화가 본격적으로 발전하면서 주목받기 시작했다. 특히 정보기술의 발달로 일반인들도 3D 프린터와 마이크로 컨트롤러 같은 디지털 도구를 저렴한 가격에 구입, 이용할 수 있게 되면서 메이커 문화를 더욱 촉진 발전시키게 된 것이다. 여기에 그 교육적 가치가 부각되면서 정책적 지원과 함께 메이커 교육이 확산되고 있다

[그림12] 메이커 운동 (출처: idealog)

메이커 교육의 핵심은, 물건을 창작하는 과정에서 다양한 시도를 하고 여러 가지 실패를 경험하며, 그 문제를 해결해 나가는데 있다. 메이커 교육은 아이들이 자신이 무엇인가 실제로 만들어보고, 그 과정에서 스스로 배우고 모색하고 협력하며 재미를 찾고, 나아가 다양한 역량을 자연스럽게 습득할 수 있다.

[그림13] 메이커 스페이스(출처 : uwm.edu)

미국은 메이커 교육에 투자와 지원을 아끼지 않고 있다. 학생들이 스스로 만져보고 만들어 보고 할 수 있는 메이커 기반이 조성돼메이커 활동을 통해 과학에 흥미를 더욱 고취시키고 아이디어를 구현해 볼 수 있는 프로젝트 기반의 창작 제작 교육 지원으로, 미국은 지난 2013년부터 메이커 스페이스를 미국공립학교에 설립했다. 메이커 스페이스는 학교에 설치되는 창의적인 공간으로 메이커의 상상력, 창의성, 아이디어를 발굴하고, 이를 기반으로 실험과 제작, 창작 등을 할 수 있는 공간을 말한다.

우리나라에서는 지난해 10월 서울시교육청에서 메이커 교육(미래공방교육) 중장기(´18~´22) 발전 계획을 발표했다. 여기에는 메이커 교육 거점센터를 구축하고, 교육과정 연계 교육 환경을 지원하며, 메이커 교육 프로그램을 개발하며, 맞춤형 교원 역량 강화를 위한 교사 연구 지원 등이 내용이 담겨 있다.

샌프란시스코에 있는 어린이 창의력 박물관(Children's Creativity Museum)은 2~12세 어린이를 대상으로 운영하는 체험형 박물관으로, 직접 만지고 참여하고 창작할 수 있는 핸즈온(hands-on) 전시를 하고 관련 교육 프로그램을 운영하고 있다. 이곳에서 교육 담당자는 관련 지식을 직접 알려주는 대신 상황에 맞는 상호 작용을 주고 받으며 학생이 실마리를 찾도록 사고를 유도하는 역할을 한다.

MOOC(Massive Open Online Course)는 수강인원에 제한없이(Massive), 모든사람이 수강가능하며(Open), 웹기반으로(Online) 미리 정의된 학습목표를 위해 구성된 강좌(Course)를 말한다. 일반적으로 대학 수업을 온라인으로 접속해 들으면서 동시에 무료로 들을 수 있는 강의를 MOOC라고 표현한다. MOOC는 유다시티, 코세라, 에덱스 등 1세대 MOOC 기업들이 하버드, MIT, 스탠포드 대학 등 미국의 주요 대학에서 진행된 강의를 녹화해 온라인으로 제공하는 것으로 시작했다.

그 당시 〈뉴욕타임스〉는 지난 2012년 MOOC의 인기를 보도하며, 'MOOC의 해'라고 표현하기도 했다. 비싼 등록금을 내지 않고도, 유학을 가지 않고도 유명 대학 강의를 마음껏 들을 수 있기 때문에 MOOC가 미래 대학 교육을 대체할 것이라는 전망도 나왔다.

세바스찬 스런 유다시티 설립자는 '대학 캠퍼스가 MOOC 때문에 사라질 것'이라는 전망에 대해 "그렇지 않다"며 "온라인 수업과 대학 강의실 수업은 서로 보완해주고 있다"라고 답한 바 있다.

[그림14] MOOC (출처 : thelacunablog)

또 그는 "같은 과목을 비교했을 때, 강의실에서 1등을 한 학생보다 유다시티에서 1등을 한 학생이 더 좋은 성적을 보였다"며 온라인 수업의 장점으로 '심화학습 효과'를 꼽았다. 세바스찬 스런 교수는 "앞으로 온라인 수업은 기업에 필요한 새로운 기술을 가르쳐 줄 수 있는 통로가 될 것"이라며 "이로 인해 적임자를 못 찾아 비어 있는 200만~300만개의 일자리가 채워질 것"으로 내다봤다.

지난 2015년 시작된 한국형 무크인 'K-무크'는 2018년 10월 현재 총 400개의 강좌가 등록되어 있다. 모든 강의는 무료로 제공되며 공학계열부터 상경계열까지 다양한 분야의 과목이 제공되고 있다.

또한 '매치업(Match業) 프로그램(한국형 나노디그리)'도 올해부터 운영되고 있다. 나노디그리는 미국의 온라인 공개강좌 업체인 유다시티가 기업의 요구를 반영해 6개월 안팎으로 운영 중하는 교육과정으로 구글·IBM 등 글로벌 기업 30곳이 18개 과정을 운영하고 있다. 학습과정을 이수하면 인정서를 받아 취업이나 교육훈련 이력으로 활용할 수 있다. 이를 벤치마킹해 만들어진 한국형 나노디그리는 가상현실과 증강현실, 사물인터넷, 클라우드 등 4차 산업혁명 시대 미래 유망 분야를 중심으로 K-MOOC와 연계해 시범 운영된다.

예전에 우리 사회가 필요로 하는 인재상은 모든 분야를 골고루 잘할 수 있는 사람이었다. 하지만 앞으로의 시대는 모든 영역을 골고루 잘하는 인재보다는 한 분야에서 탁월함을 보이는 인재가 필요하고 그러한 인재들이 협업해 탁월한 성과를 내는 것이 필요하다.

밀레니엄 프로젝트 회장이자 미래학자인 제롬 글렌은 교육은 지식이 아닌 역량 개발의 방향으로 발전해야 하고 아이들은 학교 교육에서 배우는 법, 실패하는 법, 소통하는 법, 협업하는 법을 훈련하고 앞으로 필요한 창의력, 문제해결능력, 협업 소통능력, 비판적 사고력을 키워나가야 한다고 말했다.

네덜란드의 스티브잡스 학교에서는 교사가 아이들에게 똑같은 내용을 학습시키는 것이 아니라 모든 학생이 태블릿PC로 각자에게 맞는 진도로 개인 맞춤 교육을 하고 있다. 학생이 자율적으로 학습하고 공부를 놀이처럼 생활에 접목해보기도 하는 등 다양한 IT 기술을 접목해 커리큘럼을 운영하고 있다. 하지만 이러한 스마트 기기나 IT기술의 접목만을 하는 것이 아니라 한 교실에서 전 학년의 아이들이 골고루 들어가 서로 협력하며 학습을 진행하기도 하고 여러 명이 모여 프로젝트를 진행하며 서로 소통하고 협력하는 체험을 지속적으로 하고 있다.

우리는 이제 4차 산업혁명이라는 기술혁신에 힘입어 과거 상상도 못했던 일들을 현실로 만들어내는 세상에서 살게 되었다. 또한 상상이 현실로 이루어지기까지 걸리는 시간도 점점 줄어들고 있기 때문에 우리가 어떤 상상을 하는지가 인류 전체에 엄청난 영향을 미칠 수 있다.

미국의 교육학자 마크 프렌스키는 태어나면서부터 디지털환경을 접한 세대를 '디지털 원주민'으로 정의했다. 지난 2000년 이후 태어난 디지털 원주민의 특징은 첫째, 과거 세대보다 정보와 미디어 활용에 있어 훨씬 능숙하다.

다시 말해 우리 아이들은 인터넷을 통해 학습에 필요한 정보를 효과적으로 탐색할 수 있으며 이를 다시 활용하는 능력 또한 뛰어나다는 것이다. 필요한 정보를 찾기 위해 책 대신 자신이 가진 스마트폰, 태블릿PC, 노트북 등을 통해 언제 어디서든 인터넷 검색을 한다.

둘째, 이들은 자기 주도형 학습자이다. 정해진 틀에서 주어진 일을 하는 것보다 스스로 계획하고 관심있는 분야를 공부한다. 자신이 좋아하는 일을 할 때 초집중력을 보이며, 직접 참여하거나 프로젝트로 진행되는 일을 할 때 주어진 일을 할 때보다 더 좋은 결과를 나타낸다.

셋째, 이들은 주어진 문제를 회피하지 않고 도전을 즐기는 문제해결자이다. 단순히 암기하여 시험을 보는 방식보다 자신만의 답을 제시할 수 있는 오픈형 학습 활동을 더 선호한다.

넷째, 이들은 비판적 사고자이다. 주어진 문제 상황을 그대로 받아들이기보다는 다양한 정보를 이용해 객관적이고 논리적으로 분석한 결과를 토대로 해결해나가는 특성이 있다. 교사가 전달한 지식을 그대로 받아들이기보다 자신의 시각에서 다시 평가과정을 거친 후 그것이 올바른 정보라는 판단이 선 경우에만 그 지식을 받아들인다.

다섯째, 이들은 혼자 공부하는 것보다 여럿이 협업하여 공부를 할 때 보다 나은 학습 결과를 얻는다. 언제나 스마트폰이나 태블릿 PC 등 모바일 기기를 손에 들고 다니며 사용해 혼자 일을 하는 것을 좋아하는 것처럼 보이지만 모바일 기기를 통해 다른 사람들과 늘 연결되어 있다.

다시 종합해보면 디지털유목민인 우리 아이들은 정보와 미디어 활용에 능숙한 자기주도형 학습자이며, 비판적 사고를 갖고 문제를 해결해 나가는 도전적인 학습자이다. 인터넷으로 연결된 가상의 공간에서 여럿이 머리를 맞대고 하는 협업을 좋아한다.

우리 아이들의 이러한 특성을 고려하여 4차 산업혁명 시대를 맞아 부모가 할 수 있는 역할에는 어떤 것들이 있을까? 무엇보다 주변에서 일어나는 일들에 대해 호기심을 갖게 하고, 그에 대한 충분한 의견을 서로 이야기하며, 새로운 경험을 할 수 있도록 기회를 만들어 주는 것이 중요하다. 여행, 토론, 독서 등도 도움이 될 것이다.

교육은 인류가 그동안 쌓아온 지식을 바탕으로 다가올 미래를 준비하고 새로운 세상을 만들어가기 위한 근간이다. 앞으로 우리가 만들어갈 세상은 교육에 달려있다고 해도 과언이 아닐 것이다.

지금까지 우리사회는 아이들 개개인이 가진 능력을 충분히 발휘하도록 도와주지 못했다. 특히 아이들만이 가진 상상력, 창의력을 펼쳐보일 수 있도록 하기보다는 미리 계획되고 설계된 것만을 따라하도록 했다.

하지만 앞으로 우리 아이들이 창의적인 능력을 강화할 수 있도록 가정과 학교 등 주변 환경을 만들어간다면 자연스럽게 아이들의 창의력은 자라날 것이다. 우리가 할 일은 아이들이 마음껏 자신을 표현할 수 있도록 기회와 공간을 제공하는 일이다.

이민화 박사의 '호모파덴스'에서, '4차 산업혁명 시대의 인재상을 협력하는 괴짜'라고 정의했다. 협력하는 괴짜라는 말은 우리에게 낯설 것이다. 흔히 괴짜는 튀는 행동이나 남들과 다른 생각을 가지고 자기만의 세상에 빠져있어 타인과 소통이 잘 안되는 사람을 일컫는 말이라고 생각하기 때문이다.

하지만 앞으로 4차 산업혁명 시대에 가장 중요한 역량이 창의성이고 창의성이란 남들과 다른 관점으로 문제와 현상을 바라볼 수 있다는 데서 출발한다고 볼 때 괴짜야말로 앞으로 필요한 인재상을 잘 나타내는 말이라 할 수 있다.

창의성이 발현된 대부분의 사람들의 공통점은 자기가 좋아하는 분야에서 1만 시간 이상의 고도의 집중력을 발휘했다고 한다.

혁신적인 사고를 가진 사람들은 남들이 가지 않은 길을 간다. 그 길을 결코 쉬운 길만은 아니며 실패를 수반한다. 그러므로 우리 아이들이 앞으로 나아가기 위해서는 만약 실패를 하더라도 포기하지 않고 꾸준히 할 수 있도록 하는 끈기와 자신감을 갖도록 하는 것이 중요하다.

우리 아이들을 우수한 아이로 길러내는 것은 우리나라의 미래 뿐 아니라 우리 인류의 미래를 결정할 것이다.

참고자료

류태호, 〈4차 산업혁명 교육이 희망이다〉, 경희대 출판문화원
이민화, 〈호모파덴스〉, 창조경제연구회
로베르타 골린코프, 〈최고의 교육〉, 예문 아카이브
〈4차 산업혁명 미래 일자리 전망〉, 한국고용정보원
〈스마트 팜, 농업의 새시대 열까?〉, 한국생산기술연구원
〈농사도 첨단기술과 융합된 스마트농법으로 진화중!〉, KISTI
네이버 지식백과

7

4차 산업혁명과 의료

윤 선 희

가톨릭대학교 인천성모병원 PI(Performance Improvement)실에 재직중이며 가톨릭대학교 간호대학 박사과정 중에 있다. 가톨릭대학교 의료경영대학원 졸업했고 현재 사단법인 4차산업혁명연구원으로 활동하고 있다.

이메일 : nursesunny@naver.com
연락처 : 010-8914-1895

7

4차 산업혁명과 의료

Prologue

최근 '4차 산업혁명'이라는 단어는 우리 삶 속의 다양한 분야에서 신기하고 새로운 변화를 일으키기에 충분한 키워드가 된다. 최근 들어 4차 산업혁명이라는 새로운 바람이 불고 있지만 유독 의료분야에 더 관심이 가는 것은 인류 모두의 영원한 염원이며 과제인 '건강'이라는 중요한 가치가 있기 때문이 아닐까 생각한다.

예로부터 인간의 건강, 더 나아가 질병 없이 건강한 상태로의 수명연장은 인류 모두가 바라는 미래이며 꿈 그 자체이다. 중국 천하를 통일한 진시황제가 불로불사(不老不死)를 꿈꾸며 평생 불로초를 찾아다녔다는 이야기를 들어본 적 있을 것이다. 민간신앙 및 도교에서의 십장생(十長生) 역시 불로장생을 상징하는 열 가지 사물을 말한다.

그러나 굳이 먼 과거에서 찾지 않더라도 건강에 대한 관심이 높아지는 것을 실감할 수 있다. 산업기술이 발달하고 인공지능 기술까지 출현하면서 스스로 건강을 유지하려는 사람들이 증가하고 있기 때문이다. 예전에는 병원에서 의료진을 통해 치료를 받는다고 생각했다면 이제는 병원에 가지 않고도 스스로를 모니터링하며 예방할 수 있게 되었다.

자신의 혈압이나 맥박 같은 정보는 스마트 폰 또는 웨어러블 디바이스로 실시간 수집이 가능하고 급격한 상태변화 시 알람까지 준다. 외과적 수술이 필요한 경우 '로봇수술로 한다'는 표현도 이젠 낯설지 않다. 인간으로부터 생산되는 다양한 데이터는 수집되고 분석돼 개인에게 맞춤형 의료를 제공한다. 과거에 꿈꾸던 것들이 실현되고 있는 모습이다.

필자는 본문을 통해 이처럼 4차 산업혁명의 핵심기술이 의료와 만났을 때 우리생활에 어떤 변화를 주는지 어떤 영향을 주는지를 살펴보고자 한다. 앞으로 다가올 의료 속 변화는 누구에게도 예외일 수 없기 때문이다. 다만 달라질 의료의 모습을 가벼운 마음으로 살펴보면 좋겠다.

1. 4차 산업혁명 시대 왜 의료에 주목해야 할까?

1) 4차 산업혁명과 의료

4차 산업혁명(The Fourth Industrial Revolution)은 지난 2016년 스위스 다보스에서 열린 세계경제포럼에서 처음 언급된 개념이다. 다보스포럼은 4차 산업혁명을 '3차 산업혁명을 기반으로 한 디지털 기술이 바이오산업과 물리학 등의 경계를 허무는 융합의 기술혁명'이라고 정의했다. 4차 산업혁명은 '소프트파워'를 통한 사물의 지능화와 초연결, 초지능, 융합 등을 통한 사회 전체의 스마트 화를 촉진하고 있다. 4차 산업혁명은 자동차, 금융, 건설, 환경 등 다양한 분야에서 대두되나 눈에 띄는 변화 중에 하나가 의료 산업에서의 변화이다.

〈한국 고령화 현황 및 전망(1990-2060)〉

(단위 : 만명, %)

년도 / 연령별	1990	2000	2010	2017	2020	2030	2040	2050	2060
고령화율 (65세 이상)	219	339	536	707	813	1,296	1,712	1,881	1,854
전체비중 (%)	5.1	7.2	10.8	13.8	15.6	24.5	32.8	38.1	41.0
초고령화율 (80세 이상)	30.2	48.3	92.3	153.2	188.5	299.2	517.7	746.3	821.2
전체비중	0.7	1.0	1.9	3.0	3.6	5.7	9.9	15.1	18.1

[표1] 한국 고령화 현황 및 전망(자료: 통계청(2016), 장래인구추계(2015~2016년) 자료 가공)

통계청 자료에 의하면 지난 2017년 65세 이상의 인구는 707만 명에서 오는 2060년 1,854만 명으로 전체인구의 13.8%에서 41.0%로 급격한 증가가 예상된다. 급속한 고령화는 다양한 문제를 야기 시키지만 그 중에 의료비의 증가도 심각한 사회문제로 다가오고 있다. 뉴스 및 각종 보도 자료에서도 고령화에 따라 노인 진료비 비율이 점차 증가할 것이라는 소식을 쉽게 접할 수 있다.

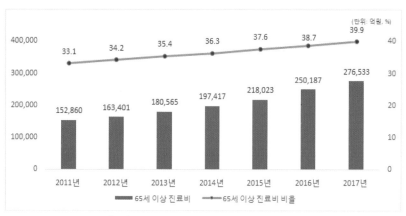

[표2] 2017 건강보험 주요통계 개요, 저자 가공

		2013년	2014년	2015년	2016년	2017년	증감(%)
적용인구(천명)	전체	49,990	50,316	50,490	50,763	50,941	0.4
	65세이상(%)	5,740 (11.5)	6,005 (11.9)	6,223 (12.3)	6,445 (12.7)	6,806 (13.4)	5.6
진료비(억원)	전체	509,541	543,170	579,546	645,768	693,352	7.4
	65세이상(%)	180,565 (35.4)	197,417 (36.3)	218,023 (37.6)	250,187 (38.7)	276,533 (39.9)	10.5
월평균진료비(원)	전체	85,214	90,248	95,759	106,286	113,612	6.9
	65세이상	367,792	279,648	295,759	328,599	346,161	5.3

[표3] 2017 건강보험 주요통계 개요, 저자 가공

지난 2017년 65세 이상 진료비는 27조 6,533억 원으로 전체의 39.9%를 차지하며 65세 이상 1인당 월평균 진료비는 34만 6,161원으로 전년 대비 5.3% 증가했다. 65세 이상 1인당 월평균 진료비는 전체 대비 3배 수준으로 점차 증가하고 있다. 65세 이상 노인의 89.2%가 만성질환을 갖고 있고 전체 만성질환 노인의 82%는 평균 5.3개의 처방약을 복용한다는 연구보고서는 앞으로도 노인 진료비 상승을 예견하게 하는데 이러한 상황에서 4차 산업혁명을 주도하는 ICT기술과 의료의 융합은 새로운 대안이 될 것으로 보인다.

2) 호모 헌드레드(Homo Hundred) 시대

건강에 대한 관심은 예나 지금이나 절대가치로 보인다. 병 없이 오래도록 사는 무병장수(無病長壽)가 인간의 오랜 원초적 염원 중 하나임을 부정할 수는 없을 것이다. 그러나 얼마 전 한 보험회사 광고에서 유병장수(有病長壽) 시대임을 공략했다. 말 그대로 병을 갖고 오래 산다는 말인데 건강수명(건강하게 살 수 있는 수명) 이후 기대수명(생존할 것으로 기대되는 수명)까지 질병이 있는 상태에서 보낼 가능성이 크다는 것을 의미한다. 그러나 4차 산업혁명시대, 의학기술 등의 발달로 100세 장수가 보편화된다면 어떨까? 그동안 헬스 케어 패러다임이 어떻게 변화했는지 살펴보며 호모 헌드레드 시대가 눈앞에 왔음을 인정하자.

(1) 공중보건의 시대

과거 '기가 허하다', '귀신이 들렸다'는 식으로 표현되던 때는 질병의 원인이 무엇인지 전혀 알지 못했다. 이런 시대에는 이유를 모른 채 사람이 죽어나가는 감염병이 가장 두려운 존재였다. 감염병의 확산을 막기 위해서 감염병의 전파 경로를 파악하고 예방접종을 통해 내성을 키울 수 있는지가 중요한데 18세기 종두법의 개발은 근대적 헬스케어의 시작이라 불릴 정도로 대표적인 기술혁신이라고 볼 수 있다. 이 시대의 목적은 결핵이나 콜레라, 장티푸스 등 감염성 질환을 예방하고 확산되는 것을 방지하는 것이며 의료혜택의 공급자는 국가였다.

(2) 질병치료의 시대

특정 질병은 특정 병원균 때문에 생긴다는 이론이 확립됐으나 그 병원균을 억제하거나 죽이는 항생제를 찾는 일은 쉽지 않았다. 그러던 중 지난 1928년 최초의 항생제인 페니실린의 발견으로 병원균을 죽이거나 성장을 억제할 수 있게 됐다. 질병은 인체의 구조와 기능에서 이상(Abnormality)이 발생한 것을 말하며 이를 내·외과적으로 치료하면서 의학은 전통적 경험학문에서 정밀한 생의학으로 바뀐다. 환자의 의견보다 지금까지 누적된 치료법을 정확하게 사용하는 의사의 판단 비중이 커지면서 근거중심의학(Evidence-Based Medicine, EBM)이 탄생하게 된다.

(3) 건강수명 시대

동일한 질환을 가진 다수의 환자는 그 시기에 입증된 최선의 치료(Best Practice)를 받게 되지만 근거중심의학은 다수의 환자에게 입증된 통계적 치료를 우선적용하기 때문에 개개인의 특성을 반영하지 않았다. 즉 대부분에게 효과가 있는 치료법이지만 나에게는 효과가 없거나 원하지 않는 결과를 가져올 수도 있다는 말이다. 그러던 중 지난 2001년 사람의 유전자를 분석한 인간 지놈(Genome) 프로젝트를 계기로 개인맞춤형 의료(personalized medicine)시대가 열리게 됐다. 개인의 유전자나 체질에 따라 어떤 치료방법이 가장 효과적인지를 알아내는 맞춤형 의료서비스가 가능하다는 말이다.

〈헬스케어 패러다임의 변화〉

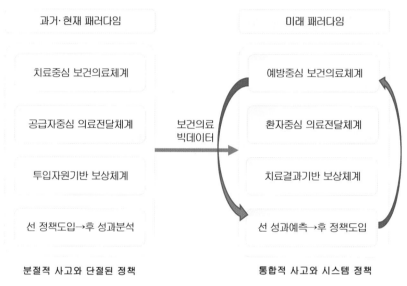

[그림1] 자료: 보건의료 빅 데이터 활용을 위한 기본계획수립 P.3

　질병을 예측해 예방·치료하는 개인맞춤형 의료, 정밀의학의 시대는 미래 헬스 케어 패러다임의 모습일 것이다. '인간의 평균수명 100세 시대' 이제는 먼 이야기가 아니다.

2. 4차 산업혁명, 의료 분야의 핵심

[그림2] 연결되는 의료

한국정보화진흥원에서는 '2018 ICT(Information and Communication Technology: 정보통신기술) 12대 이머징 이슈'를 선정 발표했다. ICT 기반기술로는 빅 데이터, 사물인터넷, 인공지능, 블록체인, 5G, 클라우드 컴퓨팅, 정보보안이 선정됐고 응용 분야 4가지는 공유플랫폼, 핀테크, 헬스 케어, 자율주행, 가상현실이다. 여기서 헬스케어와 관련된 기반 기술을 살펴보자.

⟨2018년 ICT 12대 이머징 이슈⟩

	주요 이슈	전망
기반 기술 (7개)	빅 데이터	분석 신뢰성 담보와 데이터 리터러시의 중요성 대두
	사물인터넷	스마트홈을 시작으로 전 분야 생태계 확산 준비
	인공지능	'설명 가능한 인공지능' 필요성 부상
	블록체인	콘텐츠 거래의 새로운 기반으로 활용 준비
	5G	지능화기술과 결합해 공공부문 확산 시작
	클라우드 컴퓨팅	디지털 트랜스포메이션 진행과 프라이빗/하이브리드 클라우드로 확산
	정보보안	기존 암호화방식의 대안으로 양자암호통신 개발 추진
응용 분야 (5개)	공유플랫폼	서비스 다각화를 앞두고 정체와 확산의 갈림길
	핀테크	온라인 기반으로 금융시스템 재설계
	헬스케어	4차 산업혁명의 견인차로서 보건의료 데이터의 기회와 도전
	자율주행	자동차를 넘어 스마트 모빌리티로
	가상현실	더욱 몰입도 높은 실감형 콘텐츠 경쟁

[표4] 2018년 ICT 12대 이머징 이슈

[그림3] 2018 ICT 12 Issue

1) 빅 데이터

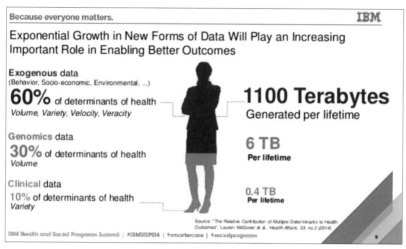

[그림4] 자료: IBM Health and Social Programs Summit 2014

  의료관련 데이터가 증가하고 있다. IBM에 의하면 세계 1만 6,000개 병원이 환자 데이터를 수집하고 80%의 의료 데이터는 텍스트나 이미지, 영상과 같은 비구조화 데이터라고 한다. IBM은 인간이 생산하는 데이터를 의료데이터, 유전체데이터, 외인성 데이터 3가지 종류로 분류한다. 외인성 데이터는 인간의 행동이나 사회경제적, 환경적 측면에서 생성되는 데이터를 말한다.

  이 중에서 인간이 일생동안 만들어내는 데이터의 크기를 살펴보면 의료데이터가 0.4TB, 유전체 데이터가 6TB 인데 비해 외인성 데이터는 1100TB에 이른다. 재미있는 사실은 데이터가 인체 건강에 미치는 영향도를 살펴보면 의료데이터가 10%, 유전체 데이터가 30% 그리고 외인성 데이터는 60%를 차지한다는 것이다. 우리가 방대하다고 표현하던 의료데이터와 유전체 데이터는 합해서

6.4TB이고 이것이 우리 건강에 미치는 영향은 40%정도이다. 우리 건강에 영향을 미치는 나머지 60%는 행동이나 환경에의 노출 같은 외부적 위험요인이라는 것이다. 유명 과학저널 '네이처(Nature)'에 발표된 연구 논문에서도 암 발생과 관련된 내부 요인은 10% 정도이며 70~90%는 행동이나 환경에 의한 것이라고 서술했다.

우리의 행동과 환경에 관한 외인성 데이터는 수집되고 분류되고 충분히 활용되고 있는 것일까? 우리는 그동안 의료 데이터와 유전체 데이터에만 목말라하고 있던 건 아니었을까?

세계적인 컨설팅 회사 맥킨지 컴퍼니는 미국 보건 의료부문이 빅데이터 활용이 높고 경제에서 차지하는 비율이 커서 빅 데이터의 기대효과가 큰 것으로 전망했고 우리나라 한국정보화진흥원 역시 의료 산업을 다른 산업보다 앞서서 빅 데이터를 활용하는 대표적인 분야라고 말했다.

구글은 의료 분야에서도 특히 데이터 분석과 인공지능에 집중하고 있다. 현재 구글 클라우드는 방대한 규모의 의료 관련 자료를 관리할 수 있는 빅 데이터 솔루션과 데이터 보안 서비스를 제공하고 있다. 또한 미국 병원의 10곳 중 9곳은 환자에게 의무기록의 온라인 열람이 가능하도록 여건을 갖췄다. 민간 보험사들을 중심으로 다양한 정보 통합 플랫폼이 활성화되도록 '의료 IT 조정국(Office of the National Coordinator for Health IT:ONC)'을 설치했으며 ONC에서는 전자의무기록의 상호교환, 환자의 접근성 등을 다룬 여러 보고서를 발표하기도 했다.

우리나라는 어떤지 살펴보자. 건강보험공단 단일 보험자로 전 국민의 건강데이터를 보유하고 있으며 가입자 자격 및 보험료, 건강보험 검진, 진료, 처방 정보 등이 포함돼 있다. 건강보험심사평가원은 의료기관 대상 평가정보가 갖는 전문성과 정보를 갖고 있고 높은 수준의 IT 기술도 보유하고 있다. 그러나 의료 데이터는 기관별로 분산돼 있고 이를 통합할 법적, 제도적 근거가 부족해 활용하기에는 다소 제한이 있다.

보건복지부에서는 보건의료 빅 데이터 활용 확대를 목표로 민·관 합동 보건의료 빅 데이터 추진단을 구성하고 지난 2017년 3월 첫 회의를 개최했다. 추진단은 앞으로 보건의료 빅 데이터 활용체계 마련, 데이터 연계구축 방안 마련 등에 대해 논의한다고 밝혔다.

구슬이 서 말이어도 꿰어야 보배라는 말이 있다. 빅 데이터가 그렇다. 보건의료 데이터에 대한 기대와 우려가 공존하는 지금 정부와 공공기관, 의료계, 학계, 시민사회단체 등에서는 충분히 논의해 보건의료 빅 데이터를 활용할 수 있기를 바란다.

2) 인공지능

시장조사 기관인 Frost & Sullivan은 인공지능 헬스 케어 시장이 오는 2021년까지 연평균 40% 이상 고성장할 것으로 전망했다. 의료에서 인공지능은 기계가 감지, 이해, 실행, 학습할 수 있는 여러 가지 기술들의 모음을 의미하고 임상분야에서 다양한 기술을 수행하기 때문에 인공지능에 대한 임상의 수요는 날로 증가하고 있다.

복잡한 의료데이터를 분석해 의학적인 결론을 도출하는 인공지능은 인간의 활동을 단순히 보조하거나 보완하는 것이 아니라 의료영상 처리, 위험 분석, 진단, 신약 개발 등 다양한 부문에서 활약하고 있다.

[그림5] 헬스 케어 분야 인공지능 스타트업 현황

이러한 의료 인공지능에 대해 일각에서는 부족한 의료 인력을 대체할 것이라는 예측도 있었다. 그러나 최근에는 4차 산업혁명의 핵심기술 발달로 사람들이 '진짜' 원하는 것이 무엇인지를 파악하고 그것을 데이터화해서 서비스를 제공할 수 있을 것이라는 전망이다.

지난 7월에 개최된 대한의료정보학회 춘계학술대회에서도 비슷한 전망을 내놓았다. 특별 강연한 디지털 메디신 학자이자 심장외과 의사인 스테인허블은 인공지능 발전이 빠르게 진행되지만 방향은 의사의 결정을 돕는 것이라고 강조했다. 앞으로의 기술들은 의사가 환자를 더 잘 돌보고 더 많은 시간을 대화와 관리에 쏟을 수 있도록 해 줄 것이라고 내다봤기 때문이다.

　정부는 오는 2023년까지 '인공지능(AI) 맞춤형 의수', '가상현실(VR) 기반 뇌신경 재활기기' 같은 신개념 의료기기 개발에 나서고 있고 척추 수술용 증강현실 치료시스템, 현장진단 가능 인공지능 내시경 등 실제 의료현장에 필요한 기술도 개발한다고 한다.

　기술의 발전은 눈부시게 일어나고 있고 많은 것이 바뀌고 대체되고 있다. 그렇다 하더라도 '의술은 인술이다'를 실천하는 의사와 간호하는 따뜻한 마음까지 대체하기는 어려울 것이다. 환자들은 차가운 인공의료를 생각하기보다는 환자의 행동을 이해하고 공감하는 의료진의 모습을 기대한다. 인공지능은 의료진과 대치하여 위치하는 것이 아니라 환자에게 더 집중하는 의료를 제공하기 위해 의료진 옆에서 충분히 활용될 것이라고 생각한다.

3) 의료사물인터넷과 웨어러블

IoT의 개념을 살펴보자. IoT란 'Internet of Things'의 약어로 말 그대로 여러 사물에 정보통신기술이 융합돼 실시간으로 데이터를 인터넷으로 주고받는 사물인터넷을 말한다. 여기에 의료를 결합한 것이 '의료사물인터넷'이다. 의료사물인터넷(IoMT: Internet of Medical Things)은 개인의 건강과 의료에 관한 정보, 기기, 시스템, 플랫폼 분야로 언제 어디서나 연결된(connected) 환경에서 개인맞춤형 건강관리 서비스를 제공하는 것을 말한다. 즉 개인이 소유한 모바일 또는 웨어러블 기기나 클라우드 병원정보시스템 등에서 확보된 데이터를 기반으로 개인중심의 건강관리생태계를 구성해 개인의 생활습관, 건강검진, 의료기관 이용정보, 유전체정보 등 다양한 유형의 데이터를 구축할 수 있다.

[그림6] IoMT의 개념도(자료: Electronic Design(2016))

의료사물인터넷의 핵심은 환자의 증상 및 치료 관리 현황을 꾸준히 모니터링 해 공백이 생기지 않도록 하는 것이며 환자 본인이 스스로 의료 상황을 관리하고 의료진이 더 쉽고 편리하게 환자의 치료 상황을 파악할 수 있는 기틀을 마련하는 것이다.

헬스케어용 웨어러블 디바이스를 신체에 착용하거나 소지해 생체신호 측정 및 모니터링 등의 건강정보 데이터를 저장하고 전송·공유할 수 있게 됐다. 우리가 항상 착용하고 다니는 시계와 같은 스마트 웨어러블 기기로 혈압, 심박수, 혈당 등 데이터의 실시간 모니터링이 가능하다. 혈당을 측정하기 위해 바늘로 자신의 손을 찌르지 않아도 되는 비 채혈 혈당 측정계는 패치모양의 센서를 팔에 부착하면 혈중 포도당 농도를 체크할 수 있다. 상처 난 부위의 감염과 염증상태를 추적해 상태에 알맞은 약물치료까지 해주는 스마트 붕대도 터프츠 대학 연구진을 통해 개발됐다. 웨어러블 시대, 이젠 모든 것이 모니터링 되고 관리된다.

3. 4차 산업혁명 의료 활용분야

[그림7] 의료활용 로봇

1) 똑똑한 건강관리

(1) 잊지 않고 약을 복용할 수 있게 도와 드립니다

의사 처방에 따라 약사가 조제한 약을 정확히 복용한 사람이 얼마나 있을까? '약을 제때 복용해야지'라고 생각하는 사람은 많지만 정확한 방법으로 실천하는 사람은 보기 드물다. 임의로 약을 중단하거나 복용간격, 시간을 제대로 지키지 못하기 때문이다. 특히 당뇨나 고혈압 등 만성질환자들은 오랫동안 약을 복용하다보니 임의로 약을 조절하기도 하고 고령의 환자는 복약설명을 들어도 잊어버리거나 복용법과 다르게 약물을 복용하는 경우가 많다. 이럴 때 내가 복용해야 할 약을 집으로 배달해준다면 얼마나 좋을까 생각하게 된다. 그런데 미국에서 실현되고 있다.

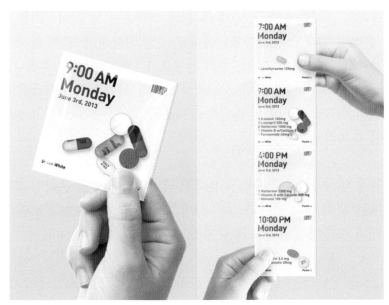

[그림7] 자료: 필팩 공식 홈페이지

　헬스케어 스타트업 '필팩(PillPack)'은 환자가 병원이나 약국에 가지 않아도 복용해야 할 약의 날짜와 시간에 따라 분류해 집까지 배달해준다. 창업자 T.J파커의 부모님은 약국을 운영했는데 환자들이 정기적으로 여러 가지의 약을 받지만 언제, 어떻게 복용해야 하는지 똑같은 질문을 하는 것을 보고 고민했다고 한다. 그리고 메사추세츠 약대를 졸업하고 창업하게 된다.

　필팩은 홈페이지에 회원가입 후 평소 이용하는 약국의 정보를 입력하면 이용할 수 있다. 필팩 담당자가 해당 약국에 연락해 고객의 처방전과 처방약을 양도받으면 고객의 집으로 약이 배달되며 처방약 뿐 아니라 비타민 등 영양제도 정기적으로 배송 받을 수 있다.

필팩은 단시간에 미국 50개 주 전체 의약품 유통 라이선스를 가진 온라인 약국으로 성장했는데 최근 7월 아마존이 '필팩'의 가능성을 내다보고 10억 달러, 우리 돈 1조 1,156억 원에 인수했다고 미국 경제 전문 방송 CNBC에서 보도했다. 아마존은 오프라인 위주였던 의약품 시장이 온라인으로 이동하고 있음을 파악하고 인수했을 것이라 생각한다.

현재 우리나라의 약사법상 온라인 약국이나 의약품 온라인 유통은 허용되지 않아 필팩과 같은 서비스는 당분간 불가능해 보인다. 시대의 흐름에 읽고 제도와 규제의 개혁이 필요한 시점이다.

(2) 건강상태는 물론 생활습관까지 관리해드려요(보건소 모바일 헬스 케어)

'내 건강상태를 간편하게 확인하고 필요할 때 전문가의 상담을 받을 수 있으면 얼마나 좋을까?' 생각했다면 '보건소 모바일 헬스 케어' 사업을 주목하자. 보건복지부는 만성질환 위험 군을 대상으로 모바일 앱을 통해 생활습관 개선, 만성질환 예방·관리 서비스를 제공하는 '보건소 모바일 헬스케어' 사업을 올 7월부터 기존 2배 규모인 70개 보건소로 확대 시행한다고 밝혔다. 질병으로 발생하기 이전에 모바일 앱을 통해 건강관리 습관을 기를 수 있도록 서비스 내용을 찬찬히 살펴보기로 한다.

① 서비스 이용 대상자

〈건강위험요인 및 판정수치〉

건강 위험 요인		판정 수치
① 혈압	수축기 혈압	130mmHg 이상
	이완기 혈압	85mmHg 이상
② 공복 혈당		100mg/dL 이상
③ 허리둘레	남	90cm 이상
	여	85cm 이상
④ 중성지방		150mg/dL 이상
⑤ HDL-콜레스테롤	남	40mg/dL 미만
	여	50mg/dL 미만

[표5] 건강위험요인 및 판정수치

건강검진 결과 혈압·혈당이 높거나 복부비만 등으로 건강위험요인이 1개 이상인 자(단, 질환자 제외)이며 만 20세 이상이면 연령에 제한은 없다.

② 서비스 제공 프로세스

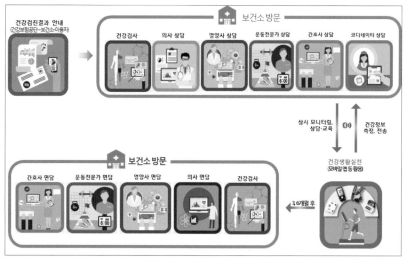

[그림8] 보건소 서비스 제공 프로세스

서비스 신청은 '보건소 모바일 헬스 케어' 서비스 참여 보건소에 전화 또는 방문하면 된다. 이후 보건소에 방문해 건강검사 결과를 토대로 건강 상담 및 건강관리 계획이 제공된다. 의사로부터 건강상태 상담을 받고 건강위험도·식습관·운동·금연 등 건강생활 실천에 대해서는 간호사, 영양사, 운동전문가의 상담 및 교육이 이뤄진다.

개별 건강관리 목표에 따라 수시로 건강 미션을 부여받게 되는데 자신의 누적된 데이터를 통해 활동량과 식습관 개선 등 건강생활 실천여부를 확인할 수 있고 혈압과 혈당수치로 건강위험요인을 관리할 수 있다. 수행 여부를 모니터링 해 모바일 앱으로 1일 1회 이상 발송하는 등의 피드백을 제공한다. 3개월, 6개월 후 건강검사를 통해 건강상태를 평가하고 향후 건강관리 계획을 세우는 등 추후 관리도 한다.

③ 서비스 참여 보건소: 총 70개 보건소

시도	보건소	시도	보건소
서울	강북구, 송파구, 중구, 용산구, 마포구, 강동구	강원	강릉시, 평창군, 춘천시, 횡성군
부산	동래구, 남구, 사상구	충북	청주시 상당, 영동군, 옥천군, 진천군, 단양군
대구	북구, 수성구, 달성군	충남	아산시, 천안시 서북구, 서산시, 홍성군
인천	서구, 남구, 부평구	전북	군산시, 부안군, 익산시, 고창군
광주	남구, 서구, 광산구	전남	순천시, 장성군, 장흥군, 나주시, 담양군, 화순군
울산	동구, 울주군, 남구	경북	포항시 북구, 포항시 남구, 칠곡군, 구미시 구미, 문경시, 김천시, 울진군
세종	세종시	경남	김해시, 함안군, 창원시 창원, 의령군, 남해군
경기	고양시 일산동구, 용인시 수지구, 화성시, 양평군, 남양주시, 고양시 일산서구, 고양시 덕양구, 군포시, 광주시, 용인시 기흥구, 오산시	제주	서귀포시 서귀포, 제주시 제주

[표6] 전국 서비스 참여 70개 보건소 현황

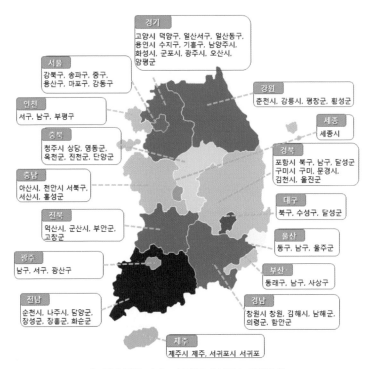

[그림9] 전국 서비스 참여 70개 보건소 위치현황

올해 건강검진 받은 결과를 살펴보자. 혈압이나 혈당 등 수치를 확인해보며 내가 서비스 대상자인지 확인해보자. 내가 살고 있는 지역의 보건소가 모바일 헬스케어 서비스를 제공하는 곳인지도 살펴보자. 해당된다면 신청을 망설일 이유가 없다. 모바일로 편리하게 전문가의 상담 및 서비스를 제공받으면 된다.

2) 지역사회 공공 스마트 헬스 케어

건강에 대한 관심 증대와 기술발전 등으로 일상생활에서의 건강 모니터링, 질병의 사전예방이 가능해지면서 최근 지역사회의 공공 스마트 헬스 케어 모델을 구축해야 한다는 주장이 제기됐다. 경기 연구원은 '질병예방과 건강수명연장을 위한 지역사회 공공 스마트 헬스 케어 모델 구축' 보고서를 발표했다.

우리나라 보건의료체계는 '질병발생 시 사후 치료' 위주의 의료 서비스를 제공하고 '의료기관' 중심의 의료정보를 관리하고 있어 의료서비스의 연계가 이뤄지기 어렵다고 지적했다. 저 출산, 고령화 시대 기존 의료기관 중심에서 이용자 중심으로 건강정보체계를 전환할 필요가 있으며 치료보다는 예방·건강관리 중심으로 의료 서비스를 제공해야 된다고 주장한다.

〈경기도 지역사회 공공 스마트 헬스케어 모델 개념도〉

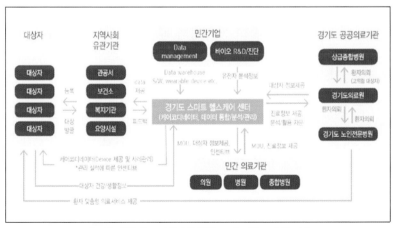

[그림10] 경기도 지역사회 공공 스마트 헬스 케어 모델

경기도 지역사회 공공 스마트 헬스 케어 모델 구축 방안으로 ▲
개인건강기록을 이용자 중심으로 관리하는 '통합건강정보시스템'
구축 ▲ AI를 활용한 '스마트 헬스 케어 플랫폼 및 솔루션' 구축 ▲
경기도 스마트 헬스 케어 센터 설치 및 유관기관 간 연계체계 구축
▲스마트 헬스 케어 코디네이터 양성을 제안했다.

특히 스마트 헬스 케어 모델을 실행하기 위해서는 민간기업의 참
여가 필수적이며 경기도 내 공공의료기관과 민간의료기관을 연계
해 환자에 관한 의료정보를 공유할 수 있는 전달체계를 구축해야
한다고 제언했다. 경기도는 스마트 헬스 케어 센터를 설치해 시스
템을 정착시킬 수 있을까? 다른 지역사회는 이를 어떻게 바라볼
까?

3) 의료 로봇

'로봇 수술'이라는 단어가 더 이상 낯설지 않다. 로봇이 갖는 특
유의 정밀성과 정교함으로 이전에 개복하던 수술을 이제는 최소
침습으로 수술 로봇 활용이 가능하기 때문이다. 의료 영역에서 급
부상하는 로봇을 소개한다.

(1) 로봇 수술

로봇 수술이란 네이버 지식백과에 따르면 첨단 수술 기구인 로
봇을 환자에게 장착하고 수술자가 조종해 시행하는 복강경·내시
경 수술 방법이라고 나온다. 서울의 대형병원은 로봇수술 사례 몇
건을 달성했다며 홍보했고 개복수술보다 효과가 뛰어나다고 선전
했다. 최근 우리나라에서도 최초의 복강경 수술로봇 시스템도 선
보이게 됐는데 지난해 세브란스병원에서 임상을 마치고 식품의약

품안전처로부터 제조허가를 받은 '레보아이(Revo-i)' 로봇이 그것이다. 미국에 이어 세계에서 두 번째 수술용 로봇 개발 국이 된 것이다.

또한 최근 병원 내 감염이 문제가 되는 가운데 바이러스를 없애주는 살균 로봇도 나타났다. 로봇 개발사인 제넥스가 개발한 살균 시스템 '라이트스트라이크 로봇'이다. 이 로봇은 200~315 나노미터 파장을 활용해 강력한 살균 작용을 하며 해당 가시광선은 미생물의 세포벽을 통과해 20분 만에 전체 병실을 소독할 수 있다고 한다. 미국의 메이오 클리닉을 포함해 다양한 병원과 의료기관에서 사용된다고 한다. 안전한 수술을 위해 지금도 다양한 로봇이 개발되고 있을 것이다.

(2) 재활 로봇

슈트를 입고 초인적인 힘을 발휘하는 영화 아이언맨이 이제 우리의 삶 속에서 현실로 다가온다. 영화 속 토니는 아이언맨 슈트를 몸에 착용해 자신의 신체 기능을 강화하고 현재의 상황과 자신의 신체적 특징을 데이터베이스화 해 생체리듬을 컨트롤 할 수 있다. 주인공인 토니만 가능한 영화 속 이야기일까? 그렇지 않다.

대표적인 보행재활로봇은 스위스 Hocoma社의 '로코맷(Lokomat)'으로 환자 상태에 따라 3단계 맞춤형 보행재활로봇 토털 솔루션을 제시한다. 급성기 환자도 기립훈련과 보행훈련을 동시에 할 수 있는 1단계 에리고 프로(Erigo Pro)는 마비된 근육에 전기 자극을 주어 보행 패턴에 맞게 근육이 순차적으로 활성화 되도록 해주며 2단계 로코맷은 러닝머신, 체중보조 장치, 외골격 보행로봇이 결합돼 있는 구조로 러닝머신 위에서 정확한 보행 패턴을 반복 연습할 수 있다. 보행 속도와 보폭, 로봇의 개입 정도가 조절 가능해 환자 개인에 맞는 맞춤형 보행치료가 가능하다. 3단계 안다고(Andago)는 체중보조장치와 전동구동장치가 내장돼 있어 환자가 원하는 곳으로 이동하면서 안전하게 보행연습을 할 수 있도록 도와주는 로봇이다.

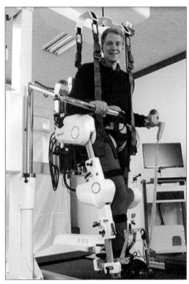

[그림 11, 12] 보행재활로봇

(자료: 피앤에스미캐닉스 공식 홈페이지 http://walkbot2015.cafe24.com/eng)

국내 대표적인 재활훈련 로봇으로는 피앤에스미캐닉스社의 '워크봇(Walkbot)'이 있다. 주로 뇌손상(뇌졸중, 외상성 뇌손상, 뇌종양), 척수손상, 다발성 경화증, 뇌성마비 등 정상적인 보행이 어려운 환자들이 잘 걸을 수 있도록 지원한다. 워크봇은 하지에 착용하는 로봇과 트레드밀, 체중지지부로 구성 돼 있고 보행 패턴을 연습시켜 환자들의 재활 능력을 높인다. 보행 장애가 있는 환자들이 워크봇을 착용하고 트레드밀을 걸으면 근력 강화는 물론 환자의 보행 데이터가 실시간으로 모니터링 되기 때문에 보다 정확한 재활 치료가 가능하다.

(3) 병원 로봇

[그림13] 자료: 소프트뱅크 로봇 공식 홈페이지

일본 소프트 뱅크는 인공지능 헬스케어 로봇 '페퍼(Pepper)'를 출시해 노인복지 분야에 주로 사용하고 있다. 일본 정부는 페퍼를 활용한 치매 예방에 집중하고 있다. 또 캐나다 토론토대 연구팀은 요양원 시설 노인을 대상으로 치매 증세를 조기에 진단할 수 있는 대화형 인공지능 로봇 '루드비히(Ludwig)'을 공개했다.

태국 방콕의 한 종합병원에는 병원의 문서전달 업무를 하는 무인 운반 로봇이 있고 중국 상하이에 있는 한 병원의 격리 병동에는 흰색 로봇이 간호사의 업무를 도와주며 복도를 다닌다. 로봇 간호사는 방사능 치료를 받는 암 환자의 일을 도와주고 그 덕분에 의료진들은 환자와 직접 접촉하지 않아도 된다. 또 다른 중국 항저우 병원에서는 안내 로봇이 환자 진료실을 안내하고 중국 의사 자격증 시험에 합격한 로봇도 등장했다고 한다. 병원에서 로봇이 의사처럼 또 간호사처럼 근무하는 것이 현실이 되고 있다.

우리나라 퓨처로봇 사에서는 협진 가능한 '퓨로(FURo)-M' 로봇을 지난 6월 소개했다. 올 3분기 출시 예정인 '퓨로-M'은 데이터 및 인공지능(AI)을 연계해 다양한 의료 서비스를 제공한다. 환자 상태를 데이터베이스화해 활용하며 다중 화상 통화 및 원격 제어를 이용해 협진이 가능하고 24시간 언제든지 대화 서비스가 가능하며 의료기록도 실시간 공유가 가능하다.

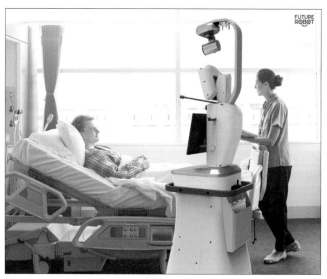

[그림15] 퓨처로봇사, 협진가능 한 퓨로(FURo)-M 로봇

미래의 병원은 어떤 모습일까? 병원에서 로봇이 전달하는 약을 복용하고 로봇 수술을 받으며 로봇의 도움으로 재활치료를 하지 않을까? 의료와 IT가 결합한 세상 빠르게 또는 서서히 다가오고 있다. 낯선 것 같지만 이미 익숙하게 다가온 모습일 것이다.

Epilogue

우리 모두는 모두를 위해, 모두에게 책임이 있다
-도스토옙스키, 카라마조프가의 형제들

이제까지 필자는 4차 산업혁명이 가져올 의료계의 변화를 살펴보았다. 지금도 어딘가에서는 보다 나은 의료 환경을 만들기 위해 수 없이 많은 새로운 시도를 해보고 의료기기와 장비에 접목도 해보며 쏟아지는 방대한 데이터를 분석하고 있을 것이다.

병원의 로봇 의사, 로봇 간호사에게 자신의 증상을 말하거나 영상으로 표현할 수도 있겠다. 자신의 치료방법에 대해 인공지능의 결과를 반영해 의사결정하는 것도 더 보편화될 것이다. 그러나 의료를 위한 기술의 발달은 의료를 돕거나 보조하는 수단으로 활용될 가능성이 높다. 기술의 발달 자체가 의료는 아니기 때문이다.

아프다는 것이 어디 신체적 고통뿐이겠는가? 마음이 아플 때는 어디를 찾아가야 할까? 영혼이 슬플 때는 어떤 행동을 해야 할까? 새로 개발된 약을 먹으면 싹 해결될까? 아니면 로봇에게 내 마음을 터놓고 말할 수 있을까? 인간을 돌보는 마음, 치료하고 간호하는 행위는 따뜻함을 전제로 한다. 따뜻함을 전해주는데도 한 차원 진보된 기술이 도와줄 수 있으면 더 좋겠다. 다만 아무리 시대가 발달하더라도 4차 산업혁명 핵심기술을 발전시키는 것도 이를 사용하는 것도 사람이기에 의료에 있어서도 앞으로의 방향성은 우리 인간 모두의 책임일 것이다.

참고자료

통계청(2016), 장래인구추계(2015~2065년)

국민건강보험공단(2017), 2016년 건강보험통계연보

한국보건산업진흥원(SFI R 2017-10), 4차산업 혁명에 따른 고령친화산업 대응방안

삼정 KPMG(2018, 1월 제79호), 스마트 헬스케어의 현재와 미래, 삼정KPMG 경제연구원

정보통신산업진흥원(2017), 스마트 헬스케어 서비스 분야 도입사례 분석집

보건복지부 보도자료(2018.7.2.) 똑똑한 건강관리 보건소 모바일 헬스케어 7월부터 확대 실시

필팩 공식 홈페이지 http://www.pillpack.com

피앤에스미캐닉스 공식 홈페이지 http://walkbot2015.cafe24.com/eng

소프트뱅크 공식 홈페이지 http://www.softbankrobotics.com

질병예방과 건강수명연장을 위한 지역사회 공공 스마트 헬스케어 모델 구축, 이은환, 김욱2018.07.25. No.331 이슈&진단 경기연구원

인공지능, 의사 대체보다는 돕는 방향으로 갈 것, 메디칼업저버, 박선재 기자(2018.06.18.) http://www.monews.co.kr/news/articleView.html?idxno=115880

헬스케어 산업에 뛰어든 거인들…구글·애플·아마존·MS·페이스북의 행보는, 메디게이터, 이규원(2018.07.30.) http://medigatenews.com/news/2611631279

8

사물인터넷
(Internet of Things;IoT)의
진화는?

정 문 화

사단법인 4차산업혁명연구원이며 SNS활동가이다. 컴퓨터공학과
전자공학을 전공하고 대구오바마스피치 부원장, 인문경영계발연구소
연구원, 한국미래융합교육연구소 소장을 맡고 있다. 또한 캐치커리어
사회적협동조합 공동대표와 한국청소년지원연구소 한울봉사단장과
춘천원주지소보호관찰소 특별사랑위원으로 활동하고 있으며, 강원도
내 스마트폰 활용 강사로 활동하고 있다.

이메일 : nerroj@naver.com, nerroj@hanmail.net
연락처 : 010-6415-9079

08

사물인터넷(Internet of Things;IoT)의
진화는?

Prologue

'오는 2054년 미국 수도 워싱턴 D.C 정부는 범죄가 발생하기 전에 미리 예측해 범죄자를 체포하는 신개념 시스템 프리크라임을 가동한다. 존 앤더튼(톰 쿠르즈역)은 프히크라임의 핵심요원이다. 프리크라임이 예견하는 범죄 장면을 통해 범인을 체포하는 요원인 존 앤더튼은 어느 날 미래 범죄예측 장면에서 자신이 누군가를 살해하는 장면을 보게 된다. 존 앤더튼은 이제 프리크라임 시스템에 의해 쫓기는 신세가 된다.' 지난 2002년 개봉한 영화 (마이너리티 리포트)의 줄거리 중 일부다.

오는 2054년을 배경으로 한 이 영화는 미래 도시와 삶을 세밀하게 묘사한 장면이 많아 주목받았다. 내용 중 주인공인 존 앤더튼이 쇼핑몰에 들어서는 장면이 나온다. 그러자 주변의 광고들이 그들에게 말을 걸어온다. 쫓기는 신세가 된 존 엔더튼의 신상정보뿐 아니라 심리상태까지 파악해 그에게 적합한 조언을 한다.

　주인공은 스마트 폰 대신 손목에 찬 시계를 통해 통신을 하면서 온몸에 부착된 웨어러블 기기들은 주변기기들과 통신을 한다. 그리고 알아서 목적지까지 도착하는 무인자동차 시스템에 의해 교통혁명이 일어난다. 이 영화는 지난 2002년에 개봉했는데 스티븐 스필버그 감독은 1999년부터 영화의 시나리오 작업을 시작했다. 그는 각 분야의 전문가 10명을 초청해 오는 2054년에 어떤 세상이 오게 될 것인지에 대해 토론하도록 요청했고, 전문가들은 미래 세상을 예측한 보고서를 작성하였다. 도요타, 노키아 등의 기업들은 미래 자동차와 휴대폰을 연구해 영화 속에 기술들을 만들어냈다.

　'모든 사물에 컴퓨터가 있어 우리 도움 없이 스스로 알아가고 판단한다면 고장, 교체, 유통기한 등에 대해 고민하지 않아도 될 것이다. 바로 이런 사물인터넷은 인터넷이 했던 것 이상으로 세상을 바꿀 것이다.' -캐빈 애쉬튼-

　모든 것이 인터넷에 연결되는 IoT 시대 우리 삶은 다양한 방식으로 바뀌게 된다. 서서히 바뀌지만 이전과는 전혀 다른 모습을 보이게 될 것이다. 지금부터는 IoT가 세상 속에서 서서히 파고들면서 어떤 변화를 겪고 될 것인지 다가오고 있는 미래의 모습을 하나 둘씩 살펴보도록 하자.

1. 사물인터넷((Internet of Things; IoT)의 개념

인터넷을 기반으로 모든 사물을 연결해 사람과 사물, 사물과 사물간의 정보를 상호 소통하는 지능형 기술 및 서비스를 말한다고 정의하고 있다. 이는 기존의 유선통신을 기반으로 한 인터넷이나 모바일 인터넷보다 진화된 단계로 인터넷에 연결된 기기가 사람의 개입 없이 상호간에 알아서 정보를 주고받아 처리한다. 사물이 인간에 의존하지 않고 통신을 주고받는 점에서 기존의 유비쿼터스나 M2M(Machine to Machine: 사물지능통신)과 비슷하기도 하지만 통신장비와 사람과의 통신을 주목적으로 하는 M2M의 개념을 인터넷으로 확장해 사물은 물론이고 현실과 가상세계의 모든 정보와 상호작용하는 개념으로 진화한 단계라고 할 수 있다. 따라서 드론, 3D 프린터 등 차세대 먹거리로 언급되는 첨단기술을 말할 때 빼놓을 수 없는 것이 바로 '사물인터넷'이다. 영어 'Internet of things'의 머리글자를 따서 흔히 'IoT'라고도 하는 사물인터넷은 무엇인가?

사물인터넷이라는 것은 인간과 사물, 서비스의 세 가지 분산된 환경요소에 대해 인간의 명시적 개입이 없이 상호 협력적으로 센싱, 네트워킹, 정보 처리 등 지능적 관계를 형성하는 사물 공간의 연결망을 의미한다. 이 때 사물은 유무선 네트워크에서의 End-Device 뿐 아니라 차량, 교량, 전자장비, 문화재, 자연환경을 구성하는 물리적 사물을 포함한다.

사물 인터넷을 오해하면 로봇이나 컴퓨터로 생각할 수 있지만 핵심은 사물 사이에 이뤄지는 통신이다. 통신을 통해 정보를 교환하고 교환된 정보는 쌓이고 분석되며 의미 있는 정보를 도출하는 기술 및 환경을 말한다. 여기서 말하는 의미 있는 정보란 일정한 패턴을 분석해 제품 스스로 인공지능 기능을 발현하는 것이다. 사물인터넷의 궁극의 미래라고 볼 수 있으며 요즈음 머신러닝이라는 이름으로 불린다.

사물인터넷은 통신, 프로세서, 센서와 같은 물리적 기술과 함께 이를 제어할 인터페이스가 합쳐진 융·복합 기술이자 종합 기술이다. 그래서 미래의 먹거리로 각광받고 있으며 하드웨어나 소프트웨어로 엄격히 구분되는 것이 아닌 중간 단계라는 뜻에서 미들웨어라는 이름이다.

IoT는 인터넷 발달 단계에서 제3의 물결로도 불린다. 지난 1990년대 고정된 인터넷을 통해 약 10억대의 기기가 인터넷과 연결됐다. 2000년대 모바일의 바람이 불면서 다른 20억 명이 모바일 기기를 통해 인터넷에 연결됐다. 이제 IoT는 그 열배인 약 280억 개의 새로운 기기에 연결될 것으로 내다보고 있다. IoT를 차세대 먹거리로 중요하게 생각하는 가장 큰 이유가 이렇듯 워낙 큰 파급력 때문이다.

그렇다면 왜 사물을 인터넷으로 연결하려고 하는지 의문이 들지 않을 수 없다. 즉 사물인터넷의 이점이다. 이는 사물을 인터넷으로 연결해서 얻어지는 이익이 많고 이를 통해 돈을 벌 수 있는 산업 분야가 고르게 성장할 수 있으며 파급력이 크다. 일반 소비자용 제품은 물론 이를 구현하는데 필수적인 B2B 제품도 고루 발전할 수 있다는 점에서, 소비자, 기업, 정부 등 참여하는 거의 모두가 이득이 되는 신사업 분야이기 때문일 것이다.

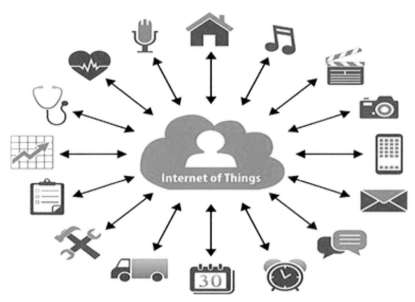

[그림1] 사물인터넷 종합정보 시스템

2. 사물인터넷 용어

사물인터넷이란 세상의 모든 물건에 통신 기능이 장착돼 정보를 교환하는 상호 소통이 가능한 인프라를 뜻한다. Internet of Things 라는 말은 지난 1999년 당시 MIT Auto ID 센터 소장으로 근무하던 캐빈 애시톤(Kevin Ashton)이 처음으로 쓴 것으로 알려져 있다. 그는 지난 1999년 "RFID(전자태그: 특정 대상을 인식하는 기술)와 기타 센서를 일상의 사물(Things)에 탑재하면 사물인터넷이 구축될 것"이라고 말했다. 사람이 개입하지 않아도 사물들끼리 알아서 정보를 교환할 수 있게 된다는 뜻이다.

사물인터넷은 제 1세대 유선통신 기반을 거처 제 2세대 인터넷보다 더 발전되고 진화된 단계이다. 사람의 개입 없이 정보를 알아서 처리한다. 통신을 주고받는 점에서 유비쿼터스와 비슷하지만 통신장비와 사람과의 '통신'을 주목적으로 하는 유비쿼터스에서 인터넷으로 확장해 사물은 물론 가상세계와도 상호작용하는 개념이다. 사물인터넷과 혼동되는 개념들도 있다. 예를 들어 '유비쿼터스(Ubiquitous) 컴퓨팅', 'M2M(Machine to Machine)'이 그렇다. '사물지능통신'이라고도 불리는 M2M(Machine to Machine : 기계와 기계간에 이뤄지는 통신)은 모든 사물에 센서와 통신기능을 넣어 지능적으로 정보를 수집하고 상호 전달하는 네트워크 또는 기술을 의미한다. 언뜻 사물인터넷과 같아 보이지만 사물인터넷은 M2M이 인터넷 구조에 적용된 것으로 현실 세계와 가상 세계의 사물들이 모두 상호작용할 수 있는 차세대 인터넷 환경을 의미한다는 점에서 차이가 있다.

3. 사물인터넷의 3대 주요 구성요소

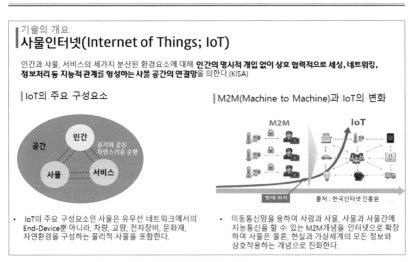

[그림2] 사물인터넷의 구성요소 구조

1) 사물인터넷의 주요 구성요소

IoT의 주요 구성 요소인 사물은 유무선 네트워크에서의 end-device 뿐만 아니라 인간, 차량, 교량, 각종 전자장비, 문화재, 자연환경을 구성하는 물리적 사물 등을 포함한다. 이동통신망을 이용해 사람과 사물, 사물과 사물 간 지능통신을 할 수 있는 M2M의 개념을 인터넷으로 확장해 사물은 물론 현실과 가상세계의 모든 정보와 상호작용하는 개념으로 진화한 것이다.

현재 학계와 학술지에 보고되는 보고서에서 여러 가지 형태로 사물인터넷 개념 정의를 하고 있는데 다음과 같이 세 가지 공통 요소로 표현한다.

첫 번째, 모든 사물은 스스로 '행동할 수 있는 지능'을 가지며 이 부분에서 언급하는 것 중 행동할 수 있는 지적능력은 사물이 정보를 수집하고 이를 전송해 주도적으로 어떠한 행위를 할 수 있다는 의미다.

두 번째, 모든 것에서의 사물은 인간과 또 다른 사물과 '네트워크로 연결' 돼 소통할 수 있는 것을 말한다.

세 번째, 전 분야에 걸쳐 사물의 연결과 소통 결과로 발생하는 모든 정보를 통해 '새로운 서비스와 가치를 제공'할 수 있어야 한다.

다시 말하면 사물인터넷(IoT)은 사물이 사물을 대상으로 하는 통신(Communication) 전체를 말한다. 사물이 서로 통신하기 위해 오감 중 입과 귀, 기억 그리고 판단할 수 있는 뇌가 필요하다. 그래서 센서는 주변의 반응을 읽는 귀이고, 다른 사물에게 반응 결과를 전달하는 네트워크는 신경계회로이다. 또한 자료(Data)를 보관하는 클라우드는 기억(memory)이고, 자료(Data)를 활용한 판단 방식으로 빅 데이터(Big Date)를 분석하는 것은 뇌에 해당한다.

요즈음 지방에서 많이 활용하고 있는 버스정보시스템을 예를 들어보면 각 버스에 장착돼 있는 GPS와 무선통신장비가 그 첫 번째이며 각각의 노선버스에서 보내어 수집된 정보를 각각 서버에 연결돼 있는 무선네트워크를 통해 전달하는 것이 그 두 번째라고 할 수 있다. 그리고 각 노선의 버스에서 수집된 정보를 바탕으로 버스도착시간을 알 수 있게 되는 것이 세 번째이며 이 세 가지 모두 충족돼야 사물인터넷(IoT)라고 할 수 있다.

2) 사물인터넷 시스템

IoT서비스는 사람과 사물, 서비스 세 가지 분산된 환경요소에 대해 사람의 명시적 개입 없이 상호 협력적으로 센싱, 네트워킹, 정보처리 등 지능적 관계를 형성하는 사물 공간의 연결망을 구축하는 시스템을 말한다.

3) 사물인터넷 3대 주요기술

사물인터넷 기술도 우리 생활에 점점 더 가까이 다가오고 있다. 우리가 해야 할 일은 생활에서 만나게 될 사물인터넷 기술에 어떻게 잘 적응하고, 어떻게 사물인터넷 기술과 긍정적으로 합리적인 관계를 맺을 것이냐이다.

첫째는 센싱 기술이다. 먼저 사물이나 주변으로부터 정보를 수집해야 한다. 그래야 일일이 사람이 설정하는 일 없이 사물들끼리 알아서 정보를 공유하며 그때그때 해야 할 일을 처리할 수 있을 것이다.
둘째는 유무선 통신 및 네트워크 기술이다. 사물인터넷 기술이 실행되려면 가장 기본적으로 사물과 인터넷이 서로 연결돼야 한다.

셋째는 서비스 인터페이스 기술이다. 서비스가 필요한 분야에 걸맞게 정보를 수집, 처리하고 필요한 기술을 융합하는 서비스 인터페이스 기술 역시 사물인터넷 구현에 핵심 요소이다. 사물들이 인간에게 필요한 서비스를 실제로 행하는데 필요한 요소라고 할 수 있다.

넷째는 보안기술이다. 사물인터넷은 아무래도 인터넷이라는 기반 아래 많은 사물들이 연결되는 체제를 갖고 있기 때문에 보안에 특히 신경을 써야 한다. 중앙체제 하나가 뚫려버리면 사물들의 움직임까지 마비될 수 있기 때문이다. 이를 대비해서 보안을 강화하거나 기존에 없던 새로운 타입의 보안 체제를 적용해야 할 것이다.

(1) 센싱 기술

센싱 기술은 사물인터넷의 센서로부터 정보를 수집, 처리, 관리하며 인터페이스 구현을 지원해 사용자들에게 정보를 서비스로 구현할 수 있도록 하는 기술이다. 전통적인 온도/습도/열/가스/조도/초음파 센서 등에서부터 원격감지, SAR, 레이더, 위치, 모션, 영상 센서 등 유형 사물과 주위 환경으로부터 정보를 얻을 수 있는 물리적 센서를 포함한다.

물리적인 센서는 응용 특성을 좋게 하기 위해 표준화된 인터페이스와 정보처리능력을 내장한 스마트 센서로 발전하고 있다. 또한 이미 센싱한 데이터로부터 특정 정보를 추출하는 가상 센싱 기능도 포함되며 가상 센싱 기술은 실제 IoT 서비스 인터페이스에 구현한다. 기존의 독립적이고 개별적인 센서보다 한 차원 높은 다중(다분야) 센서기술을 사용하기 때문에 한층 더 지능적이고 고차원적인 정보를 추출할 수 있다.

(2) 유무선 통신 및 네트워크 인프라 기술

네트워크 인프라 기술은 종단 간에 사물인터넷 서비스를 지원하기 위한 기술로 근거리 통신기술, 이동통신기술과 유선통신기술 등의 유무선 통신과 함께 필요한 기술이다. IoT의 유무선 통신 및 네트워크 장치로는 기존의 WPAN, WiFi, 3G/4G/LTE, Bluetooth, Ethernet, BcN, 위성통신, Microware, 시리얼 통신, PLC 등 인간과 사물, 서비스를 연결시킬 수 있는 모든 유·무선 네트워크를 의미한다.

* WPAN(Wireless Personal Area Networks) : 무선개인통신망
무선정보통신 기반중 하나인 무선개인통신망(WPAN)은 기존의 개인통신망을 무선으로 구현한다는 개념이며 개인통신망은 근거리통신망이나 원거리통신망과 대비되며 개인마다 각각의 고유한 네트워크를 갖게 되고 개인이 소유하고 있는 기기가 제각기 그 사람의 편리성을 목적으로 네트워크를 만든다는 것이다.

* 시리얼(직렬) 통신 : 전기통신과 컴퓨터 과학 분야에서 시리얼(직렬)통신은 연속적으로 통신채널이나 컴퓨터 버스를 거쳐 한 번에 하나의 비트 단위로 데이터를 전송하는 과정을 말한다. 이는 적은 신호 선으로 연결이 가능하기 때문에 선재와 중계 장치의 비용이 억제되는 등의 장점이 있다.

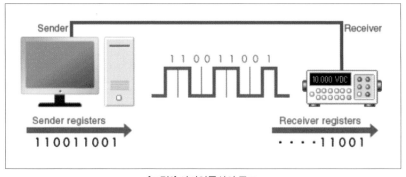

[그림3] 시리얼통신의 구조

(3) IoT 서비스 인터페이스 기술

서비스 인터페이스는 사용자에게 사물인터넷 서비스를 제공하기 위해 필요하며 서비스 인터페이스 구축을 위해서는 정보의 센싱, 가공/추출/처리, 저장, 판단, 상황인식, 인지, 보안/프라이버시 보호, 인증/인가, 디스커버리, 객체 정형화, 오픈 API, 오픈 플랫폼 등의 기술이 필요하다.

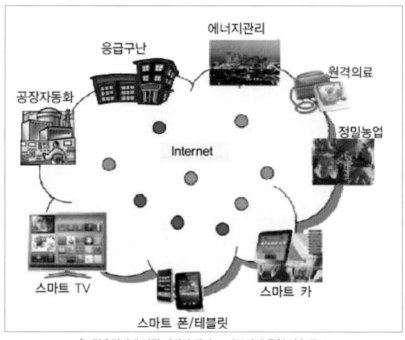

[그림4] 인터넷 연결 기반의 센서, 스마트기기 융합 기술 구조

4. 일반 컴퓨팅과 사물인터넷의 차이

일반 컴퓨팅이 사물인터넷이 하는 일을 못하는 것이 절대 아니다. 예를 들어 버스도착 정보를 확인하는 기능을 살펴보면 스마트폰을 이용한 일반 컴퓨팅을 이용해 버스 승강장으로 가면서 1000번 버스가 내가 버스를 타고자 하는 승강장에 언제 도착하는지를 조회하고자 한다. 스마트 폰을 꺼내고 잠금을 푼 다음 버스정보를 조회할 수 있는 검색포털 앱을 열고 지역을 선택하고 버스를 조회한 다음 버스 승강장을 조회해 몇 분 또는 몇 초 뒤에 도착하는지 확인한다. 그 시간이 상당한 시간이 소요되며 그러는 사이 1000번 버스는 지나가 버려 다음 버스를 기다려야 하는 상황이 자주 발생한다.

사물인터넷은 버스 승강장에 버스 도착 알림 기능을 갖게 된다. 그리고 버스 승강장에 가면 1000번 버스가 언제 도착하는지 바로 알 수 있다. 단순한 예를 들었지만 실제 일반 컴퓨팅은 몇 단계를 거쳐 필요한 정보를 얻고 그 정보를 판단해 행동을 해야 하는 반면 사물인터넷은 사물 자체의 역할이 정해져 있기 때문에 필요한 정보를 판단해 액션까지 취해주는 편리함을 제공하게 되는 것이다.

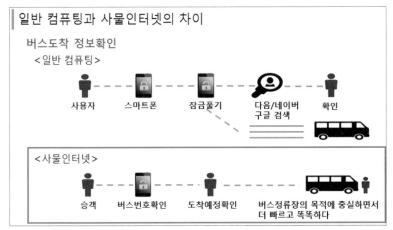

[그림5] 일반 컴퓨팅과 사물인터넷의 정보 확인 구조

5. 사물 인터넷의 구성과 원동력

1) 사물 인터넷의 구성

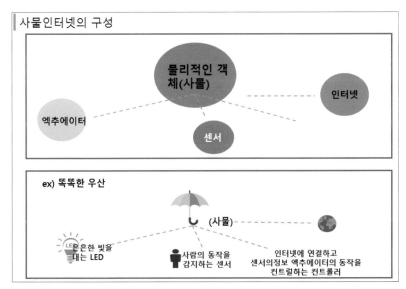

[그림6] 사물인터넷의 구성

사물인터넷은 수많은 종류의 기기가 직접 인터넷에 연결되는 것은 아니지만 서로서로(혹은 더 큰 네트워크) 다른 무선 프로토콜을 통해 연결된다. 많은 종류의 기기 안에 센서기술이 내장돼 있어 차세대 연결을 '센서혁명'이라고도 한다. 여기서는 사물인터넷에 연결될 수 있는 사물을 소개한다. 여기서 '사물'이란 와이파이, 블루투스 등과 같은 무선통신 기술이 탑재되고 인터넷 프로토콜(IP) 주소를 갖고 있는 것을 말한다.

정말 작은 클립만한 크기에서 집만큼 큰 것도 해당될 수 있다. 이러한 사물인터넷이 연결할 수 있는 것들로는 ▲스마트TV, 스트리밍 미디어 서버와 같은 홈 전자기기 ▲심박동기와 심장박동 모니터와 같은 의학기기 ▲스마트냉장고, 오븐, 세탁기와 같은 가전제품 ▲자율주행 자동차 ▲드론과 같은 항공기 ▲온도조절장치, 연기 탐지기, 정보시스템 등과 같은 홈 자동화기기 ▲가정, 마을, 도시, 나라에 걸쳐 감시되거나 통제 가능한 어떤 것 등을 들 수 있다.

사물인터넷의 사물이 무생물일 필요는 없다. 강아지, 고양이, 소처럼 동물들도 인간처럼 연결될 수 있다면 가능하다. 바이오칩 응답기는 농장에서 돌아다니는 동물들을 추적하고 물리적 위치를 모니터링하거나 사람 경우 개인의 건강상태를 확인할 수 있다. 이들 사물들은 다양한 것에 연결될 수 있는 부분 이외에 모든 사람들이 가진 공통점은 센서를 갖고 있거나 특정한 일을 수행할 수 있는 기능을 지니거나 둘 다 해당된다는 것이다.

사물인터넷 기능을 갖는 사물은 인터넷에 먼저 연결돼야 한다. 그 사물은 컨트롤러와 센서, 그리고 액추에이터를 갖고 있다. 컨트롤러는 인터넷에 연결하고 정보를 분석하며 사물이 특정한 액션을 하도록 하는 등의 제어를 하며 센서는 특정한 일과 상황이 벌어지고 있는지를 탐지한다. 마지막으로 액추에이터는 특정한 신호를 발생시키는 액션을 담당한다. 비가 오는 것을 미리 아는 똑똑한 우산을 예로 들어보면 우산은 우산 손잡이에 컨트롤러를 내장하고 인터넷에 연결해 날씨 정보를 가져오고 해당 지역의 날씨를 확인한다. 근접센서를 통해 주인이 현관 문 근처에 오는지를 알아채고 액추에이터인 LED를 이용해 손잡이에서 예쁜 빛을 낸다. "나를 가져가세요."

2) 사물 인터넷의 원동력

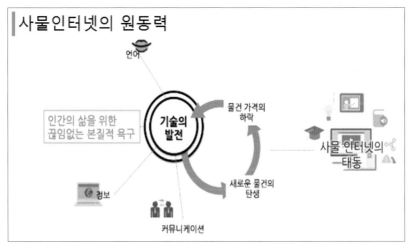

[그림7] 사물인터넷의 원리

사물인터넷은 더 편리하고자 하는 인간의 삶에 대한 본질적 욕구 때문에 관심을 받게 되고 만들게 된다. 일반 컴퓨팅은 편리하기는 하지만 사람들의 본질적인 삶을 변화시키는데 한계가 있다. 여전히 우리 주변에는 컴퓨터를 잘 못 다루는 사람들, 스마트 폰을 쓰지 않는 사람들, 인터넷 뱅킹을 하지 않는 사람들이 많기 때문이다. 그것은 일반 컴퓨팅이 해결하지 못하는 부분이다. 사물 인터넷 즉 인터넷에 연결돼 있는 사물은 사람들의 본질적인 삶의 모습을 변화시킨다. 왜냐하면 그 사물이 결국 그들의 삶의 일부분이기 때문이다.

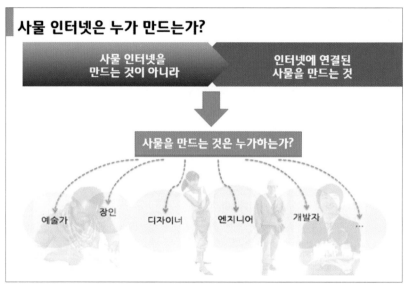

[그림8] 사물인터넷을 만드는 것은 누가하는가?

    사물인터넷은 사물 그 자체, 사물을 만드는 사람이 바로 사물인터넷을 만드는 사람이다. 결국 어느 IT 담당자, IT 기업, 개발자 등이 주도해서 만드는 것이 아니라 사물을 만드는 사람들 모두가 사물인터넷을 만드는 것이다. 따라서 예술가와 장인 그리고 디자이너, 엔지니어, 개발자 등 사물을 만드는데 역할을 할 수 있는 모두가 사물인터넷을 만드는 주인공이 될 수 있다.

6. 사물인터넷 트렌드 7가지를 설명하다

올해는 역사상 가장 혁신적인 해가 될 수 있는 상황에서 IT를 지켜보는 이들은 향후 트렌드가 나아갈 방향을 궁금해 한다. 이에 오늘날 대표할만한 선도적인 IoT트렌드 가운데 7가지를 제시 해본다.

1) 여전히 AI가 왕이다

현재 인공지능 분야만큼 미디어의 관심이나 재정적인 투자를 받는 기술은 없다. 따라서 AI는 IoT 성공의 중추적인 요인 가운데 하나로 어떤 기업이든 위치나 크기와 관계없이 AI가 자신들의 회사 비즈니스를 구성할 수 있는 가능성을 인지하기 시작했다. 많은 전문가는 AI에 있어 지난해와 올해가 가장 발전하는 해가 될 것이라고 예견했다.

2) 데이터 보안 향상

IT에 정통한 소비자와 IoT개척자에게 사실상 데이터 보안보다 더 중요한 것은 없으며 금년에도 IoT 개인정보 보호 분야에서 도약적인 발전이 있었으며, EU에서 진행되는 새로운 데이터 개인정보 보호 규정이나 다른 지역에서의 개인 보안 영역의 발전과는 상관없이 오늘날에 대변혁이 일어나고 있다.

3) 블록체인과 암호화 화폐

지난 2017년 비트코인과 이더리움과 같은 디지털 화폐들이 누구나 다 아는 이름이 됐지만 오늘날에는 화폐 발전의 원동력이 되는 블록체인 기술의 새로운 혁신을 보게 되었으며, 향후에는 블록체인에 막대한 투자가 예상되며 이 새로운 디지털 장부는 전 세계 금융 시장에서 새로운 표준이 될 수 있다.

4) SaaS가 표준이 되다

SaaS(Software as a Service)는 지난해보다 올해 가장 인기 있는 시장 가운데 하나로 일부 분석가는 SaaS가 올해에는 500억 달러 규모의 시장으로 성장할 것으로 기대했다. 저렴한 비용으로 IT 혜택을 누리는 SaaS 기술은 많은 기업에서 급속히 인기를 얻고 있으며 SaaS 솔루션도 널리 보급됐다.

5) 전 세계에 퍼져있는 스마트 도시

현재 우리가 살고 있는 오늘날 도시는 스마트 도시의 해로 기억되며, 인류가 많이 운집한 전 세계 대도시들이 IoT의 힘을 빌려 기술 중심으로 전환하면서 시민들의 필요 사항과 수요를 충족시켜주기 때문이다. 스마트 도시란 말자체가 상호 연결성이 도처에 펼쳐져 있는 도시를 의미하기 때문에 공상과학 소설이나 영화 영역에서 벗어나 수백만 명이 처음으로 IoT 세상에서 살게 되는 혜택을 경험하게 되었으며, 상상이 일상생활의 현실이 되는 것이다.

6) 데이터 분석 향상

거의 모든 산업에서 기업들이 데이터 분석 기술을 자사의 비즈니스 모델에 적용할 수 있다는 잠재력을 인식하면서 마침내 BI(Business Intelligence)가 번성할 것으로 보인다. 수십억 개의 상호 연결된 장치들이 있는 전 세계 경제에서 데이터는 최고의 유비쿼터스이며 모든 기업이 데이터 분석 작업에 많은 자금을 쏟아 부어 최신의 상태를 유지할 것이다.

7) 소매 혁명

소매 업계는 현재 IoT가 이뤄낸 변혁의 소용돌이 속에서 들어와 있는 상태다. 올해에는 전 세계 소비자들이 자신이 선호하는 제품을 구매하는 방법이 더 많아질 것으로 보인다. 예를 들어 엘로 부스팅(Elo Boosting)과 같은 대행 서비스 등이 있다.

디지털이 지배하는 미래에서 소매점들은 자사의 사업을 적절하게 유지하길 희망하지만 IoT와 경쟁할 수 없다는 것을 깨닫게 되고 이를 받아들일 것이다. IoT가 우리 생활의 모든 측면에서 지속적으로 영향을 미치면서 소매업은 실제로 다른 어떤 산업보다 운영 방법에 대한 근본적인 변화가 일어날 것으로 보인다.

IoT는 이미 상상하지 못했던 방식으로 인류를 하나로 묶을 혁신의 엔진으로 증명됐다. 현재 IoT에 의해 이뤄지는 거대한 변화 속에서 혜택을 누릴 것인지 여부는 자신이 얼마나 잘 준비하느냐에 달려있다. 자사의 비즈니스와 개인적인 딜레마를 위해 IoT 솔루션을 받아들이면 미래 디지털 상호 연결성으로 큰 성공을 거둘 것이다.

7. 사물 인터넷의 사례

최근 들어 우리 삶의 질을 높여주는 사물인터넷 제품들은 생각보다 많이 선보이고 있다. 분실 방지를 위한 위치추적 제품, 쇼핑 도우미, 신용카드를 하나로 해결해주는 스마트 제품, 스마트 칫솔, 스마트 컵, 스마트 음주 측정기, 스마트 음성인식, 스마트 펜, 스마트 열쇠 등이 그것이다.

[그림9] 사물인터넷의 사례(출처 : ㈜투인)

아직도 활발히 연구가 진행되고 있고 제품화를 위해 많은 기업들이 노력을 하고 있지만 사용할 만한 기술과 제품들이 곳곳에 나와 있다. 예를 들면 도난방지가 가능한 지갑이 그것이다. 잃어버리면 여러 가지 복잡한 상황에 부딪치게 되는데 그 지갑이 나에게서 10m만 떨어져도 '나를 놓고 가지 말라'고 알려준다.

상황을 인지하는 알람시계는 내일 출장을 갈 일이 있어 비행기 시간에 맞춰 알람을 맞춰 놓았는데 알람시계가 아침에 깨우긴 깨웠는데 내가 정한 시간보다 30분이나 늦게 깨운다. 무슨 일인가 알고 보니 안개가 짙어서 내가 타고 가려는 비행기가 30분 늦게 출발한다는 것을 시계가 알고 있었던 것이다.

아침에 일어나 눈을 떠보니 늦었다. 부랴부랴 씻고 화장하고 옷을 입고 아파트 25층에서 아래층까지 내려오니 비가 온다. 미리 우산을 챙겨 오지 않은 자신을 실컷 욕하며 다시 집으로 올라갔다 가니 이미 회사는 지각이다. 그런데 어떤 사람은 똑같은 상황에서 집 현관을 나가려고 보니 우산 손잡이가 빛을 내며 깜빡인다. 비가 오는 것이다. 그 똑똑한 우산은 주인에게 '비가 오니 날 갖고 가야 한다'고 알려 주고 있는 것이다.

정해진 시간에 약을 먹어야 하는 환자가 있다. 여러 가지 사정으로 집에서 통원 치료를 받고 있는데 깜빡하고 약을 먹지 않았다. 그걸 약이 알고 있다. 왜냐하면 뚜껑을 열지 않았기 때문이다. 뚜껑은 즉시 담당의사에게 이 사실을 알려 주며 건망증 심한 환자는 의사에게 꾸중을 듣는다. 그 외에도 많은 분야에 사물인터넷이 활용되고 있다. 영화에 나오는 마법과 같은 일이 벌어지고 있다. 그리고 그 물건은 자신의 역할을 보다 똑똑하게 해내고 있다. 주인들을 위해서 말이다.

1) 생활을 즐겁게 하는 사물인터넷 제품들

(1) 자전거 관련 제품

최근 삶의 질에 문제에 관심을 갖는 이들이 늘고 있다. 운동을 도와주는 각종 도구들은 이루 셀 수 없이 많을 정도이다. 특히 스마트하게 아날로그였던 제품을 바꿔주는 것으로 자전거 관련 제품이 많다. 기계적인 장비에 전자 장비를 더해 스마트하게 바꿔주기 때문일 것이다.

[그림10] 스마트한 가정용 온도조절기

(2) 원예 제품

원예 제품들도 제법 많다. 참고로 해외에서 소개된 제품은 주로 스프링쿨러와 연계되지만 우리네 실정은 사뭇 달라 주로 화분에 가깝다는 것이 특징이다.

(3) 전기요금을 줄여주는 제품

전기요금 걱정을 줄여주는 사물인터넷 제품, 소켓과 전구 등 전기관련 제품들도 사물인터넷과 접목이 활발하다. 단 이 제품은 앞서 원예제품들과 마찬가지로 국내에서 그대로 사용하는 데는 여러 문제가 있다. 플러그 규격이 다르거나, 전구의 경우도 국내와 해외에서 쓸 수 있는 규격이 다른 문제들이다. 따라서 이 분야는 주로 국내 제품들을 소개한다.

[그림11] 여행 동반자 스마트 캐리어

(4) 쿡방도 스마트한 사물인터넷 주방 제품

최근 인기를 끌고 있는 요리에도 사물인터넷이 더해지고 있다. 초보 요리사 김풍도 최현석 만큼이나 멋진 요리를 쉽게 도와주는 스마트 프라이팬, 상한 음식 여부를 쉽게 확인하는 스마트 전자코, 다이어트에도 도움을 주는 스마트 포크, 쉽게 요리를 조리하는 스마트 쿠커, 항상 맛있는 음식을 만들어 주는 스마트 쿠커 들이 그렇다. 문제는 밥솥 정도를 제외하고는 대부분 외산 제품이라 우리 식생활습관과는 거리가 있다는 점이다.

[그림12] 스마트폰 앱과 연동된 커피머신

(5) 스마트 홈으로 우리 집을 스마트하게

스마트 홈이라는 이름으로 부르지만 이 분야에도 다양한 사물인터넷 제품들이 있다. 가장 먼저 눈에 띄는 것은 보안과 관련된 제품들이다. 도어락을 비롯 감지 시스템 등 그 분야가 무궁무진하다. 여기에 오토메이션, 전력관리, 화재감지, 에어컨 관리, 공기 질 관리를 위한 각종 제품도 있다.

[그림13] U+ 공기 생태계 시스템

(6) 내 몸을 지키는 사물인터넷 헬스 케어제품

무엇보다 소중한 내 몸을 지키는 헬스케어에도 다양한 사물인터 넷이 제품들에 녹아있다. 체중계, 혈압계는 기본이며 수면분석기, 아이가 기저귀에 용변을 보면 바로 알아채는 제품 등 제품도 다양 하다. 건강에 관심이 많다면 이미 많은 회사에서 혈압계 등 센서와 통신이 필요한 기기를 만들어 판매하고 있다는 것을 알 수 있다.

이런 제품들은 미국 iHealth Lab과 샤오미 등에서 제품을 선보 이고 있으며 그밖에도 다양한 제품이 소개되고 있다. 기존 혈압계 와 다른 점은 실시간으로 혈압을 측정하는 것에 그치지 않는다는 점이다. 보통 블루투스로 연결된 스마트 폰 앱으로 혈압을 체크할 수 있으며 데이터는 클라우드에 보관돼 언제 어디서나 이를 확인할 수 있다. 즉 평소 혈압을 매우 정확하게 장시간에 걸쳐 측정할 수 있다는 뜻이다.

[그림14] 스마트 체중계로 건강관리

체중 역시 건강관리의 기본이다. 흔히 스마트 체중계라고도 불린다. 국내에는 단위표기 문제로 판매가 금지되기도 했던 샤오미 스마트 체중계가 잘 알려져 있지만 위딩스(Wethings)를 비롯한 다양한 회사에서 제품들을 선보이고 있다. 원리는 혈압계와 비슷해서 측정된 체중을 클라우드로 전송 이를 보관 분석한다. 목표 체중을 입력하면 운동을 코치하거나 실제 운동과 연결되는 제품도 나와 있다. 체성분을 분석하는 전문적인 기능을 갖춘 것도 있으며 보통 가정용인 까닭에 4-8명까지 데이터를 따로 따로 분석할 수 있어 편리함을 더한다.

아마도 가장 대중적이라 할 수 있는 피트니스 밴드는 스마트밴드와 운동용으로 나눌 수 있다. 제품도 다양하고 쓰임새도 다른 까닭이다. 수많은 회사들이 선보이고 있는 스마트밴드는 크게 두 가지 기능을 갖추고 있다. 하나는 부착된 센서를 통해 건강·운동과 관련된 정보를 얻어 이를 분석하고 결과를 사용자에게 제공한다. 걷기, 운동시간 등은 기본이며 칼로리 소모량과 수면분석도 할 수 있다. 제품에 따라서는 심박체크도 가능하다.

[그림15] 스마트 건강 알리미

다른 하나는 반대로 스마트 폰의 정보를 진동, 화면 등을 통해 알려주는 이른바 알리미 기능이다. 진동모드로 써야하는 사무실, 강의실 등에서 손목 울림을 통해 간단한 정보를 제공해서 편리하다. 역시 다양한 제품들이 소개될 예정이다. 여기에 자전거, 골프 관련 제품과 똑똑한 스마트 축구공도 소개될 예정이다.

(7) 음주운전측정기 제품

심지어 음주운전측정기라는 제품도 있다. 토종기업 에이스앤이 개발한 에이스캔(A-Scan)은 입김만으로 알코올 농도를 파악할 수 있는 신통방통한 제품이다. 단순히 음주운전 농도 측정에 그치는 것이 아니라 음주 및 건강에 대한 이런 저런 정보도 받을 수 있다. 물론 핵심 기능은 운전자에게 음주운전 위험성을 담은 메시지를 지속적으로 알려주는 것이다. 앞으로는 차량과 연동해서 음주하면 운전 자체가 불가능하도록 하는 기능이 나왔으면 하는 바람도 있다.

(8) 자동차 관리 제품

[그림16] 스마트 카 스캐너 시스템

자동차 관련 제품은 차는 모르지만 운전만 하는 분들도 쉽게 차량관리를 할 수 있도록 도와주는 스마트 사물인터넷 제품도 있다. 자동차를 잘 다루고 싶지만 자동차가 주는 정보라고는 배터리 상태와 엔진온도 정도가 고작이다. 하지만 최근 선보이는 OBD II를 활용한 스캐너를 달면 첨단 스마트 카로 변신도 쉽다. 몬스터게이지가 선두주자이며 SKT 등 대기업은 물론 가격비교 사이트 다나와에서도 자회사인 다나와 자동차를 통해 관련 제품을 선보이고 있다. 역시 자세한 리뷰를 통해 차량관리의 진수를 꼼꼼히 알려줄 참이다.

　스마트 카 관련 제품은 다룰 수 있을지 자신하지는 못한다. 분야가 워낙 다른 까닭이다. 최근 선보인 자율주행 자동차는 IoT제품의 끝판왕인 셈이다. BMW나 현대 등에서 선보이는 다양한 차량 상태 확인 및 잠금 등 원격 제어 장치는 이미 서비스되고 있다. 스마트 폰 또는 스마트워치를 사용해서 여러 재주를 부린다. 특히 하이브리드나 전기차에는 각종 IoT제품들이 자동차 메이커를 중심으로 다양하게 선보이고 있다. 이를 통해 전기 등 연료상태와 충전량 상태, 문 열림, 창문 열림 등을 확인할 수 있으며 문제가 생기면 가까운 정비소로 데이터를 자동으로 전송한다. 물론 차량 특성상 음성인식 기능 및 네비게이션 연결도 가능하다.

2) 사물 인터넷이 가져오는 서비스

사물인터넷은 개인부터 산업 및 공공 분야에 이르기까지 다양하게 활용되고 있다. 현재 우리가 가장 쉽게 접할 수 있는 서비스는 버스정보시스템(BIS)으로 버스를 이용할 때 스마트 폰 애플리케이션이나 정류장의 전광판을 통해서 특정 버스가 정류장에 언제 도착하는지 알려 주는 편리한 서비스다. 버스에 GPS 수신기와 무선통신 장치를 설치해 GPS 위성을 통해 해당 버스의 운행 상황을 실시간으로 파악한 뒤 버스의 위치, 운행 상태, 배차 간격, 도착 예정 시간 등의 정보를 제공해 시민들이 편리하게 대중교통을 이용할 수 있도록 하는 것이다.

이러한 사물인터넷은 첫째 개인 부문에서는 차량을 인터넷으로 연결해 안전하고 편리한 운전을 돕기도 하고 심장박동, 운동량 등의 정보를 제공해 건강관리도 할 수 있다. 또한 주거환경을 통합 제어할 기술을 마련해 생활 편의를 높이고 안정성을 높일 수도 있다.

한국에서는 삼성이나 LG 등에서 사물인터넷 기술을 사용한 스마트 홈을 출시했으며 구글은 아우디, GM, 구글, 혼다, 현대, 엔비디아(NVIDIA)를 중심으로 OAA(Open Automotive Alliance)를 구성해 안드로이드 운영체제를 기반으로 한 커넥티드 카(Connected Car : 자동차에 정보통신기술을 적용해 양방향 인터넷 서비스 등이 가능한 차량)를 만들기 위해 노력하고 있다.

현대는 지난 1월 라스베가스 국제전자제품박람회(CES)에서 커넥티드 카를 선보였다. 노키아는 향후 1~2년 안에 암 조기 진단이 가능한 손목에 차는 웨어러블(착용형) 기기를 내놓을 계획이다. 최근에는 웨어러블 헬스 케어 기기로 영역이 확장되고 있다. 올해 콜레스테롤과 혈당을 측정하는 웨어러블 기기의 상용화가 가능할 전망이다.

둘째, 산업 부문에서는 공정을 분석하고 시설물을 모니터링 해 작업 효율과 안전성을 높이는데 활용되고 있다. 생산, 가공, 유통 부문에 사물인터넷 기술을 접목해 생산성을 향상시키고 안전유통 체계를 확보할 수 있으며 주변 생활제품에도 사물인터넷을 도입해 고부가 서비스 제품을 생산할 수 있다.

셋째, 공공 부문에서는 CCTV, 노약자 GPS 등의 사물인터넷 정보를 사용해 재난이나 재해를 예방하며 대기 상태, 쓰레기양 등의 정보를 제공받아 환경오염을 최소화 할 수 있다. 또한 에너지 관련 정보를 통해 에너지 관리 효율성을 증대시킬 수도 있다. 미국, 중국, 유럽연합, 일본 등의 국가에서는 정보통신기술을 기반으로 교통, 공공행정 등의 다양한 도시 데이터를 개방해 도시 전체의 공공 기물들과 주민들이 효율적으로 상호작용하는 스마트시티 건설을 추진하고 있다.

지난 평창 겨울올림픽에서는 5세대(5G) 이동통신과 인공지능(AI), 가상현실(VR), 사물인터넷(IoT) 등 4차 산업혁명의 핵심 기술이 총동원된 'ICT 올림픽'을 진행했다. 특히 올림픽 공식 타임키퍼인 오메가는 이번 아이스하키 경기에 처음으로 선수들의 움직임을 읽는 '모션센서'를 도입했다. 선수 복에 부착된 모션센서가 선수들의 순간 가속도, 누적 거리, 방향 전환 등의 움직임을 실시간으로 감지해 코치진과 관객에게 제공했다.

이처럼 다양한 분야에 걸쳐 사물인터넷이 더욱 발전하게 된 이유는 무엇일까? 수많은 이유가 있겠지만 그 중에 하나는 빅 데이터 분석 기술의 발전을 꼽을 수 있다. 과거에는 각종 기기를 인터넷으로 연결해도 정보 분석에 너무 많은 시간이 소요돼 즉시 활용이 어려웠지만 최근에는 기술의 발달로 실시간 분석이 가능해졌기 때문이다.

8. 사물인터넷은 어떻게 진화될 것인가?

IBM의 'Global Technology Outlook(2014)'은 사물인터넷 산업이 발전하는 과정을 다음 3단계로 간단하고 명료하게 정리한 보고서다.

첫째는 IoT 1.0(기기연결) 단계이다. 이는 초기단계로 각 사물을 인터넷에 연결하는 기술이 중심이 되는 시기이며 이를 관리하는 모니터링 시스템이 중요하다. 이때 수집되는 데이터는 실시간 조회 수준에 그친다.

둘째는 IoT 2.0(인프라구축) 단계로 사물과 사물이 연결돼 상호 간의 데이터를 주고받는 단계를 말한다. 데이터를 단순하게 수집·분석하는 수준을 넘어서 예측을 하거나 서비스에 필요한 다양한 미들웨어(middleware: 컴퓨터 제작회사가 사용자의 특정한 요구대로 만들어 제공하는 소프트웨어)가 등장한다.

셋째는 IoT 3.0(산업별 혁신 솔루션 개발) 단계로 다양한 분야에서 산업혁신을 위한 솔루션이 등장해 개별 기업 또는 특정 산업을 넘어서 상호 연결성을 이용한 새로운 서비스가 탄생한다.

한편, 시스코는 IoT가 진화돼 가면 결국 IoE시대가 될 것이라고 예측한다. 이는 IoT 3.0 수준을 의미할 수 있다. 비즈니스에서 추진하는 가장 중요한 목표도 이노베이션의 가속, 고객경험과 고객만족의 향상 그리고 비즈니스 프로세스 자동화에 두고 있다. IoE 시대가 실현되면 새로운 가치 창조, 삶의 질 향상, 효율성 향상 등이 이뤄져 우리 삶과 사회가 더 편리해 질 수 있다고 본다.

1) 제조에서 서비스로 움직이는 ICT

모든 산업의 서비스화가 이뤄지면서 기존 산업에 대한 고정관념이 크게 바뀌게 될 것이다. ICT산업은 통신과 IT기기 중심의 시장에서 인터넷 서비스 중심으로 변화할 것이다. 구글은 안드로이드 운영체제를 기반으로 모바일 영역에서 사물 인터넷 플랫폼 구축에 나서고 있다. 국내 업체 중 모바일 영역의 플랫폼에서 강점을 가진 곳은 카카오와 네이버의 라인이다. 이들은 인간과 인간을 연결시키는 메시징 서비스 영역을 넘어 사물과 사물이 소통하는 플랫폼 구축을 준비하고 있다. 사물 인터넷은 새로운 데이터를 기하급수적으로 창출할 것이다.

시스코 분석에 따르면 현재 전 세계에 존재하는 모든 데이터의 90%는 최근 2년 내에 생성된 데이터다. 사물 간 연결에 따라 데이터양은 앞으로 더욱 폭발적으로 증가할 것으로 예상되고 이를 처리하기 위한 네트워크 장비와 서버 스토리지 등 시장도 추가로 형성될 것으로 기대된다. 사물 인터넷의 확산은 수많은 데이터를 분석 보관하는 클라우드와 빅 데이터 시장의 성장으로 이어질 것으로 예상된다.

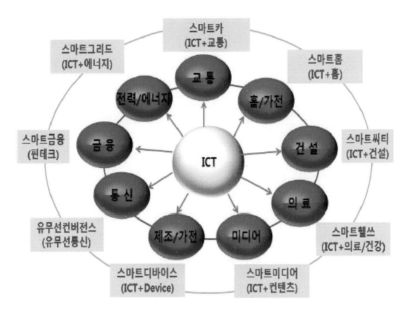

[그림17] ICT 융합 트렌드의 변화

2) 전 세계에 펴져 있는 스마트 도시

2018년은 스마트 도시의 해로 기억될 수도 있다. 인류가 많이 운집한 전 세계 대도시들이 힘을 빌려 기술 중심으로 전환하면서 시민들의 필요 사항과 수요를 충족시켰기 때문이다. 스마트 도시란 말 자체가 상호 연결성이 도처에 펼쳐져 있는 도시를 의미하기 때문에 공상 과학 소설이나 영화 영역에서 벗어나 수백만 명이 처음으로 IoT 세상에서 살게 되는 혜택을 경험하게 될 것이다. 상상이 일상 생활의 현실이 된 것이다.

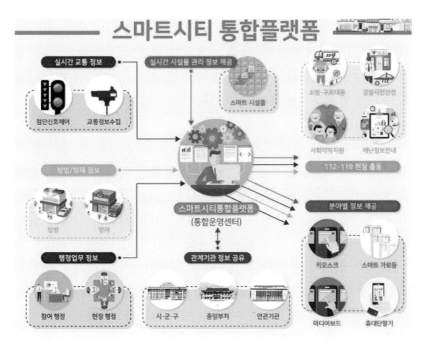

[그림18] 스마트시티 통합 플랫폼(출처 : 국토교통부/사진 연합뉴스)

3) 무인 자동차 개발

　자동차 산업에서의 변화도 두드러진다. 하이브리드차에서 전기차로 이어진 자동차산업 혁신의 방향이 이제 무인차로 향하고 있다. 무인차 개발은 기존 자동차회사보다 ICT기업 쪽에서 더 활발하다. 차의 심장으로 불리는 엔진 기술보다 위치를 파악해서 방향을 잡는 센서와 통신 기술이 더 중요하기 때문이다.

　무인차 시대는 기존 자동차 업계에 큰 위협이 될 것으로 보인다. 무인차의 핵심은 얼마나 주변 상황을 잘 파악하고 이를 분석해 정확하게 대응할 수 있느냐에 달려 있다. 이를 위해서는 빅 데이터와 데이터 분석 기술이 절대적으로 필요하다. 자동차의 안정성이 달려 있는 문제이기 때문에 관련 기술력을 확보하지 못한 완성차 업계는 결국 자동차 하드웨어를 제조한 뒤 소프트웨어 업체에 납품하는 하청업체로 전략할 수도 있다.

무인차 시대가 본격적으로 시작되면 자동차 사고가 제로에 가깝게 줄어들 것이다. 무인차 기술은 불필요한 사회적 비용을 줄일 수 있을 뿐 아니라 전 세계적으로 연간 120만 명에 달하는 교통사고 사망자를 줄이고자 하는 기술이기도 하다. 자동차 사고가 줄어들게 도면 자동차 보험이 필요 없어질 수도 있다. 무인자동차에 대한 기술은 빠르게 발전하고 있지만 사회에서 받아들여지고 상용화되기까지에는 아직 많은 시간이 필요하다. 특히 도로교통 관련 규제가 세워지고 안전이 보장되는 기반이 구축되기 위해서는 다양한 사회적 논의가 선행돼야 한다.

[그림19] 구글의 무인자동차(출처 : 뉴욕타임즈)

4) 물류 분야의 생산성 혁명

생산성 혁명은 제조업에만 국한되지 않고 물류와 같은 서비스산업에도 생산성 혁신이 예상된다. 무인비행기 드론에 쓰이는 사물인터넷 기술은 선박과 항공기 전차, 탱크 등에 폭넓게 적용될 수 있다. 실제로 일부 해운 업체들은 선원 없이 육지에서 원격으로 조정하는 드론 선박을 준비하고 있다.

GPS 항법장치가 발달하고 각종 센서 기술이 진화하면서 무인 선박은 이미 가시화 단계에 들어섰다. 아마존의 주요 물류 센터에서는 1,000대가 넘는 키바시스템즈를 사들였다. 물류 비중이 높은 아마존으로서는 물류 센터에서 혁신적으로 작업 효율을 높일 수 있는 장비가 필요했던 것이다. 아마존 물류 센터에서는 1,000대가 넘는 키바시스템즈의 로봇이 돌아다닌다. 첨단 알고리즘이 적용된 로봇들은 자주 주문하는 상품은 배송 대 가까이에 두고 주문서가 접수될 대마다 해당 물품이 담긴 선반을 자동으로 포장 전문 직원에게 운반해 준다. 사람이 앉은 자리에서 물건을 집어 포장만 하고 이후 작업은 로봇의 몫이다.

[그림20] 키바 로봇(출처 : 아마존)

5) 헬스케어와 결합한 패션

의류는 과거에는 신체를 가리고 보호하는 역할만을 했으나 이제는 자신의 개성을 표현하는 수단이 됐다. 사물 인터넷 시대가 되면 의류는 사람의 몸과 인터넷을 연결하는 매개체가 돼 우리의 건강을 모니터링하고 관리할 것으로 예상된다.

한 브랜드의 운동화는 신발 밑창에 움직임을 감지하는 모션 센서를 달았다. 이 센서는 사용자의 스마트 폰과 연결돼 속도와 거리, 운동 주기 들을 기록해 사용자가 관리할 수 있도록 도와준다. 센서를 통해 인터넷으로 연결된 사용자들은 어디에서 누구와 얼마나 뛰었는지에 대한 내용을 서로 공유할 수 있고 이 정보는 운동화 제조업체에 제공된다.

패션 분야에서는 사물인터넷의 초기 모델에 이미 폭넓게 활용되고 있다. 패스트 패션으로 유명한 자라(ZARA)는 빅 데이터 기술을 활용해 전 세계 매장의 판매 현황을 실시간으로 분석한 뒤 고객 수요가 높은 의류를 실시간으로 공급함으로써 재고를 줄이고 매출을 늘리는 결과를 낳고 있다.

최근 패션 분야에 적용하기 시작한 사물인터넷은 대부분 부가가치를 높이는 형태로 움직이고 있다.

[그림21] 웨어러블 디바이스(출처 :메디칼 업저버)

6) 헬스 케어 산업도 서비스화

사물인터넷이 사용될 분야로 꼽히는 것은 헬스케어이며 이미 다양한 활동 분야가 예고되고 있다. 자체 검사기능을 갖춘 스마트 알약이 등장하면 환자는 이를 삼키기만 해도 다양한 진단이 가능해질 것으로 보인다. 환자에 대한 검사 횟수와 시간을 단축시킬 수 있다는 이야기다. 원격 모니터링 기기가 등장하면 환자가 병원을 방문할 횟수가 크게 줄어든다. 또 지역적 격차로 인해 우수한 의료 서비스를 받을 수 없었던 사람들의 고민도 해결된다.

생체 이식 바이오칩에 대한 논의도 나오고 있다. 이것이 등장하면 몸에 이를 이식하는 것만으로도 실시간 검사가 가능해진다. 당장 당뇨병에 필수적인 혈당 측정 농도로 사용될 전망이다. 의료 서비스 방식도 제약 중심에서 통합관리와 분석 솔루션을 제공하는 서비스 중심의 시장으로 바뀔 전망이다. 가장 효과적으로 사용될 수 있는 분야는 당뇨병이다.

당뇨병은 당뇨 전 단계부터 진단, 초기 진료, 당뇨관리 합병증의 과정을 거친다. 문제는 당뇨병 진행 후기로 갈수록 비용이 급격하게 증가한다는 것이다. 초기에 치료를 효과적으로 진행할수록 사회 전체적인 비용을 줄일 수 있다는 분석이다.

[그림22] 2차 스마트 헬스케어(출처 : 온오프믹스)

Epilogue

자동차를 소유하지 않고 공유하는 시대, 몸에 지니는 모든 것이 나와 연결되는 시대, 사물 인터넷은 우리 미래의 모습이기도 하다. 사물인터넷 시대에는 개인과 산업 공공 영역에 다양한 변화를 줄 것으로 보인다. 개인 영역에서는 사용자 중심의 편리하고 쾌적한 삶이 기대된다. 산업 영역에선 생산성과 효율성이 향상되면서 새로운 부가가치가 창출될 것으로 예상된다. 공공 영역에서도 지금보다 살기 좋고 안전한 사회가 실현될 것으로 보인다.

사물인터넷이 활용될 수 있는 분야는 매우 다양하다. 스마트 홈부터 차량을 인터넷에 연결하는 스마트 자동차, 전기 공급자와 소비자가 지속적인 통신을 통해 전력 최적화를 이루는 스마트 그리드(Smart Grid) 등 일상생활에서 활용될 수 있는 분야가 매우 많다. 즉 사물들로부터 양질의 데이터를 수집하는 일과 수집된 양질의 데이터를 가공 및 분석해 예측하는 일이 앞으로 더욱 중요해질 것이다.

또한 데이터를 수집하는 과정에서 악의적인 해커에 의해 개인 정보가 해킹되지 않도록 사물인터넷 보안에 대한 중요성도 커지고 있다. 안전하게 양질의 데이터가 수집되고 수집된 데이터를 통해 정확도 높은 예측이 이뤄질 때 사물인터넷의 대중화는 빠르게 진행될 것이다.

IoT는 이미 상상하지 못했던 방식으로 인류를 하나로 묶을 혁신의 엔진으로 증명됐다. 현재 IoT에 의해 이뤄지는 거대한 변화 속에서 혜택을 누릴 것인지 여부는 자신이 얼마나 잘 준비하느냐에 달려있다.

지금 우리 앞에 전개되고 있는 4차 산업혁명의 흐름은 되돌릴 수 없다. 이 혁명이 어디를 향해 갈지, 그 과정에서 우리 삶이 어떻게 바뀔지 궁금하다. 그러나 이런 흐름을 남의 일처럼 지켜볼 수만은 없다. 우리는 새로운 기술을 용기 있게 수용함으로써 경제적 번영과 우리들의 행복을 위해 할 일이 무엇인가를 알 필요가 있다.

사물인터넷이 진화돼 만물인터넷으로 나아가면 '새로운 가치 창조, 삶의 질 향상, 효율성' 측면에서 비즈니스 임펙트와 다양한 분야에 걸쳐 구체적인 사물인터넷이 이뤄진 이노베이션을 가져올 수 있다는 공감대가 형성되고 있다. 이에 '이노베이션을 일으키기 위한 행동을 추진할 시기가 바로 지금이다'라는 중요성을 인식했으면 하는 바람이다.

참고자료

김석기·김승엽·정도희 지음(2017), 『IT트렌드 스페셜리포트』. 서울:한빛미디어.
매일경제IoT혁명프로젝트팀 지음(2014), 『사물인터넷』. 서울:매일경제신문사.
차두원·진영현 지음(2016), 『초연결시대, 공유경제와 사물인터넷의 미래』. 서울:한스미디
박명혜 글(2004.9), 『무선개인통신망(WPAN) 기술동향』. IT리포트: 전자정보센터

9

5G와
사이버 보안

진 성 민

현재 4차산업혁명 제주지회장이자 프리랜서 코딩 강사다. 컬러감성 디렉터로 향초 제작 및 강의를 하고 있으며, 노답연구소라는 유튜브를 운영하고 있다.

이메일 : luckyjiny11@naver.com
연락처 : 010-7642-5412

5G와 사이버 보안

Prologue

　가상현실을 주제로 한 스티븐 스필버그 감독의 '레디 플레이어 원'이 전 세계에서 호평을 받고 있다. 영화는 오는 2045년 암울한 현실과 달리 가상현실 오아시스(OASIS)에서는 누구든 원하는 캐릭터로 어디든지 갈 수 있고 뭐든지 할 수 있으며 상상하는 모든 게 가능하다. 그곳에서 주어지는 미션을 수행하기 위해 우주를 넘나들며 극적인 전투를 벌이는데 현실 속에 있는 것처럼 거부감이 없다. 이런 현실감을 느낄 수 있는 방법은 5G를 통해서만 가능한 일이다.

　4G 시대를 넘어 이제 5G 시대가 펼쳐지고 있다. 4G 시대에 비해 5G 시대에는 어떤 다양한 변화가 예고될까? 참으로 긴장감 넘치고 기대할 만한 미래임에는 틀림없는 듯하다. 그러나 4G 시대를

예고하기 어려운 3G 시대 속에서도 우리는 다가올 4G 시대를 예고했으며 그 예고는 곧 이어 우리의 현실로 다가왔다. 이제 그 4G 시대를 이어 5G 시대를 내다보는 시점에 서있다. 필자는 앞으로 다가올 아니 이미 다가와 있는 5G와 이 시대에 다양한 변화 속에서도 꼭 필요한 사이버 보완에 대해 살펴보고자 한다.

1. 5G

1) 5G의 정의

5G는 '5th Generation Mobile Communications'의 약자로 28GHz의 초고대역 주파수를 사용한다. 이로 인해 LTE보다 빠른 속도로 초고선명 영화를 1초 만에 전달할 수 있다. 이와 같이 4차 산업혁명의 모든 기술에 사용되는 5G에 대해 알아보고자 한다.

[그림1] 이미 다가와 있는 5G 시대

(1) 통신의 발전

1세대 이동통신은 음성통화만 가능했던 카폰이다. 한 손으로 들기도 힘들 만큼 무겁고 컸다. 2세대 이동통신은 음성신호를 디지털 신호로 전환해서 사용하게 됐다. 이로 인해 음성과 문자메시지 발송이 가능해졌다. 2세대부터 단말기 가격이 상당히 저렴해지면서 모든 사람들이 이용할 수 있었다. 3세대 이동통신은 영상 통화도 어느 정도 가능해졌고 모바일 콘텐츠를 내려 받을 수 있게 됐다.

이동통신은 전파를 통해서 데이터를 송수신 하는데 그 안에 담길 수 있는 데이터의 양은 한계가 있었다. 그래서 사람이 많은 곳에서는 인터넷 연결이 쉽지 않았다. 4세대 이동통신은 늘어나는 데이터의 양을 해결하는 데 목적을 두었다. 언제 어디서든 인터넷 접속은 물론 게임을 할 수 있게 된 것이 바로 4세대다. 이로써 모바일 디바이스용 콘텐츠의 질과 양 역시 폭발적으로 성장했다.

하지만 반응 속도는 해결이 되지 않았다. 5세대 이동통신을 실시간 통신이라고도 말한다. 5G는 전송 속도 뿐만 아니라 다수 기기 접속과 초저지연 통신이 가능한 기술 개발이 이뤄지고 있다.

〈1세대 ~ 5세대 이동통신 변화〉

	1세대	2세대	3세대	4세대	5세대
주요서비스	음성	음성 문자메시지	음성 문자메시지 영상통화	음성 문자메시지 영상통화 멀티미디어	4G + ?
상 용 화	1981년	1991년	2000년	2010년	2020년

[그림2] 1세대 ~ 5세대 이동통신 변화

(2) 5G의 특징

4차 산업혁명을 가능하게 하는 핵심 기반 구실을 하는 5G의 특징은 아래와 같다.

[그림3] 5G의 특징

〈 4G와 5G의 주요 성능 지표 비교 〉

성능 지표	4G	5G
최대 전송속도	1Gbps	20Gbps
기기 연결 수	10만개/㎢	100만개/㎢
전송 지연시간	10ms	1ms

[표1] 4G와 5G의 주요 성능 지표 비교

① 초스피드

5G 기술이 가진 첫 번째 특징은 바로 초스피드다. 5G는 4G보다 무려 20배 이상 빠른 데이터 속도를 제공한다. 또한 1㎢ 면적에 대한 기기 연결 수가 5G에서는 100만개로 4G보다 10배 더 많다. 데이터 전송 과정에서 끊기거나 막힐 일이 없다는 뜻이다. 앞으로 VR과 AR 시장이 5G 기술을 필요로 하는 이유는 현실이라고 착각할 정도로 생생한 초고화질 콘텐츠를 언제 어디서나 실시간으로 이용이 가능해지기 때문이다.

② 초연결

시간대별로 변하는 조명이나 날씨에 따라 바뀌는 음악 등 초 연결 시대의 사물들은 마치 지능을 가진 것처럼 우리 일상생활에 도움을 준다. 사람과 사물, 공간까지 5G 기술은 이를 원활히 연결할 수 있도록 도와준다.

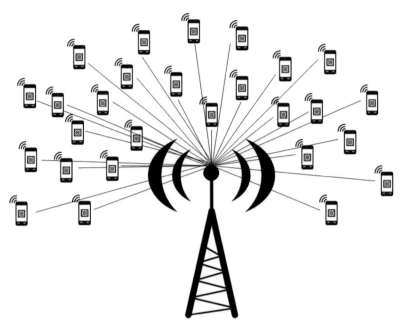

[그림4] 1㎢ 영역 내 사물통신 100만개 수용 가능

　ITU(국제전기통신연합)는 5세대 통신 서비스는 1㎢ 내에 존재하는 사물통신 디바이스 100만 개를 수용할 수 있어야 한다고 정의했다. 예를 들어 갑자기 천재지변이 일어나 1㎢ 영역 안에서 100만 개의 전화기를 동시에 사용하더라도 통신이 원활하게 이뤄져야 한다.

　초연결 네트워크는 단순히 많은 사물 디바이스들이 연결 된 상태만을 의미하는 것은 아니다. 가정의 전등이나 스위치 하나에도 프로세서와 기억 장치, 학습 모듈 등이 내장돼 언제 어떻게 동작하는 것이 사용자를 위해 최상의 결과를 가져올지 장치들이 서로 끊임없이 생각한다.

③ 초저지연

5G 기술이 가진 마지막 특징은 초저지연(Near-zero Latency)이다. 스마트 시티에서 화두로 떠오른 자율주행의 경우 물체 인식과 제동장치 간의 신호 전달이 정확해야 하는데 초저지연이 필수다.

〈시속 100km로 달리는 자율주행자동차 지연시간(초) 및 제동거리(m)〉

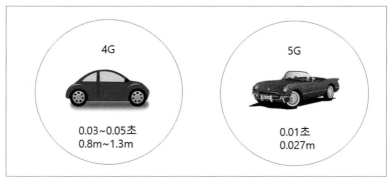

4G

0.03~0.05초
0.8m~1.3m

5G

0.01초
0.027m

[그림5] 시속 100km로 달리는 자율주행자동차 지연시간 및 제동거리

시속 100km로 달리는 4G에 연동된 자율주행 자동차가 장애물을 인지하고 멈추는데 처리하는 지연시간은 0.03~0.05초이며 제동거리는 0.8m~1.3m 이내이다. 하지만 5G의 지연시간은 0.01초 이하이며 제동거리는 0.027m(2.7cm)밖에 되지 않는다. 사실상 데이터 전송 지연시간이 없는 것과 마찬가지여서 사고 가능성을 거의 없다고 볼 수 있다. 5G는 초저지연을 통해 각종 데이터를 즉시 교환이 가능해 오류나 지연이 있어서는 안 되는 의료 시스템, 공장 자동화, 드론 제어 등에 꼭 필요한 기술이다.

2) 평창올림픽 속의 5G

평창 동계올림픽은 ICT(Information and Communication Technologies) 올림픽으로 여길 만큼 첨단 기술이 대거 사용됐다. 4차 산업혁명을 선도 할 첨단 ICT 5대 서비스(5G, IoT, UHD, AI, VR)를 직접 보고, 느끼고, 체험할 수 있는 기회를 마련했다.

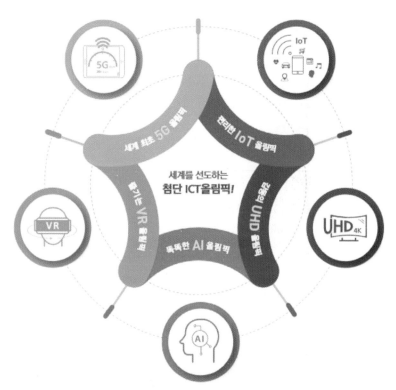

[그림6] 출처 : 평창ICT올림픽 가이드 북

(1) 드론의 마술

개막식의 화제로 떠오른 것은 드론이다. 경기장 위를 날아오르는 것을 시작으로 알펜시아 스키 슬로프 위로 반짝이는 1,218대의 드론이 스노보드 형상에서 오륜기로 모습을 바꿨다. 여기에 주목할 것은 수많은 드론의 조종은 한 명이 맡았다는 것이다. 드론들이 서로 부딪치지 않고 날 수 있었던 이유는 GPS(위성항법체계)와 카메라 센서로 근처 드론들의 움직임을 감지하고 무선통신으로 컴퓨터의 지시를 받아 실시간으로 위치 수정이 이뤄져 가능했던 것이다.

[그림7] 2018 평창올림픽 오륜기 드론쇼(출처 : 인텔)

(2) 5G 실감미디어

① 싱크뷰(Sync View)

초소형 카메라에 이동통신 모듈을 탑재해 초고화질 영상을 실시간으로 전송하는 서비스다. 스키점프와 같은 속도감 있는 경기에서 시청자가 원하는 선수 시점의 영상을 선택해 실제로 선수가 된 듯 한 생동감 있는 경기 체험이 가능하다.

[그림8] 평창올림픽에 사용 된 싱크뷰(출처 : KT)

② 옴니 포인트 뷰(Omni Point View)

크로스컨트리와 같은 장거리 레이싱 선수에게 초소형 위치 추적기를 장착해 위치 파악이 가능하다. 이로 인해 특정 선수를 선택해 해당 선수의 경기 장면을 실시간 전송받을 수 있다.

[그림9] 크로스컨트리에 사용 된 옴니 포인트 뷰(출처 : KIPA)

③ 인터렉티브 타임슬라이스(Interactive Time-Slice)

　쇼트트랙, 피겨 스케이팅 경기가 열리는 경기장 곳곳에서 다수의 카메라를 활용해 영상을 제공으로 다양한 각도에서 시청이 가능하다. 대표적으로 경기 장면을 360도 모든 각도에서 볼 수 있는 Flying View기능, 원하는 경기 순간을 포착해 마치 천천히 움직이는 듯 한 영상으로 재현해주는 타임슬라이스 기능이 있다.

[그림10] 피겨스케이팅에 사용 된 인터렉티브 타임슬라이스(출처 : www.pyeongchang2018.com)

3) MWC 2018 : 5G 시대의 서막을 열다

WMC는 Mobile World Congress의 줄임말이다. 전 세계 이동통신사와 휴대전화 제조사 및 장비 업체의 연합기구인 GSMA(Global System for Mobile communication Association)가 주최하는 세계 최대 규모의 이동·정보통신 산업 전시회이다.

지난 2월 26일부터 3월 1일까지 스페인 바르셀로나에서 열렸던 MWC 2018 최대 화두는 5G였다. 주요 제조사나 통신회사 모두 5G 관련 내용에 대해 치열한 홍보전을 펼쳤다. 우리나라는 SK텔레콤과 KT가 참여했으며 이 외에 NTT 도코모, 차이나 모바일 등 해외 통신사들도 전시관을 홍보했다. 인텔, 노키아, 화웨이 등 글로벌 제조사들의 홍보도 치열했다.

SK텔레콤은 홀로박스라는 홀로그램 장비와 콘텐츠를 공개했으며 KT는 드래곤플라이가 개발한 VR 게임, 스페셜포스 VR을 소개했다. VR 콘텐츠는 모든 방향에 대한 자료를 처리해야 하므로 5G 환경에 가장 적합한 콘텐츠 중 하나로 인식되고 있다. 이외에 체감형 VR 기기를 배치해 직접 즐겨볼 수 있도록 만들었다.

　NTT 도코모는 사람의 움직임을 따라하는 로봇 외에 카메라를 이용해 사람의 얼굴을 읽어 들이고 이를 고속 전송해 별도로 가상 얼굴을 만들어주는 페이스프린팅을 시연했다. 마치 작은 도시를 꾸민 듯 한 노키아 전시관은 일반 가정부터 의료, 기업에 이르기까지 다양한 환경에 적용할 수 있는 IoT(사물인터넷) 기술을 제안했다.

[그림11] MWC 2018(출처 : 노컷뉴스)

(1) 자존심 건 5G 선점 경쟁

표준제정은 선 기술 후 표준의 흐름을 따르게 된다. 5G의 주요성능 목표에 맞춰 실현할 기술을 만든 뒤 5G 표준으로 삼는 것이다. 표준 경쟁에서 승리한 진영은 시장과 특허를 확보하게 된다.

현재 5G 표준이 정해지지 않은 상황이다. 이동통신 단체들의 공동 연구 프로젝트인 세계이동통신표준화단체(3rd Generation Partnership Project)와 국제전기통신연합(ITU)은 오는 2019년부터 5G 무선통신 상용화가 가능하도록 전체적인 표준화 일정을 앞당기고 있다. 때문에 국내는 물론 해외 통신 및 관련 장비 개발사들이 분주히 5G 주도권을 차지하기 위해 안간힘을 쓰는 중이다.

- 주요 국가별 5G 시장 선점 위한 행보-

국가	목표 및 특징
한국	- 2019년 3월 세계 최초 상용화 - 국내 이통사 2018년도 통신망 구축에 수조원 투자 - 정부는 통신사들의 망 구축에 드는 투자부담을 줄이기 위해 필수 설비 공동 활용에 합의
일본	- 2020년 도쿄 올림픽 맞춰 5G 상용화 추진 - 이통사·제조사·학계·정부 등 43개 기관이 '5G 모바일 추진 포럼 (5GMF)' 발족 운영 - 3대 통신사 NTT도코모·KDDI·소프트뱅크는 2023년 전국망 구축을 목표로 약 51조원 투자 계획 - 부품 및 기기 산업에서의 규모의 경제 도모
중국	- 2020년 주요 도시 5G 상용화 - 2017년 11월 16일 5G 주파수 선정, 5G 통신망 구축에 약 85조원 투자 계획 - 3대 이동통신사 5G 통신망 정비에 7년간 약187조원 투자 계획 - 국가 차원의 대규모 시범 서비스 추진
미국	- 버라이즌 2018년 고정무선접속 5G 서비스 상용화 - 2016년 7월 미 연방통신위원회(FCC), 세계 최초 5G용 주파수 대역 할당 계획 공개 - 인텔, 2017년 11월 16일 자사 최초 5G 상용 모뎀칩 공개, 퀄컴은 한 달 앞선 10월 17일 5G 상용 모뎀칩 실제 작동 성공 - 민간 차원의 5G 서비스 적극 추진
유럽	- 2020년 EU내 모든 국가들이 최소 1개 이상 도시에서 5G 서비스 시작 - 역내 표준화 기구 '5G PPP'결성, 2020년까지 약1조원 투자 - 'METIS'프로젝트 추진, 일본NTT도코모, 중국 화웨이 등 참여

[표2] 주요 국가별 5G 시장 선점 위한 행보(출처 : 경향비즈, 테크M)

① 한국(KOREA)

우리 정부는 과감한 투자로 5G 경쟁에서 확실한 우위를 점한다는 전략이다. 미래창조과학부는 오는 2020년까지 세계 단말시장 1위, 장비 시장 점유율 20%, 국제 표준특허 경쟁력 1위, 일자리 1만 6,000개 창출을 목표로 민·관 공동으로 1조 6,000억 원을 투자할 계획이다.

과학기술정보통신부는 지난 4월 10일 5G망의 조기구축과 세계 최초 상용화를 지원하고, 통신사들의 중복투자를 줄이기 위해 '신규 설비의 공동구축 및 기존 설비의 공동 활용 제도 개선방안'을 발표했다.

국내 이동통신 3사는 오는 2019년 5G 상용화를 목표로 준비 중이다. 먼저 5G 주파수가 지난 6월 진행됐다. 이동통신 3사는 하반기 네트워크 구축 기간을 거쳐 5G 단말기와 칩까지 준비가 완료되면 내년 일부 지역부터 5G 상용화 서비스를 개시한다는 계획이다.

KT는 평창 동계올림픽 공식파트너로 선정돼 평창에서 세계 최초 5G 시범 서비스를 선보였다. 올림픽 경기 장면을 더 생생하게 즐길 수 있는 5G 기반 실감형 미디어 신기술을 개발했다. 이번 올림픽을 통해 세계최초 5G 시범서비스 경험을 기반으로 5G 네트워크 핵심기술과 서비스를 더욱 발전시켜 5G에 대한 글로벌 레퍼런스와 노하우를 확보하겠다는 방침이다.

SK텔레콤은 미국 라스베이거스에서 열린 세계최대가전박람회 'CES 2018'에서 기아자동차와 함께 5G 기반의 차량·사물 간 통신(V2X)을 선보였으며 5G 시범망 구축을 통해 기술 융합도 추진하고 있다. 지난 2017년에는 에릭슨, 퀄컴과 함께 세계 최초로 NSA(non-standalone, 국제 이동통신 표준화 단체인 3GPP가 처음으로 승인한 5G 국제표준임) 규격을 기반으로 한 데이터 통신 시연에 성공했다.

LG유플러스는 노키아와 5G 핵심장비 '무선 백홀 기지국'을 공동 개발하기도 했다. 이 장비는 5G 기지국에서 UHD 동영상 등을 스마트폰으로 전송하는 과정 중 기지국으로부터 비디오가 같은 장애물을 만나면 전파를 우회하는 역할을 한다. 지난 1월 5일에는 5G 통신망을 활용해 촬영 영상을 실시간으로 분석해주는 '지능형 CCTV'를 선보였다. 이는 CCTV로 촬영된 실시간 고화질(풀HD) 영상을 분석해 얼굴을 인식하고 성별과 연령대까지 확인할 수 있다.

삼성전자는 5G 체제로 돌입하며 활로를 찾겠다는 방침이다. 삼성전자는 MWC 2018에서 세계 최초로 28GHz 5G FWA(Fixed Wireless Access 고정형 무선통신)을 공개했다. 이 서비스는 초고속 이동통신서비스를 각 가정까지 무선으로 직접 제공하는 기술이다. 광케이블 매설 공사나 인허가 절차 등이 필요 없으며 수개월까지 걸리던 서비스 준비 시간을 몇 시간으로 단축시키면서도 기가비트(Gigabit) 수준의 인터넷 서비스를 제공할 수 있다.

② 일본(JAPAN)

일본은 총무성 주도아래 오는 2020년 도쿄 올림픽을 '5G 올림픽'으로 만들겠다는 목표로 전략을 추진하고 있다. 동시에 일본의 1위 이동통신사인 NTT도코모는 오는 2020년 상용화를 위해 5G 기초 기술을 검토하고 5G 백서를 발간하는 등 5G 사업 추진에 적극적인 모습을 보이고 있다.

일본은 오는 2020년 도쿄올림픽을 목표로 5G를 준비하고 있지만 더 중요한 것은 2020년 이후다. 일본의 5G 서비스는 2020년에 도쿄 시내를 중심으로 시작되고, 그 후 전국적으로 망을 넓히면서 이용자수를 늘려나갈 계획이다. 총무성은 5G의 적용 범위를 스마트폰에 국한시키지 않고 고화질 TV, 스마트 가전, 스마트카 등 통신 기능이 탑재되는 모든 단말에 5G를 도입시키겠다는 목표를 갖고 있다.

③ 중국(CHINA)

중국은 5G를 사물인터넷이나 인공지능, 자율주행차 등 차세대 ICT산업의 기본이 되는 요소로써 5G 표준 선정 작업만큼은 중국이 주도하겠다는 목표를 갖고 있다. 공업정보화부(MITT)의 지도 아래 5G 기술 개발을 '국가 주요과제'로 지정하고 연구개발을 촉진하고 있다. 또한 5G 시대 선점을 위해 민·관 합동조직인 'IMT-2020 추진 그룹'을 결성했다.

IMT-2020에서는 오는 2020년 이후 5G를 검토하고 시장, 네트워크, 주파수 등의 기술 요구 사항과 국제 표준화 단체 연구 교류 등에 관한 조직화된 활동을 수행하고 있다. 공업정보화부는 향후

7년간 중국 5G 개발을 위해 5,000억 위안(한화 약 85조원)에 달하는 자금을 투입하기로 했다. 글로벌 기업으로 성장한 화웨이는 2018년까지 5G 기술 연구 및 혁신을 위해 6억 달러 이상을 투자하겠다는 계획을 발표했다.

중국의 통신 3사는 5G 상용화 로드맵을 발표했는데 올해까지 5~6개의 시범 도시를 지정하고 그곳에 시범 상용화 네트워크를 가동한 후 오는 2020년에는 상용화 한다는 계획이다.

④ 미국(USA)

미래창조과학부는 5G는 우리나라가 미국 대비 기술 수준은 84.7%, 기술격차는 2.1년 정도 벌어진 것으로 파악됐다고 밝힌 바 있다. 지난 2016년 7월 연방통신위원회(FCC)는 글로벌 5G 주파수 논의가 시작되기도 전에 전용 주파수 대역을 먼저 할당해 미국 통신 업체들이 경쟁사들보다 일찍 5G 사업에 뛰어들게 했다.

인텔은 지난 2017년에 5G 모뎀칩과 주파수칩을 조합해 넓은 대역폭을 동시 지원하는 5G 모뎀 솔루션을 공개했다. 미국 1위 통신사인 버라이즌은 2018년에 최초의 상업용 5G 인터넷 서비스를 시작할 예정이라고 밝혔다.

지난 3월 16일 미 상무부는 세계 4위 통신장비 업체인 ZTE(중흥통신)에 '미국 기업과 향후 7년간 거래 금지'라는 초강력 제재를 가했다. 또한 중국 화웨이와 긴밀한 관계를 맺고 있는 싱가포르 반도체 기업 브로드컴이 미국 퀄컴을 인수하려는 시도에 제동을 걸었다.

미국이 이처럼 5G 기술 지키기에 필사적인 것은 향후 글로벌 경쟁에서 우위를 계속 유지하려는 국가전략과 밀접한 관계가 있기 때문이다.

⑤ 유럽(EU)

5G 기술 경쟁에서 유럽연합은 느리지만 차근차근 기초를 다져나가는 행보를 보이고 있다. 지난 2014부터 오는 2020년 동안 800억 유로를 투자하는 '호라이즌(Horizon)2020'이라는 대규모 연구개발 프로젝트를 추진해 다양한 분야의 5G 관련 기초 연구를 지원하고 있다.

호라이즌 오는 2020의 서브 프로젝트 가운데 가장 규모가 큰 것으로 통신 회사 에릭슨이 주도하는 METIS(Mobile and Wireless Communication Enable for the 2020 Information Society)프로젝트는 유럽뿐만 아니라 일본의 NTT도코모, 중국의 화웨이 등 여러 다국적 기업들이 참여하는 사실상의 범세계적인 프로젝트를 지향했다.

또한 지난 2014년에는 유럽연합 정부와 민간 ICT 산업체, 연구소, 학계간 상호 협력을 강화하고 5G 분야의 국제 협력, 생태계 구축, 연구개발 등을 조율하기 위한 목적으로 '5G PPP(The 5G Infrastructure Public Private Partnership)'라는 민관 협력 체제를 발족했다. 5G PPP에서 협의된 유럽의 주요 5G 성능 목표를 살펴보면 지난 2010년 대비 1000배 많은 전송 용량을 달성하고 가상망 서비스 같은 네트워크 서비스의 평균 생성 주기를 현 90시간에서 90분 수준으로 단축하며 70억 명에게 7조 개의 무선 단말 연결을 위한 망 구축 및 서비스 제공 시 지연 없는 인터넷을 요구했다.

4) 5G 기술이 바꿀 세상(5G 융합서비스)

[그림12] 5G 융합서비스

기술의 혁신은 새로운 일자리를 만들고 생활방식까지 바꾸고 있다. 무선통신 네트워크의 발달로 데이터 및 컴퓨팅 기술이 수없이 많은 기계들과 연결되고 있다. 5G 통신기술로 인해 엔터테인먼트, 헬스 케어, 공공산업, 스마트 팜, 스마트시티, 자율주행과의 융합서비스가 새롭게 이뤄 질 것이다.

(1) 엔터테인먼트

5G 통신기술은 게임, 영화, 스포츠, 테마파크와 같이 엔터테인먼트 시장에서 더욱 부각을 드러내고 있다. 5G로 인해 지연시간이 거의 없는 초광대역 네트워크와 지능형 기기 내(on-board) 프로세싱 기술 덕분에 사람들은 어디에서나 몰입 감 넘치는 경험을 할 수 있다.

[그림13] 5G 시대의 엔터테인먼트

① 실감미디어

영화 '레디 플레이어원'에서는 주인공들이 VR을 이용해 오아시스라는 가상현실에서 어디든지 가고 새로운 사람들을 만난다. 오아시스 창시자는 미션을 완료 한 사람들에게 홀로그램을 이용해 열쇠를 전달한다. 현실에서는 접하지도 못하는 모든 상황들이 끊김 없이 가상현실 속에서는 가능한 일이 됐다.

페이스 북의 주커버그 역시 '가상현실(VR)은 차세대 쇼셜 플랫폼'이라고 역설하면서 가상현실에 대한 투자를 확대하고 있으며 구글은 소프트웨어 플랫폼과 콘텐츠를 확대하고 있다. 5G를 단말기와 결합해 보다 실재감이 높은 방송미디어 서비스를 제공하며 가상현실 단말기를 모바일과 결합해 언제 어디서나 실감미디어를 촬영하고 공유할 수 있도록 개인미디어 서비스가 가능할 것이다.

실감미디어는 현실세계를 가장 근접하게 재현하고자 하는 차세대 미디어로 현재 사용하는 미디어보다 월등히 나은 표현력과 선명함, 현실감을 제공한다. 이와 같은 서비스로 인해 사용자는 먼 거리에 있는 사람들과 경험을 공유할 수 있다.

② 온 디맨드(On Demand)

지난 4월 25일 '틸론 데이비드 데이 2018'을 개최한 최백준 대표는 "4차 산업혁명의 키워드는 5세대 이동통신(5G)이다. 5G를 통해 통신 속도가 비약적으로 빨라지고 연결된 디바이스가 폭발적으로 증가하는 초 연결 사회가 될 것"이라며 "5G가 상용화되면 스토리지, 네트워크, 개발 환경 등 많은 분야에서 변화가 이뤄질 것이다. 서비스 측면에서도 온디맨드(On-Demand) 형태의 서비스가 가능해질 것"이라고 설명했다.

온 디맨드란 모바일 기술 및 IT 기반을 통해 소비자의 수요에 즉각적으로 제품 및 서비스를 제공하고 해결해주는 것을 말한다. 5G는 4G에 비해 같은 크기의 영화를 100배 이상 빠르게 다운로드가 가능하다. 그만큼 빠르고 지연시간이 적어 사용자들은 언제 어디서나 콘텐츠 및 클라우드 기반 서비스에 접근이 가능하다.

(2) 헬스 케어

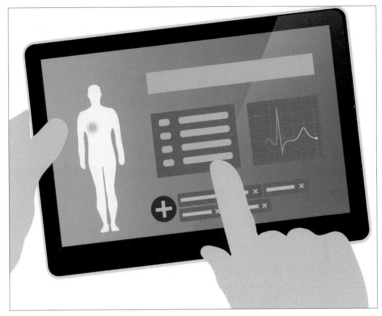

[그림14] 의료 분야까지 그 영역을 넓히고 있는 5G

　스마트 폰의 대중화로 인해 우리의 생활도 변하고 있다. 데이터 통신 속도의 증가, 다양한 웨어러블 기기 출시, 빅 데이터 분석기술 발달로 인해 다양한 질환에 대한 개인맞춤형 의료서비스를 저비용으로 제공할 수 있게 됐다. 기존 의료서비스 산업이 ICT 융합을 통해 스마트 헬스 케어 산업으로 탈바꿈하고 있다.

　환자는 가정에서 편안하게 원격 의료센서를 착용하고 질환에 대해 의료 서비스 제공자에게 전송하면 의사는 데이터를 확인한 후 환자를 살피고 치료 계획과 상담을 할 수 있다. 이러한 의료서비스는 환자, 보호자, 헬스 케어 서비스 제공자를 위해 기기와 네트워크간의 격차가 있어서는 안 된다. 안전하게 기기들을 연결할 수 있는 것이 5G를 이용한 서비스다. 언제 어디서나 환자에게 맞춤형 헬스 케어 서비스 제공이 가능하다.

5G 기술을 기반에 둔 의료산업의 발전은 의료비 절감과 사회경제적 비용 감소에 효과적일 뿐만 아니라 공공의료서비스와 같은 사회·정책적 효과를 기대할 수 있다. 현재 전 세계적으로 의료서비스가 고령화 현상에 따른 의료비 급등 및 치료 중심에서 예방 중심으로 바뀌는 추세다. 골드만 삭스에 따르면 스마트 헬스 케어 산업으로 인해 오는 2025년 까지 6,500억 달러의 비용을 절감할 것으로 전망했다. IDC는 전 세계 헬스 케어 규모가 지난 2011년 840억 달러에서 2016년 1,150억 달러까지 성장할 것이라고 전망했다.

(3) 공공산업

[그림15] 공공산업 분야까지 확대되고 있는 5G

지구 온난화 등의 영향으로 해마다 점점 커지는 자연재해 규모에 따라 전 세계적으로 재난 대응을 위한 ICT 도입이 확산되고 있다. 다양한 스마트 센서들로부터 수집된 빅 데이터를 바탕으로 재난을 감지·예측하고 대응하며 재해 지역복구 및 구조 활동을 통해 언제 어디서나 안전을 보장받을 수 있는 서비스를 제공할 수 있게 된다.

드론, 로봇 등을 활용해 그동안 다룰 수 없었던 사막, 높은 산지 등에도 최소한의 모바일 광대역 서비스 지원도 가능해진다.

① 드론

정부나 재난지원 기관들은 5G 네트워크와 연결된 드론을 이용해 재난 지역을 긴급 지원이 가능하다. 비행 중인 여러 대의 드론이 서로 실시간으로 데이터를 공유하고 공유된 데이터가 기관에 전송됨으로써 수색 구조 작업의 속도를 높일 수 있다. 기관은 구조팀을 안전하게 파견하고 구조물 피해나 잔해 규모를 신속하게 파악해 필요한 자원을 적절히 배치할 수 있다.

특히 고층건물에서 발생한 화재 발생 시 실시간 상황 정보를 수집하고 이를 이용해 스마트 안전모 및 방화 복으로 무장한 소방대원들이 구조 작업이 가능하다. 그리고 통합통신망을 통해 화재 진압 상황 및 조난자를 확인함으로서 인적·물적 피해를 최소화 할 수 있다.

② 로봇

어느 화학공장에서 화재가 발생한다. 안에는 사람이 갇혀 있지만 잘못 건들 시 폭발할 가능성도 있어 소방관도 쉽게 들어가지 못한다. 그때 한 대의 로봇이 지체 없이 들어가 사람을 구해낸다. SF영화에서 나오는 얘기일지 모르지만 가까운 미래에 직접 볼 수 있을 것이다. 이와 같이 화재, 붕괴 폭발, 유독가스 누출 등 복합적으로 발생하는 복합재난 환경에서는 로봇기술을 활용하는 대응 수단이 필요하다.

〈 복합 재난 로봇 시스템 종류〉

	종류	내용
복합 재난 로봇	실내 정찰용 로봇 시스템	복합재난 현장에서 실내 정찰을 위해 비행·주행 로봇 및 무선통신 시스템
	장갑형 로봇시스템	실내 진입대원의 인명 보호 및 구조 지원, 방재작업 보조를 위한 장갑형 로봇
	다중로봇 통합관제 운용 시스템	재난 현장에서 다수의 복합 재난 로봇을 효율적으로 관제·운용하기 위한 시스템

[표3] 복합 재난 로봇 시스템 종류

위의 표와 같이 우선 복합 재난 상황에서 실내 진입 및 이동을 할 수 있는 실내 정찰용 로봇은 재난 현장의 자율·원격주행 및 비행 제어가 가능하다. 장갑형 로봇은 사고 현장에서 실내 진입대원의 인명 보호 및 방재작업 중 일어날 수 있는 붕괴물 낙하, 폭발 충격 등으로부터 탑승자를 보호할 수 있다.

SK텔레콤은 첨단 로봇기술을 보유한 로보빌더와 재난현장, 의료 등 산업분야에서 폭넓게 활용될 수 있는 '5G 로봇' 공동연구를 위한 협약을 체결했다. 이 기업은 '5G 로봇'이 감지한 방대한 양의 영상·음성 데이터를 초저지연 속도로 인간에게 전달하기 위해 전파의 간섭 신호를 실시간 파악하고 제거하는 '동일 채널 양방향 전송' 기술을 5G 로봇에 적용하기로 했다. 이 기술이 적용되면 교통경찰 로봇을 만들어 교통상황을 실시간으로 초고해상도 영상으로 통제요원에게 보내고, 통제요원은 무선로봇제어기를 통해 로봇을 조종해 도로 위에서 수신호로 교통정리를 할 수 있다.

④ 스마트 팜(Smart Farm)

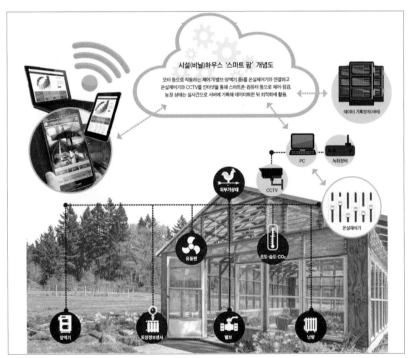

[그림16] 스마트 팜(출처 : news.joins.com)

우리나라 농업인구는 지난 2016년을 기준으로 257만 명으로 전체 인구 100명 중의 5명 정도이다. 거기에 농가 인구 10명 중 4명이 65세 이상의 고령자이기 때문에 앞으로도 농업인구는 빠르게 줄어들 것이다. 따라서 모자란 농업 인력을 대신해서 농업 생산성을 높이는 문제가 중요한데 이를 해결할 수 있는 것이 스마트 팜이다.

스마트 팜은 농사 기술에 정보통신기술을 접목해 만든 지능형 농장을 말한다. 농장 스마트 팜에서는 모바일 기기를 통해 농장 내 시설을 원격제어 하는 것은 물론 빅 데이터 분석을 통해 작물이 자랄 수 있는 최적화된 요건을 만들어낸다.

현재 농민들은 재배 작물의 곁을 마음 놓고 떠날 수 없었다. 하지만 IOT 센서를 이용해 작물의 키와 크기, 색깔과 같은 생육상태를 조사하고 습도나 온도, 일사량과 같은 환경정보를 측정하는 일들을 많은 인력을 사용하지 않고 원격으로 진행할 수 있다. 센서를 이용해서 수집된 데이터는 서버에 자동으로 주기적으로 저장되며 작물을 수확할 때면 데이터 분석을 통해 장비와 기기를 자동으로 조절하고 예측 불가능한 날씨나 환경적 상황에 미리 대비가 가능하다.

⑤ 스마트 시티(Smart City)

[그림17] 스마트 시티

아침이 되면 자동으로 커튼이 열리며 일어나라고 말을 한다. 거울을 통해 교통상황 및 날씨를 체크하고 메일을 확인한다. 드론 택시를 타고 회사로 출근한다. 점심시간이 되면 무인편의점에서 안면인식결제시스템을 이용해 점심을 간단히 해결한다. 몸살 기운이 있어 퇴근 후 침대에서 건강 체크를 하고 이 데이터를 기반으로 집의 온도를 조절하고 병원 진료를 예약한다.

스마트시티는 언제 어디서나 인터넷 접속이 가능하고 영상회의 등 첨단 IT 기술을 자유롭게 사용할 수 있는 미래형 첨단도시를 일컫는다. ITU(International Telecommunication Union)의 지난 2014년 조사 결과에 따르면 세계적으로 스마트시티에 대한 정의가 116개에 달하며 주요 키워드로 ICT, 정보, 통신 등 키워드가

(26%), 환경과 지속가능성(17%), 인프라와 서비스(17%) 등의 용어가 스마트시티 정의에 사용되고 있다.

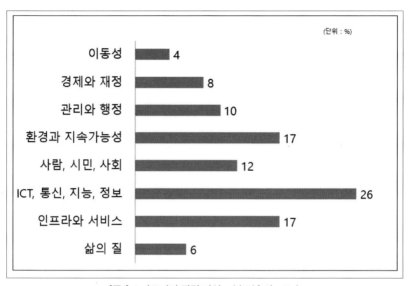

〈스마트시티 관련 키워드 분포〉

[표4] 스마트시티 관련 키워드 분포(출처 : ITU)

여러 정보통신기술(ICT) 및 사물인터넷(IoT) 솔루션을 안전한 방식으로 통합해 도시 자산을 관리하는 도시개발 클라우드 기술이 실시간 비디오 및 분석 기술과 결합돼 전력망에서부터 교통 흐름에 이르기까지 모든 것을 보다 잘 관리 할 수 있게 된다.

5G 연결 센서가 상수도 본관의 파열이 발생하기 전에 누수를 감지하고 수리를 할 수 있다. 지능형 가로등은 자동차를 주차 공간이 있는 곳으로 유도 할 수 있다. 또한 도시 당국은 에너지 사용을 추

적 관리함으로써 에너지 사용을 줄이고 이에 따라 오염을 줄여 공기의 질을 개선할 수 있다.

스마트시티 구현으로 인해 공유경제가 지금보다 크게 활성화된다. 차량은 물론이고 사무실까지도 자유롭게 공유할 수 있어서 도시 공간과 자원을 보다 효율적으로 활용할 수 있게 된다.

⑥ 자율주행

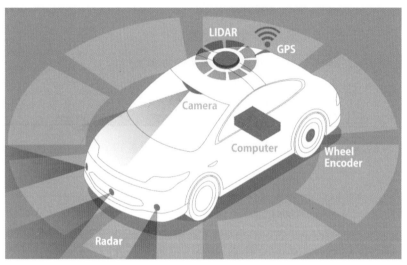

[그림18] 자율주행 차(출처 : news.samsung.com)

최근 자동차를 둘러싼 다양한 변화들은 자동차의 개념을 단순한 이동수단에서 새로운 플랫폼으로 진화시키고 있다. 전문가들은 '미래 자동차의 핵심 키워드는 자율주행 자동차가 될 것'이라 전망했다.

자율주행 자동차는 운전자가 차량을 조작하지 않아도 스스로 주행하는 자동차로 커넥티드 카(Connected Car) 기술이 발현되는 대표적인 미래 자동차이다. 커넥티드 카란 IT기술이 집약 된 자동차로 인터넷과 모바일, 내차 주변의 다른 차, 더 나아가 운전자와 연결돼 작동하는 것을 말한다. 모든 것이 네트워크로 연결 돼 수신호와 정보를 주고받는 유기체가 된다.

구글은 자율주행 자동차가 오는 2020년부터 본격적으로 도로를 다닐 것이라 발표했다. 이유는 5G가 상용화되는 시기이기 때문이라 답했다. 지난 3월 우버 자율주행차로 인해 도로를 무단횡단 하던 여성이 사망하는 사건이 있었다. 사고 차량은 자율주행모드로 주행 중이었으며 운전석에는 운전자도 탑승하고 있었지만 사고를 막을 수는 없었다. 사고의 일부 원인으로 추정되고 있는 것은 센서의 인지능력이 떨어졌다는 것이다. 카메라와 센서가 아무리 발달해도 네트워크가 연결돼 있지 않으면 한계가 있다. 5G 기술이 도입이 되면 응답속도가 0.001초로 완벽한 자율주행이 가능하게 된다.

• 자율주행단계
자동차 제조사들이 추구하는 완전 자율주행은 운전자가 어떤 작동도 하지 않고 자동차 스스로 운전을 하는 것이다. 이는 자율주행 단계 가운데 레벨 5에 해당된다. 자율주행자동차 단계는 미국 도로교통안전국(NHTSA, National Highway Traffic Safety Administration)에서 총 6단계로 분류했다.

〈자율주행 기술 6단계 특징〉

단계	정의	주요내용	기본조작	모니터링	백업	시스템 작동환경
레벨 0	비자동화	자율주행 기술이 없음	운전자	운전자	운전자	·
레벨 1	운전자 보조	속도 및 제동을 일부 제어	운전자	운전자	운전자	몇 가지 운전모드
레벨 2	부분 자동화	속도와 방향을 스스로 제어	시스템	운전자	운전자	몇 가지 운전모드
레벨 3	조건부 자동화	운전자 개입 줄고, 교통신호와 도로 흐름까지 인식	시스템	시스템	운전자	몇 가지 운전모드
레벨 4	고도 자동화	운전자가 목적지만 설정하면 되는 단계	시스템	시스템	시스템	몇 가지 운전모드
레벨 5	완전 자동화	무인자동차에 가까운 단계	시스템	시스템	시스템	모든 운전모드

[표5] 자율주행 기술 6단계 특징(출처 : 탑기어)

레벨 0은 자율주행과 관련된 기술이 없는 자동차다. 운전자가 운전에 필요한 모든 것을 직접 제어하는 단계다. 레벨 1은 자율주행 기술이 조금씩 사용된다. 카메라와 센서 등을 이용해 속도와 방향을 선택적으로 선택하고 제어하게 된다. 크루즈 컨트롤, 차선이탈 경보장치, 충돌경고시스템이 여기에 포함된다. 레벨 2는 최소한 두 개 이상의 주요 제어 기능을 결합한 자동차로 속도와 방향을 자동차 스스로 제어한다.

레벨 3은 자동차 스스로 장애물을 감지하고 피할 수도 있다. 또한 길이 막힌 경우 우회도 할 수 있어 운전자의 개입이 줄어든다. 현재 자율주행의 시범 테스트를 진행하는 자동차가 여기에 속하며 최근에 발생한 우버 사고로 볼 수 있듯이 차량이 위험한 상황에서는 운전자에게 권한을 넘기기에 운전자는 언제나 운전에 신경 쓰고 개입할 준비가 돼 있어야 한다.

레벨 4는 완전 자율주행이 가능한 단계로 본다. 자동차 시스템이 이동 구간 전체를 모니터링 하고 안전 관련 기능들을 스스로 수행하게 된다. 하지만 극소수의 예외의 상황에서는 운전자에게 권한을 넘기거나 레벨 2 혹은 레벨 3로 떨어질 수 있다.

레벨 5는 사람이 없어도 자동차가 움직이는 단계다. 운전자의 개입이 없어지고 오직 탑승자만 존재하는 단계이다. 사람이 탑승하지 않았더라도 차량의 소유자가 원하는 위치에 차를 보낼 수 있게 되며 도로가 험난하더라도 도로의 상태나 주변 환경을 인식해 속도를 조절하거나 위험을 회피할 수 있다.

전문가들은 오는 2040년이 되면 완벽한 자율주행 자동차가 보급이 가능할 것이라고 이야기하고 있다.

2. 사이버 보안

1) 사이버의 위험

[그림19] 5G 시대에 요구되는 사이버 보안

    5G는 이전의 통신 기술과는 다르게 다양한 기기와 자유롭게 인터넷 통신을 할 수 있도록 폭넓게 개방돼 있다. 초고속, 초저지연, 초연결을 대표되는 5G 특성은 시공간 제약을 없애며 상상으로만 가능했던 다양한 일들이 현실 세계에서 가능하게 한다. 또한 수십만 개의 기기로부터 현실 세계 속 인간의 상호 작용으로 만들어진 데이터를 모은다. 기존에는 수십 년 걸렸던 방대한 데이터가 인공지능 기술과 융합해 스스로 학습하고 진화하는 서비스 제공의 촉매가 된다. 데이터는 다시 개개인의 삶을 최적화 하는데 활용된다. 그만큼 보안에도 취약할 수밖에 없다. 더불어 IT 기반 역시 하드웨어가 아니라 소프트웨어를 중심으로 운영되기 때문에 보안을 더욱더 심각하게 고민해야 할 문제가 된다.

(1) 사이버 안보

미국 대통령이 대단한 기업이라고 호평한 싱가포르 반도체 기업 브로드컴을 지난 3월 12일 국가안보 위협 기업이라고 지목하며 퀄컴 인수를 가로 막았다. 제프리스 보고서에 따르면 퀄컴은 전 세계 5G 필수 특허의 15%를 보유한 것으로 추정되며 노키아가 11% 화웨이 등 중국 기업이 10%를 보유한 것으로 추정된다.

〈세계 주요 기업들의 5G 분야 진출 현황〉

기업	특허	모바일 칩	휴대폰	라우터	기지국
화웨이	○	○	○	○	○
노키아	○			○	○
에릭슨	○				○
삼성	○	○	○		○
퀄컴	○	○			
시스코	○			○	

[표6] 세계 주요 기업들의 5G 분야 진출 현황(출처: WSJ)

미국 내 가장 많은 5G 관련 특허를 보유하고 있는 퀄컴을 브로드컴에서 인수 시 퀄컴이 보유한 5G 기술이 후에 중국으로 재인수되면 중국 통신 기업이 유일한 시장 지배자가 될 것이라고 우려하고 있다. 이러한 기술은 국가 간 관계와 국제안보의 본질에 근본적인 영향을 미칠 것으로 보고 있다.

① 사이버 전쟁

과거 해킹의 목적은 뛰어난 프로그래머들이 자신의 능력을 과시하기 위함이었다. 지금은 과시용이 아닌 정보를 포함한 재산탈취 및 주요시설 파괴가 해킹의 목적으로 변했다. 때문에 해커의 신분이 노출 되지 않는다. 또한 기관을 해킹하고 스파이 행위로 주요 정보들을 얻기 위해 아무도 모르게 악성코드를 은닉시켜 조용히 사이버 공격을 한다.

IS(아이에스)라고 부르는 단체는 원칙적으로 중동의 한정된 지역에서 활동하지만 소셜 미디어를 통해 100개국 이상의 나라에서 전사를 모집하고 있고 소속 테러리스트들의 공격 또한 전 세계를 대상으로 벌어지고 있다. 기술의 융합으로 인해 생명을 위협하는 신기술은 손에 넣기도 사용하기도 점차 쉬워지고 있다.

사이버 전쟁으로 인해 전쟁의 문턱이 낮아질 뿐 아니라 전쟁과 평화의 구분 역시 모호해지고 있다. 군사시스템에서부터 에너지원, 교통관리 시설 등 민간기반시설에 해당하는 네트워크와 네트워크에 연결된 기기들이 해킹을 당하거나 공격을 받을 수 있기 때문이다.

② 4차 산업혁명 대표 기술들의 보안 취약점

ㄱ) 자율주행차

앞으로 자율주행차는 인공위성과 연결돼 교통정보센터의 정보를 활용해 목적지까지 자율적으로 도달 할 수 있을 것이다. 문제는 이런 통신 과정에서 발생할 수 있다. 지난 2015 black hat 보안 콘퍼런스에서 찰리밀러(Charlie Miller)는 자동차 해킹을 시현함으로써 전 세계를 놀라게 했다. 그는 인터뷰에서 "자동차는 단순 기계장치에서 전자기기로 진화했고 이제는 인터넷에 연결 돼 사이버 공격에서 벗어날 수 없다"고 말한 바 있다.

인공위성은 GPS 통신을 이용하는데 일반 네트워크에 비해 보안이 매우 취약하다. GPS통신을 해킹해 개인의 이동경로가 유출돼 사생활 침해의 우려뿐만 아니라 주요 인물의 동향을 파악할 수 있어 국가안보에도 큰 위협을 가할 수 있다. 해킹으로 인한 위협 상황은 자율주행기술의 발전 단계가 올라갈수록 시스템에 의지한 주행으로 운전자가 자동차를 통제 불가능한 상황으로 만들기 때문에 안전에 위협이 되는 상황을 초래할 수 있다. 또한 디도스(DDos)공격 등을 통해 교통신호를 방해해 교통 혼잡을 야기할 수 있으며 신호의 정보를 왜곡해 엉뚱한 목적지로 유인할 수도 있다.

ㄴ) 드론
통신시스템, 센서, 카메라 등을 탑재한 초기 드론은 공군의 미사일 폭격 연습 대상으로 탄생했지만 군사용에서 민간용으로, 탐사용에서 일반 촬영용으로 다양한 분야로 뻗어나가고 있다. 드론은 무선 네트워크와 연결돼 있어 해커들은 무선 네트워크 경로로 드론을 해킹할 수 있다. 또한 일반 PC와 서버를 비교할 때 오히려 해킹이 더 쉽다고 한다.

드론 해킹위협은 정보유출, 스푸핑(Spoofing), 재밍(Jamming) 세 가지가 있다. 드론 정보유출 사건으로는 RQ-140 기밀영상정보 해킹이 있다. 미국에서 개발한 최신 드론인 RQ-140이 러시아의 해킹사이트에서 26달러에 구매한 악성프로그램을 사용해 드론 촬영 영상을 해킹해서 유출 시킨 사건이다.

또 다른 방식인 스푸핑(드론에게 가짜 GPS 신호를 보내 드론이 해커가 의도한 곳으로 이동하거나 착륙하도록 만드는 방법)은 정보유출 보다 더 치명적인 해킹 공격이다. 지난 2011년 12월 미국의 록히드마틴과 이스라엘이 공동으로 제작한 무인 스텔스 RQ-170은 이란 영내를 정찰하다가 이란의 스푸핑 공격으로 포획 당하기도 했다. 이 사건으로 미국의 최첨단 드론 제조기술이 외부로 유출됐다.

재밍은 드론에 GPS보다 강력한 신호를 보내 드론을 마비시키는 공격이다. 이란은 미국의 정찰용 드론들을 총이 아닌 사이버무기로 공격해 무력화 시킬 수 있다고 말했다. 지난 2012년 인천 송도에서 시험 도중에 갑작스런 재밍 공격으로 드론 헬기가 추락하는 사고가 발생했다. 드론은 실시간으로 원격 조정되기 때문에 끊임없이 통신해야 하며 이러한 이유로 통신은 항상 오픈돼 있다. 통신을 담당하는 센서가 디도스 공격 등에 의해 마비되면 드론은 추락하고 만다. 드론이 하늘에서 떨어질 시 인명 피해뿐만 아니라 충돌로 인한 재산 피해도 발생할 수 있다.

ㄷ) 스마트 헬스 케어
웨어러블 기기가 큰 인기를 끌면서 스마트 헬스 케어 산업도 같이 부상하고 있다. 그러나 스마트 헬스케어가 관리하는 개인정보량이 많아지면서 동시에 이를 노리는 해커들도 생기고 있다. 해커들이 스마트 헬스케어를 해킹하는 이유는 두 가지다.

첫째, 많은 병원들이 모든 데이터를 전산화하는 데 집중하고 있기 때문이다. 둘째는 해커들은 병원 시스템에 저장된 나이, 성별, 이름, 사진 등의 빅 데이터를 단순 의료정보로 보지 않는다. 개인식별 정보부터 카드정보까지 한 번에 여러 정보를 얻을 수 있는 데이터 모음집으로 생각하기 때문이다.

〈 스마트 헬스케어 해킹 사례 〉

사건	일시	이유	상세
생화학 자동분석 장치 소프트웨어	2013. 1	생화학 자동 분석 장치에 연결된 데이터 해킹	COBAS ITEGRA 400plus 분석기에서 사용하는 오라클의 데이터베이스 취약점을 이용해 원격으로 잘못된 데이터 저장
미국 Foredter 병원 환자 개인정보 유출	2013. 2	바이러스 감염	43,000명 환자 중 일부 사회보장번호 유출
네트워크 접속형 의료기기 취약	2013. 6	악성코드 감염	낡은 의료기기 취약성으로 모니터링 시스템 내 악성코드 감염
의료뉴스 웹사이트 악성코드 유포	2013. 8	악성코드 유포	의료용 인증서, 개인용 인증서, EMR 인증서 유출
대형병원 임상 실험 센터 웹사이트 악성코드 유포	2014. 4	해킹 및 악성코드 유포	국내 대형병원 임상실험 센터의 웹사이트가 해킹 돼 악성코드 유포지로 악용

[표7] 스마트 헬스케어 해킹 사례(출처 : 지능화 연구시리즈)

스마트 헬스케어에서 나타날 수 있는 사이버공격은 정보유출, 정보위변조, 랜섬웨어로 나뉜다. 웨어러블 기기에는 건강뿐만 아니라 개인의 질병내역도 기록되기 때문에 개인의 사생활까지 정보유출이 가능하다. 위변조 공격은 환자의 건강정보, 질병정보들을 위변조하는 해킹공격으로 환자의 생명에 큰 위협을 가할 수 있다. 환자의 정보 위변조는 의사가 환자 건강상태를 잘못 파악하게 해 잘못된 처방을 내리게 할 수 있기 때문이다.

랜섬웨어 공격은 지난 2016년에 개인에게 가장 위협적인 공격 중 하나로 선정된 바 있다. 랜섬웨어는 해커가 정보를 해킹한 후 암호화 시켜 이용자가 정보를 이용하지 못하게 막아놓고 금전을 요구하는 해킹공격이다. 특히 병원에서는 사람의 생명과 관련된 정보를 저장해 놓는 경우가 많기 때문에 병원을 대상으로 하는 랜섬웨어는 특히 치명적일 수밖에 없다.

2) 사이버 보안

KMPG가 글로벌 기업 CEO를 대상으로 설문한 결과 기업을 위협 할 가장 큰 위험으로 사이버 보안(30%)을 꼽았지만 응답자의 72%는 사이버 보안을 충분히 준비하고 있지 않다고 답했다. 시장조사기관 HIS와 가트너에 따르면 오는 2026년 네트워크로 연결되는 글로벌 연결기기 수는 전 세계 430억 개에 달하는 초 연결 시대로 통신망 운용의 핵심 경쟁력은 '안전'이 될 전망이다. 아무리 하드웨어, 소프트웨어 보안 수준이 높아도 기기를 서로 연결하는 통신망의 보안이 불안하다면 정보 유출의 위험성이 커질 수밖에 없다.

4차 산업혁명 시대가 오면서 사이버 보안에 집중해야 하는 이유는 두 가지다.

첫째, 사이버 공간이 중요해지기 때문이다. 초 연결 시대에는 사이버공간과 현실공간의 벽이 무너지며 사이버범죄로 입힐 수 있는 피해규모가 증가하기 때문에 사이버 보안에 집중해 피해규모를 줄여야 한다.

둘째, 사이버범죄가 더 쉬워지기 때문이다. 4차 산업혁명으로 인한 기술발전은 해커들의 사이버공격 방식을 더 편리하게 만들어준다.

모바일 플랫폼, 사물인터넷 등 IT 기술이 5G와 융합해 빠른 속도로 발전하면서 사이버범죄 또한 수법이 다양해지고 피해 건수 또한 지속적으로 증가하고 있어 더 각별한 주의와 전략적인 사이버 보안이 필요하다.

(1) 블록체인

전 세계 20억 인구가 이용 중인 소셜 네트워크서비스 페이스 북이 개인정보 유출 파문으로 세상을 떠들썩하게 만들었다. 여기에 더 문제가 되는 것은 영국 컨설팅 기업인 케임브리지 애널리티카(CA)를 통해 페이스 북 사용자의 8,700만 명의 개인정보를 불법 수집한 뒤 미국 대통령 선거에 활용했다는 것이다. 페이스 북 정보 유출로 개인정보 보호에 대한 경계심이 커지면서 투명한 정보 공유가 가능한 블록체인 기술이 주목 받고 있다.

〈 블록체인 특징 〉

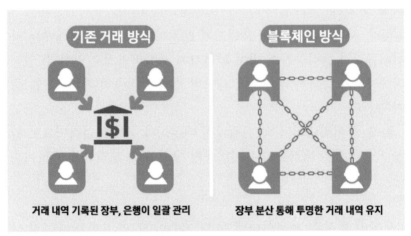

[그림20] 블록체인 특징(출처 : 삼성뉴스)

    도요타는 지난 2017년 5월 전기차, 차량공유, 자율주행차에서 발생하는 데이터를 안전하게 저장하기 위해 블록체인 기술을 도입할 계획을 발표했다. 자동차는 성능 개선과 편의 향상을 위해 V2X 통신(차량사물통신, 차량을 중심으로 유무선망을 통해 정보를 제공하는 기술) 및 인지제어판단 관련 ICT 기술(정보통신기술, Information and Communications Technologies)과 주행보조 기술 적용이 보편화 되고 있기 때문에 자동차 데이터 송수신의 통신보안이 중요하다. 자동차의 데이터는 소유자의 차량 주행에 직·간접적으로 연결되며 제조사, 운행관리자 등 이해당사자의 금전적 가치까지 영향을 미친다.

    네덜란드 전자제품 업체인 필립스도 지난 2016년도 '필립스 블록체인 연구소'를 설립해 헬스케어에 연구를 진행 중에 있다. 병원이 고객의 방대한 의료 데이터에 쉽게 접근이 가능한데 고객의 데이터 관리는 매년 수천 달러를 투자하더라도 보안에 취약한 점이 문제가 된다. 블록체인 기술 접목으로 인해 비용을 절감 할 수 있고 특히 환자의 개인 사생활을 보다 확실하게 보안이 가능해진다.

블록체인의 가장 큰 특징은 중앙통제서버를 갖춘 중개기관이 없어도 입력된 정보를 인증할 수 있고 보안성을 갖췄다는 것이다. 블록체인 안에 들어와 있는 참여자라면 누구나 쉽게 접근할 수 있어 투명성이 보장될 뿐만 아니라 기존 시스템의 절차와 형식을 파괴하는 탈중앙화의 특성이 있어 차세대 기술로 조명 받고 있다.

(2) 양자암호통신

양자 컴퓨팅을 통한 컴퓨터 계산 능력의 고도화, 사이버 위협 및 물리망에서 발생하는 도청·해킹을 예방하기 위해 양자암호통신 기술 개발에 대한 필요성이 강조되고 있다. 양자암호통신이란 양자(Quantum, 더 이상 쪼갤 수 없는 물리량의 최소 단위)의 특성을 이용해 도청 불가능한 암호 키를 생성하고 송신자와 수신자 양쪽에 나눠주는 통신 기술로 암호 키를 가진 송신자와 수신자만 암호화된 정보를 해독할 수 있다.

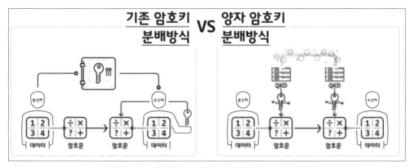

[그림21] 기존 암호키 VS 양자 암호키(출처 : SK텔레콤)

기존 암호통신 체계와 비교해보면 기존 암호통신과 양자 암호통신은 모두 송신자의 암호화 → 정보전달 → 수신자의 복호화의 과정으로 이뤄진다. 기존 암호키 분배 방식은 송신자가 암호 키를 공개키에 넣고 잠가 수신자에게 보내고 수신자가 기존에 갖고 있던 비밀번호 금고를 열어 암호 키를 얻는다. 이후 수신자는 이 암호 키로 송신자가 보낸 암호문을 해독한다.

　양자 암호키 분배 방식은 송신자가 정보를 암호 키와 섞어서 제3자가 알 수 없는 형태의 암호문을 만들어 전송하면 수신자가 암호 키를 이용해 암호문에서 정보를 복원하는 식이다. 특히 해독이 원천적으로 불가능한 1회성 암호난수를 무작위 생성한다. 정상 경로로 해독된 정보도 딱 한번만 볼 수 있다. 다시 보려면 정보가 망가져 해킹에 성공하더라도 깨진 정보만 나올 뿐이고 즉시 감지가 가능하다.

　양자암호통신 기술이 발달해 기존 암호체계와 상호 보완돼 안전한 네트워크 기반을 구축한다면 사이버공격으로부터 우리의 소중한 정보를 보호할 수 있으며 새로운 ICT 시장에 다양하게 접목할 수 있을 것이다.

Epilogue

윤성빈 : 누나, 제가 왜 5G 모델이 됐을까요?

김연아 : 5G를 스켈레톤이다 생각해봐~~ 그럼 뭐가 중요해?

윤성빈 : 속도?

김연아 : 그렇지. 속도가 중요하지! 근데 빠르기만 하면 돼?

윤성빈 : 다들 속도가 중요한 줄 아는데 안정적으로 타는 게 진짜 실력 이예요!!

김연아 : 또?

윤성빈 : 부상 안당하는거!!

김연아 : 그렇지. 안전이 제일이지~ 그게 5G야.. 5G 시대는 모든 게 연결된다고
하잖아. 속도가 빠른 건 기본이고 그 빠른 속도가 안정적으로 쭉 유지되
면서 해킹 걱정 없이 안전해야 되거든~~

위 내용은 SK 텔레콤의 5G 광고 영상 내용이다. 5G에 대해 누구나 알기 쉽게 설명한 내용이 아닌가 싶다. 2018 동계올림픽에서 5G를 접목한 개막식, 폐회식 무대 위 드론쇼, 자율주행 시범운행 및 실감미디어를 시작으로 스페인 바르셀로나에서 열렸던 MWC 2018, 전 세계의 5G 표준기술 선점 경쟁까지 2018년도는 5G 해라고 해도 과언이 아니다.

초스피드, 초연결, 초저지연의 특징을 갖고 있는 5G는 4차 산업혁명의 기술 발달에 그만큼 없어서는 안 되는 통신 기술이다. 이와 같이 5G 기술이 긍정적으로 응용할 수 있는 반면 현실과 사이버 경계가 무너지고 있어 어두운 이면도 생기고 있다. 모든 것이 연결된 시대에 사이버 공격으로 인한 사고도 우리 생활 속으로 들어오고 있다. 생명을 위협하는 신기술은 손에 넣기도 사용하기도 쉬워지고 있다.

5G와 사이버 보안   375

이를 해결하기 위해 지속적인 보안 기술 개발 및 실체가 뚜렷하지 않는 적에 대해서도 경계를 강화해야 한다. 또한 이와 관련해 전 세계 공통 법 제정 및 윤리에 대한 가이드가 4차 산업혁명 기술 발달 속도에 맞출 필요가 있다.

현재 5G는 출발선상에서 뛰기 위해 맹연습 중이다. 오는 2020년이 되면 전 세계 선수들이 본 경기에 참여하게 된다. 그 모든 기술들이 어느 순간 우리 몸에 아주 자연스럽게 스며들 것이다. 미래영화가 현실이 되는 시대로.

참고자료

1) 클라우스슈밥의 제4차 산업혁명 〈클라우스슈밥 저〉
2) 당신의 돈과 정보를 보호하라 〈박진수 저〉
3) dongascience.com
4) www.kt.com
5) www.sktinsight.com
6) www.qualcomm.co.kr
7) www.kotsa.or.kr
8) 글로벌 의료 IT 시장규모〈IDC, KT경제경영연구소〉
9) www.5gforum.org
10) 4차 산업혁명과 사이버 보안대책 〈NIA, 지능화연구시리즈〉
11) 디지에코보고서〈KT경제경영연구소〉
12) 스마트헬스케어의 보안이슈 및 사례연구 〈NDLS〉
13) www.msit.go.kr
14) 포춘코리아 2018년 2월호

15) 주인 없는 5G 영토 선점경쟁〈내일신문〉

16) 글로벌 경영 연구소 주간브리프 782호〈현대자동차〉

17) 5G 시대 비장의 무기 드론, 인공비 만들어 미세먼지 싹〈세계일보〉

18) 스마트 시티의 보안을 어떻게 해야 할까? 〈LG CNS〉

19) 4차 산업혁명 세상을 바꾸는 14가지 미래 기술〈한국경제 TV 산업팀 지음〉

20) 4차 산업혁명과 빅뱅 파괴의 시대 〈차두원 외 13명 공저〉

21) 미래를 사는 기술, 5G 시대가 온다 〈ETRI 5G 산업전략실〉

22) I-KOREA 4.0 〈과학기술정보통신부〉

4차산업혁명 강의

초 판 인 쇄	2018년 10월 17일	
초 판 발 행	2018년 10월 25일	
공 저 자	최재용 강주연 김광호	
	김재남 신영미 양성희	
	윤선희 정문화 진성민	
감 수	김진선	
발 행 인	정상훈	
디 자 인	신 아름	
펴 낸 곳	미디어북	

저자와
협의하여
인지는
생략합니다.

서울특별시 관악구 봉천로 472
코업레지던스 B1층 102호 고시계사

대 표 817-2400   팩 스 817-8998
考試界 · 고시계사 · 미디어북 817-0418~9
www.gosi-law.com
E-mail : goshigye@chollian.net

판 매 처	考試界社
주 문 전 화	817-2400
주 문 팩 스	817-8998

정가 18,000원   ISBN 979-11-959051-7-1   03560